[王玉山 主编]

水稻 病虫草害诊断与防治

彩色图谱

- 第一篇 水稻病害
- 第二篇 水稻害虫
- 第三篇 水稻田杂草

U0271960

中国农业科学技术出版社

图书在版编目（CIP）数据

水稻病虫草害诊断与防治彩色图谱 / 王玉山主编. —北京：
中国农业科学技术出版社，2017.1
ISBN 978-7-5116-2857-2

Ⅰ. ①水… Ⅱ. ①王… Ⅲ. ①水稻—病虫害防治—图谱
Ⅳ. ①S435.11-64

中国版本图书馆 CIP 数据核字（2016）第 284923 号

责任编辑	张孝安　白姗姗
责任校对	马广洋
出 版 者	中国农业科学技术出版社
	北京市海淀区中关村南大街12号　邮编：100081
电　　话	（010）8210 6638（编辑室）　（010）8210 9702（发行部）
	（010）8210 9709（读者服务部）
传　　真	（010）8210 6650
网　　址	http://www.CASTP.cn
经 销 者	各地新华书店
印 刷 者	北京东方宝隆印刷有限公司
开　　本	787 mm × 1092 mm　1/16
印　　张	18.25
字　　数	380 千字
版　　次	2017年1月第1版　2017年1月第1次印刷
定　　价	200.00 元

《水稻病虫草害诊断与防治彩色图谱》

编 委 会

主　　任：巩金生

　　　　　（辽宁金社裕农供销集团　董事长）

副 主 任：王玉山

　　　　　（盘锦市老科技工作者协会　常委）

主　　编：王玉山

副 主 编：张振和　苏立坚　李志伟　宋　柏　李　岩　鲁　伟

文稿校对：钟顺成　王冬梅

辽宁金社裕农供销集团

集团董事长：巩金生

辽宁金社裕农供销集团组建于 2010 年，注册资金总额 6.18 亿元。集团共有 12 个独立的子公司：辽宁金社裕农供销集团有限公司、盘锦金社裕农米业有限公司、盘锦金社裕农肥业有限公司、辽宁金社裕农乡村百货超市连锁有限公司、辽宁金社裕农食品有限公司、盘锦金社裕农农产品连锁有限公司、盘锦金社裕农农资连锁有限公司、盘锦金社裕农种业有限公司、辽宁金社裕农物流有限公司、盘锦金社裕农河蟹有限公司、盘锦"洁佳捷"农产品有限公司、辽宁金社裕农传媒有限公司。有 1 个控股 85% 的辽宁金社裕农电子商务集团有限公司（其子公司包括：盘锦供销电子商务有限公司、辽宁银生科技有限公司、辽宁对门电子商务有限公司）。集团有 7 个控股的农民专业合作社联合社：盘锦粳国水稻种植专业合作社联合社、盘锦芦滩河蟹养殖专业合作社联合社、盘锦雁滩禽类养殖专业合作社联合社、盘锦野禾果蔬种植专业合作社联合社、盘锦野园养殖专业合作社联合社、盘锦海河汇水产养殖专业合作社联合社、盘锦盘禾食用菌种植专业合作社联合社。集团共有 5 个行业协会：大洼县农民水稻生产经营合作协会、盘锦市大洼县果蔬种植协会、盘锦市大洼县河蟹养殖协会、盘锦市电子商务协会、盘锦市农村经济合作组织协会。集团有 4 个配送中心：金社裕农农资配送中心、金社裕农百货超市生鲜配送中心、金社裕农日用品配送中心、金社裕农农产品配送中心。集团现有 7 个基地：金社裕农赵圈河河蟹养殖示范基地、金社裕农城南温室河蟹分检加工基地、金社裕农西三河蟹基地、金社裕农东风有机蔬菜种植基地、金社裕农高升镇农家安全放心猪肉养殖基地、金社裕农平安有机水稻种植基地、金社裕农食品工业园食品加工基地。集团现有资产总额 3 亿元，现有员工 3 200 人。2015 年第 1 季度销售总额达到 1.7 亿元。

连锁超市

裕农购

农产品公司

肥业公司

物流公司

农资公司

集团以"提高农民生活质量，振兴供销合作事业"为宗旨，以"建立农村现代流通服务网络，打造农民生活知名品牌"为目标，积极推进集团化"农业生态循环经济产业化发展模式"。利用公司加农户、公司加基地、订单农业、农超对接、农产品深加工、冷链物流配送、电子商务平台推介等流通手段，把农产品生产与市场流通有效地结合起来。由农资公司、肥业公司为农民提供优质种子、农药、化肥。专家为农户提供有机水稻、蔬菜、河蟹、畜禽的种植、养殖技术。农户把种植、养殖的水稻、蔬菜、河蟹、畜禽提供给米业公司、食品公司、农产品公司、乡村百货超市连锁公司。米业公司、食品公司、农产品公司进行农产品包装、整理、深加工后通过集团强大的销售网络进行产品销售。通过报纸、电视、路牌、车体、网上商城等媒体进行产品宣传和推广。这样就形成一个"生产—加工—打造品牌—市场终端"一体化的生态循环系统，在运转中不断完善和强化机制，形成一种强大的产业资源的整合能力、整合功能和整合的力量，实现农业一二三产业链的资源有机的整合，形成一个创新的农业生态系统。通过一二三产业的一体化的优势互补、资源共享、风险共担，实现农业品牌的核心竞争优势的形成和功效的发挥。

几年来，集团在不断完善功能，整合分立的同时，建立了新型的农业生产资料质量体系、生产资料直销体系和配送总体系。各农民专业合作社与金社裕农集团下属的各龙头企业进行紧密对接。通过统一种植、统一技术管理、统一收购、统一使用商标、统一销售渠道，形成了农产品产前、产中、产后的全产业链模式，增加了农产品的附加值，打造和提升了农产品的品牌，增加了农民的收入。不断规范农民专业合作社的管理，使专业合作社逐步成为农业发展的基本主体，取代农民单打独斗的格局。发挥农民专业合作社联合社的功能，强力打造一批有地域代表性的农产品的品牌。目前，集团领办的专业合作社已有各品类注册商品如"辽霸""丰锦王""洁佳捷""金社谷""裕农神香""雁滩""辽河口""海河汇""盘禾"等近30个。"金社裕农 YNjS"为全国驰名商标；"丰锦王""辽霸"为辽宁省著名商标；"丰锦香"和"裕农神香"为盘锦市著名商标。

集团于2011年被辽宁省农业产业化办公室确定为农业产业化重点龙头企业。被商务部确定为"万村千乡工程"试点企业。同年被中华全国供销合作总社、人社部评为先进集体。

专家义诊

远程监控

产品溯源

食品检测

绿色养殖

天鲜到配送

前　言
PREFACE

　　水稻是我国重要的粮食作物，目前栽培面积占粮食作物总面积的26.6%，稻谷产量约占全国粮食总产量的43.6%，水稻生产在国民经济发展中占有重要的地位。

　　我国地域辽阔，水稻栽培遍及全国。随着社会经济的发展、人民生活水平的提高，以及农业产业结构的调整，近年来我国水稻生产发展很快。推广应用水稻高产栽培技术以来，水稻单产水平不断提高。

　　水稻生产发展的同时，水稻病虫草害的发生为害也在逐年加重，每年因病虫草害损失均在10%以上，有时甚至抵消或减少了新品种或应用新技术推广创造的经济效益。在水稻生产过程中，病虫草害的发生为害已成为制约水稻生产发展、提高水稻单产、生产绿色优质水稻的严重问题。

　　水稻病虫草害防治技术研究已取得很大成绩。特别是近10年来，我国加大污染环境治理工作，农业病虫草害防治采用绿色无公害措施。为了使我国水稻产区常见病虫害及水稻田杂草的防治技术有一个比较全面系统的总结，使读者更好地掌握水稻病虫草的危害特点以及有效防治的关键技术，有效地控制病虫草害的流行蔓延和为害，作者将多年实践掌握的技术资料，以及多年的研究成果，进行系统整理，按照最新水稻病虫草害防治技术发展成果及国家最新农药使用法规进行斟酌和精选，编纂《水稻病虫草害诊断与防治彩色图谱》一书，旨在为稻作区的农业领导干部、理论研究工作者、农业科技推广工作者及广大农民，提供一份便于查阅和鉴别水稻病、虫、草害的科技参考资料，提出科学诊断鉴定方法和防治应用技术，为促进水稻生产的发展尽微薄之力。

　　本书内容分为三部分：第一篇水稻病害、第二篇水稻害虫、第三篇水稻田杂草。对具体病虫草的为害症状、发生规律、综合防治技术，采用彩色图片标识，便于读者进行鉴别和指导防治工作。全书详细记录病虫害50余种，杂草60余种。书中还采用辅助黑白图片对识别对象进行科学比对，对鉴别对象更具有直观识别依据。

　　本书编写遵循的原则，即汲取的资料力求翔实可靠，引用的科研成果均已通过专家鉴定，具有科学性、实用性、先进性和可操作性，科研成果未经专家鉴定的不摘录，介绍的新技术未经大面积推广应用的不采用。编写内容力求理论与实践相结合，注重实用性、代表性，更注重地区可用性。书中还部分引用了当前稻区科研成果及部分国内外有关著作内容。图片主要来源于本书的各位作者多年的珍藏资料。同时，也摘录了有关著作和和专家手稿资料。

　　本书编纂工作由辽宁金社裕农供销集团主持，巩金生先生提出了宝贵的意见和建议。参与本书编写的多名学者在图片采集和内容整理中作出了贡献。值此一并表示诚挚的谢意！

　　鉴于作者的研究工作和生产实践经验所限，加之时间较为仓促，书中错漏之处在所难免，恳望专家和读者不吝指正，以便日后修改并完善。

王玉山

2016年9月9日

王玉山，1938年出生，辽宁省新民市人。

1958年就读于内蒙古农业大学（农牧学院）植保系植物保护专业，大学本科毕业。

1962年毕业后一直从事农业科研和技术推广工作，至今已50年。

1985年在盘锦市农委（农林局），任盘锦市植物保护站站长，负责全市植保

工作。工作期间，带职到沈阳农业大学、中国农业大学进修，学习两年毕业。1998年，退休后在盘锦市老科技工作者协会从事农业科研和技术推广工作。

1988年，晋升为高级农艺师，1998年晋升为农业技术推广研究员，荣获辽宁省科技进步奖2项，盘锦市科技进步一等奖3项，撰写科技论文9篇，发表在国内知名核心专业期刊。主编《中国北方水稻病虫草害防治》《辽宁水稻病虫害防治》《北方水稻病虫草害防治技术大全》《水稻病虫草害彩色图鉴》等专著，已由出版社正式出版发行。

13842742421　15604270446

1827694763@qq.com（裕农科技）

pjwy-1938@qq.com

CONTENTC

第二篇　水稻害虫

第三篇　水稻田杂草

第一章　水田杂草生物学

第一篇　水稻病害

真菌病害　寄生在植物上的真菌以菌丝体在寄主的细胞间或穿过细胞扩散蔓延，菌丝体在寄主细胞内形成吸收养分的特殊机构称为吸器（haustorium）。菌丝组织体主要有菌核（sclerotium）、子座（stroma）和菌索（rhizomorph）等。菌核是由菌丝紧密交织而成的休眠体，内层是疏松菌丝组织，外层是拟薄壁组织，表皮细胞壁厚、色深、较坚硬。菌核的功能主要是抵抗不良环境。

细菌病害　细菌是一类有细胞壁但无固定细胞核的单细胞原核生物。细菌的种类很多，但所致病害的数量和危害性远不如真菌。

细菌有球状、杆状和螺旋状，但植物病原细菌都为杆状，因而称为杆菌（rod）。菌体一般尺度为(1~3)μm×(0.5~0.8)μm。绝大多数植物病原细菌具有细长的鞭毛（flagellum）。着生在菌体一端或两端的鞭毛称为极鞭，着生在菌体四周的鞭毛称为周鞭。菌体细胞壁外有黏质层（slimeliyer），但一般不形成荚膜（capsule）。革兰氏染色反应多数阴性，少数阳性。

病毒病害　植物病毒病害包括由病毒、类病毒及类菌质体所引起的病害。感染细菌和放线菌的病毒又叫噬菌体。目前，已知道的植物病毒病害有600种以上。无论是哪类植物几乎都有病毒病，甚至一种作物上有几十种病毒病害。病毒是一类非细胞形态的生物，用普通显微镜是看不到的，必须用电子显微镜观察。病毒是专性寄生物，离开活体就不能繁殖。类病毒其致病质粒比病毒还要简单，它没有蛋白质外壳，只有核糖核酸碎片，但进入寄主后对寄主正常细胞功能的破坏及自行繁殖的特点与病毒基本相似。

线虫病害　线虫（nematode），又称蠕虫，是一种低等动物，在数量和种类上仅次于昆虫，植物病原线虫一般虫体细小，圆筒状，两端尖，呈蠕虫型。多数线虫雌、雄同形，通常长为0.3~1mm，宽为0.015~0.035mm，少数雌、雄异形，雄虫为蠕虫型，而雌虫为梨形或柠檬型。

线虫虫体可分为体壁和体腔两部分。体腔内有消化系统、生殖系统、神经系统和排泄系统，其中消化系统和生殖系统比较发达。消化系统是一直通管道，起自口腔，经食道、肠、直肠而终于肛门。植物寄生线虫口腔内有一根骨化了的口针（stylet）。口针能穿刺植物组织，向内分泌消化酶，先消解寄主细胞中的物质，再吸吮入食道。线虫的生殖系统非常发达，性的分化十分明显。雌虫有一个或两个卵巢，连接输卵管、受精囊、子宫、阴道和阴门。雌虫的阴门和肛门是分开的。雄虫有一个或两个精巢，连接输精管和泄殖孔（生殖孔和肛门的共同开口）。泄殖孔内有一对交合刺（spicule），有的还有引带（gubernaculum）和交合伞（bursa）等。

第一章　真菌病害

第一节　稻瘟病

稻瘟病是为害水稻最严重的病害之一，凡有水稻栽培的地方都有不同程度的发生和危害。流行年份，一般减产10%~20%，严重发生减产可达40%~50%。

一、症状类别

稻瘟病在水稻各个生育期都可发生，为害叶片、茎节、穗等，按其发病部位的不同分别称为苗瘟、叶瘟、穗颈瘟、枝梗瘟、谷粒瘟和节瘟，其中以穗颈瘟对产量的影响最大（图1-1-1）。

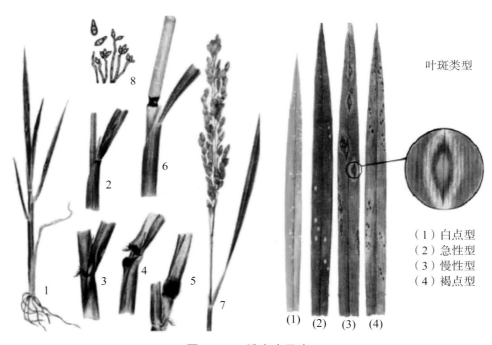

叶斑类型

（1）白点型
（2）急性型
（3）慢性型
（4）褐点型

图 1-1-1　稻瘟病示意

1.苗叶瘟；2~3.叶枕瘟；4~6.节瘟；7.穗颈瘟；8.病原菌分生孢子梗及分生孢子

1. 苗瘟

根据秧苗受害时期的不同，又可分为苗瘟和苗叶瘟。苗叶瘟一般指在三叶期以后秧苗上发生的病害，其症状与本田叶瘟相同（图1-1-2）。

图 1-1-2　育秧田苗稻瘟为害状

2. 叶瘟

本田成株期叶片发病称为叶瘟（图1-1-3）。一般在水稻分蘖盛期以后发病，病菌侵染叶片产生褐色斑点，严重时病斑密布，叶片枯焦，植株萎缩，根部腐烂而枯死。

病斑的形状、色泽和大小，常由于气候条件、病斑新老和水稻品种的感病程度而异，可以区分为急性型、慢性型、褐点型和白点型4种。

（1）急性型。病斑呈暗绿色，多数近圆形或两端稍尖，而后发展为梭形（图1-1-4）。病部密生灰绿色霉层，即病菌的分生孢子梗和分生孢子。这种病斑多在适温、高湿、氮肥施用过多、稻株嫩弱或品种感病出现，常是叶瘟流行的预兆。当天气转晴，气候干燥，或经防治后则转变为慢性型。

（2）慢性型。这是最常见的一种症状（图1-1-5）。典型病斑呈梭形或菱形，中央灰白色，边缘黄褐色，病部产生灰绿色霉层，但形成的孢子量远比急性型病斑少。当天气潮湿时，病斑上也可长出灰绿色霉状物，即病菌的分生孢子。这种病斑多出现在较老的稻叶上。

（3）褐点型。病斑呈针头状褐色小点或稍大褐点，仅局限于两条叶脉之间，多发生于抗病品种或稻株下部的老叶上（图1-1-6）。当稻株抗病力减弱，又遇高温高湿时，有的会转变成慢性型病斑。

（4）白点型。病斑初期呈白色或灰白色圆形或不规则形小点，后逐渐扩大成椭圆形大斑。这种病斑多在病菌侵入嫩叶后，遇天气干燥或土壤缺水的情况下发生。病斑上不产生孢子，如果天气转阴或潮湿，则迅速转变为急性型病斑。此外，在秧苗期和本田成株期，叶舌、叶耳和叶环等部位也可发病，称为叶枕瘟（图1-1-7）。特别是剑叶叶枕瘟，在气候条件适宜时常引起穗颈瘟的发生（图1-1-8）。

图 1-1-3　叶稻瘟症状

图 1-1-4　急性型病斑

图 1-1-5　慢性型病斑

图 1-1-6　典型病斑

3. 节瘟

病节初为黑色小点，以后呈环状，扩大至全节，呈黑褐色（图1-1-9）。天气潮湿时，病部产生发绿色霉层，后期病节干缩、凹陷，稻株易折断、倒伏，影响水分和养料的输导，以致穗部早枯不能正常灌浆结实，谷粒不饱满，千粒重降低，发病严重时一株稻秆上常有2~3个节受害。

4. 穗瘟

穗瘟发生于穗颈、穗轴和枝梗上（图1-1-10）。病斑初期呈水渍状褐色小点，以逐渐向上下扩展，病部呈褐色或墨绿色。穗颈发病一般多在出穗后受侵染，但亦有包在叶鞘中而未完全外露时即受侵染的，常引起穗节腐烂，造成白穗。发病迟或轻时，秕粒增加，粒重降低，米质差，碎米率高。穗轴和枝梗的发病症状与穗颈相似，发病重的分枝也可造成白穗，轻的成为半饱谷。

叶枕部位病斑

图 1-1-7　稻瘟病——叶枕瘟

5. 谷粒瘟

发生于谷粒和护颖上，谷粒上病斑变化较大，以在乳熟期症状最为明显（图1-1-11）。病斑呈椭圆形，灰白色，常产生绿色霉层，随着谷粒的黄熟，至后期则不明显。发病迟的，病斑为椭圆形或不规则形褐色斑点，严重时，谷粒不饱满。护颖感病，呈灰褐色或黑褐色，虽对谷粒的饱满度影响很小，但它是次年苗瘟的重要初次侵染源。

图 1-1-8　稻瘟病——穗颈瘟

图 1-1-9　稻瘟病——节稻瘟

图 1-1-10 稻瘟病——枝梗瘟

图 1-1-11 稻瘟病——谷粒瘟

二、病原菌形态

此病病原为稻梨孢菌（*Pyricularia oryzae* Cav.）（图1-1-12），属半知菌类，丛梗孢目，丛梗孢科，梨孢霉属，其有性世代为稻孢球腔菌（*Mycosphaerela malinveiana* Catt.），属子囊菌，一般不常见。

1. 菌丝丝状，具有隔膜和分枝

不同菌株在培养基上产生的菌落色泽也有异同，分别呈白色、淡黄色、褐色、灰色及暗橄榄色等。气生菌丝很少，以至成棉絮团状。

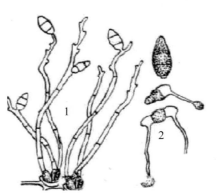
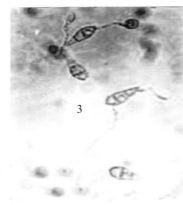

图 1-1-12　稻瘟病菌
1.分生孢子梗及分生孢子；2.分生孢子及其萌发；3.孢子萌发显微图

2. 分生孢子梗

少数单生，多数3~5根成束状，从病组织的气孔或表皮伸出，线状不分枝，有2~8个隔膜，基部膨大，呈淡褐色，顶部渐尖，色稍淡，能陆续产生分生孢子5~6个，多的达9~20个。

3. 分生孢子

呈鸭梨形，透明无色。孢子大小因菌株和培养条件不同而有变化，一般(17~33)μm × (6.5~11)μm。初期无隔膜，成熟后常具有2个隔膜，由3个细胞组成。顶端细胞为立锥状，基部细胞钝圆，脚孢突起。多数孢子从顶部或基部细胞萌发而产生芽管，极少数由中间细胞萌发。在芽管的顶端形成附属器（亦称附着胞）。附属器近圆形，膜厚，直径8~12μm，可产生侵入丝，侵入寄主组织。

三、病原菌的生理特性（图1-1-13）

1. 温度

菌丝生长温度为8~37℃。分生孢子在10~35℃均可形成，最适为25~28℃，低于15℃则不萌发。

2. 湿度

分生孢子萌发时必须具备水滴条件。在相对湿度达90%以上并有水滴存在时，孢子萌发良好；湿度即使饱和而无水滴，萌发率则下降至1%以下；相对湿度低于90%时，孢子不能萌发。

一般在适宜的温、湿度条件下，病斑经6~8h即可产生分生孢子。当空气湿度达饱和状态时，即适宜于分生孢子的形成，如相对湿度低于80%，则几乎不能形成。因此，凡是田间有浓露的天气有利于孢子的产生、萌发和侵入，稻株叶面结露的时间长，孢子形成量多，侵入率亦高。

3. 光照

光对孢子形成的影响较大。菌丝生长则随光线减少而增加，直射光抑制分生孢子的萌发。在不同光照下分生孢子萌发率约降至黑暗的一半。光照也能抑制芽管的伸长，稻株置于黑暗条件下，常发展为急性型病斑，而在光照条件下，则发展为慢性型病斑。

4. 营养

氮为真菌合成的氨基酸、蛋白质核酸、胆碱等含氮有机物所必须的元素。硝态氮比氨态氮适合。氨态氮的利用之所以较难，是由于酸碱度低的缘故。在pH值为7时，病菌在氨态氮中生长亦良好。谷氨酸盐是稻瘟病菌生长的重要营养物质。

一般在田间重施氮肥，发病严重，其原因是由于稻体内谷氨酸、天门冬酰胺等大量积累，从而提供了稻瘟病菌适宜的营养物质所致。同样，冷水灌溉加重发病，也是由于稻体内可溶性氮素增加之故。

图 1-1-13 稻瘟病菌侵染循环

5. 毒素

在稻瘟病菌培养液或发病重的病株组织中，已发现病菌可产生5种毒素，即稻瘟菌素、吡啶羧酸、细交链孢菌酮酸、稻瘟醇及香豆素，这些毒素对稻株有抑制呼吸和生长发育的作用。稻体中的叶绿原酸和阿魏酸对稻瘟菌素有解毒作用。

四、稻瘟病的发生和病菌侵染过程

稻瘟病的发生，常与寄主抗性、病菌密度和致病力以及与发病有关的诸种气象因素和栽培条件密切相关。

1. 初次侵染

病菌以分生孢子或菌丝体在病谷、病草上越冬，称为初次侵染源。病谷以小穗轴和护颖上带菌较多，内外颖和糙米表层亦可带菌，播种后可引起胚轴、芽鞘和幼根发病。病稻草带菌则更为普遍，带菌率随发病的轻重程度而异。越冬病菌在适宜的气候条件下开始萌发，产生孢子，借风雨飞散而传播，侵入稻株，形成发病中心。这种由越冬病菌引起的早期侵染称为初次侵染。

病谷上越冬病菌的传播与气候因素、育秧时期和育秧方式有关。我国北方稻区水稻育秧田，由于温、湿度较高，易引起发病。

2. 再次侵染

秧田或本田的稻株发病后，病原菌不断增殖，产生大量的分生孢子，侵染叶、穗、节等部位，引起发病。这种由初次侵染的病株产生孢子而引起的侵染，称为再次侵染。

五、综合防治措施

首先，掌握本地区稻瘟病流行特点，查清稻瘟病生理小种在该区的优势种群的发生和分布。其次，科学进行栽培管理，培育壮秧，适当稀插，避免过多、过迟施氮肥，增加有机肥及磷、钾、硅肥用量，合理灌水和晒田，都能增强植株抗病力，减轻和控制稻瘟病的发生和为害。

（1）50%多菌灵可湿性粉剂具有预防和治疗作用，可兼治纹枯病、小球菌核病等。每亩[*]用量75~100g。

（2）多菌灵和三唑酮混配对水稻稻瘟病菌分生孢子的萌发及水稻纹枯病菌菌丝的生长均具有协同增效作用，该混剂对水稻其他病害的防治效果在70%左右，显示了该复配剂高效、广谱的优点。以多菌灵和三唑酮混配的杀菌剂至今未见药效下降，近年来使用面积仍在不断扩大。

（3）8%噻菌灵粒剂撒施于田水中（水深1cm左右），对病菌的侵入有强烈的阻止作用。防治叶瘟的施药时间是病害初发前7~10d，防治穗瘟的时间是抽穗前3~4周。由

---

* 1亩≈667m^2，15亩＝1hm^2，全书同

于噻菌灵施用在水面上，水稻根部吸收进入稻体内能形成一种抗菌物质，增强了叶片内酶的活性，从而提高了对病害的抵抗性。8%噻菌灵颗粒剂每亩常用药量为2kg。

（4）2%春雷霉素水剂属于抗菌素制剂，其特点是无药害、无残留，能抑制病斑的扩展和阻碍孢子的形成，有治疗作用，但对病菌孢子的萌发和侵入作用不大，即无预防作用。所以这一药剂在病害发生前施用效果不理想，而在发病初期用效果良好，已经发病施用也有较好的效果。常用浓度为40~50mg/kg。

（5）使用1 000亿孢子/g枯草芽孢杆菌可湿性粉剂，每亩用该药剂25~30g对水喷雾，病害初期或发病前施药效果最佳，施药时注意使药液均匀喷施至作物各部位。

（6）醚菌酯是甲氧基丙烯酸酯类高效杀菌剂，具有内吸传导性，兼具保护和治疗作用，杀菌谱广。可用醚菌酯30%悬浮剂45g/亩进行防治，隔7~10d喷1次，连续防治2~3次。

（7）吡唑醚菌酯是在醚菌酯基础上改进后开发的高效线粒体呼吸抑制剂，与嘧菌酯、醚菌酯同属甲氧基丙烯酸酯类广谱杀菌剂，是目前同类杀菌剂中活性最高的品种。具有保护、治疗作用，耐雨水冲刷，持效期长，在植物体内传导活性较强。抑制病菌孢子萌发能力强，对叶片内菌丝生长有很好的抑制作用。在水稻上适期使用，对叶瘟、穗瘟均有显著的防治效果，对纹枯病、稻曲病也有较好的防效，建议使用25%吡唑醚菌酯乳油24ml/亩，对水30kg均匀喷雾。

（8）井冈霉素是放线菌产生的抗菌素，具有较强的内吸性，易被菌体细胞吸收，并在内迅速传导，干扰和抑制菌体细胞生长发育；蜡质芽孢杆菌属低毒生物农药，能调节作物细胞微生境，维持细胞正常的生理代谢和生化反应，提高作物抗逆性、生长速度、产量和品质，对人、畜和天敌安全而不污染环境。田间可用2%井冈·8亿芽孢/g蜡质菌悬浮剂1 800g/hm^{2}喷雾防治。

（9）25%戊唑醇可湿性粉剂对水稻稻瘟病叶瘟的防治效果为78.5%~90.1%，对穗颈瘟的防治效果为67.8%~85.9%，并有一定的增产效果。25%戊唑醇可湿性粉剂的适宜用量为258g/hm^2，对水600kg/hm^2，均匀喷施于水稻植株上，于水稻孕穗期第1次施药，15d后第2次施药。

第二节　纹枯病

我国各稻区均有分布，是我国农作物病害发生面积最大、为害最重的病害之一。病菌适应性强，寄主范围广，在水稻生育期间，温湿多雨十分有利病害流行。

纹枯病菌的寄生范围很广，除侵染水稻外，还可侵害玉米、大麦、小麦、大豆、花生、高粱、谷子、甘薯等作物和40多种杂草。

一、发病症状与病原

水稻纹枯病原菌的有性时期为担子菌亚门网膜草菌属的 *Pellicularia sasakii*（Shirai）Ito；无性时期为半知菌亚门丝核菌属的 *Rhizoctonia solani* Kühn。水稻纹枯病自水稻苗期到穗期均可发生，一般以分蘖盛期至穗期受害最重，主要为害叶鞘，其次为叶片，严重时为害稻穗并深入茎秆。病害发生先从离水面较近的叶鞘开始，逐渐向上部蔓延，在叶鞘上初发生形成椭圆形、暗绿色水渍状病斑，后变为不规则形，灰白色并有明显的褐色边缘。常是几个病斑连成一片，呈云纹状（图1-1-14）。干燥时，病边缘褐色，中央草黄至灰绿色后变成白色。潮湿时呈水渍状，边缘暗褐色，中央灰绿色，扩展迅速。病鞘常因组织受破坏而使其上的叶片枯黄。叶片上病斑与叶鞘上的病斑相似，但形状较不规则。病重的叶片呈污绿色，病斑扩展快，最后枯死。剑叶叶鞘也能受侵染，轻则使剑叶提早枯黄，重则可导致植株不能正常抽穗。稻穗受害可使稻颈、穗轴、颖壳等部位呈发绿色湿润状，后变黄褐色，并直接造成谷粒不实和秕谷增加。纹枯病发生严重时，常引起植株倒伏或整穴枯死，导致水稻严重减产（图1-1-15）。

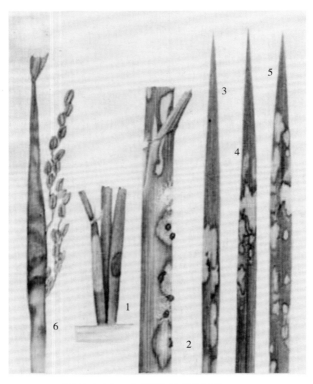

图 1-1-14　水稻纹枯病示意

1.初期症状；2.茎和叶鞘症状；3~5.叶片被害状；6.病穗

图 1-1-15 水稻纹枯病为害状

　　潮湿时，老病斑表面可见到白色蛛丝状的菌丝体，逐渐集结形成棉絮状的菌丝团，最后变成褐色坚硬菌核。菌核呈扁球形，直径1.5~3.5mm，似萝卜籽，黏附于病斑的部分表面扁平略凹陷，靠少量菌丝连接在病斑上，易脱落（图1-1-16、图1-1-17、图1-1-18、图1-1-19和图1-1-20）。条件适宜时，病组织表面有一白色粉状籽实层，即为病菌的担子和担孢子。

图 1-1-16　前期菌核棉絮状　　　图 1-1-17　后期菌核蜂窝状

图 1-1-18　生长后期叶鞘病斑状

图 1-1-19　分蘖期云形病斑状　　　　图 1-1-20　封行期棉絮状菌核

二、发病规律

1. 侵染与发病过程

病菌主要以菌核落入田间或在病稻草、田边杂草及其他寄主上越冬。第二年在插秧前灌水整地时，大部分菌核漂浮于水面，插秧后再随水漂流附着在稻丛近水面的幼苗上产生菌丝侵入植株，有的即使沉入水底，也能抽出菌丝长出水面，从近水面处长出的叶鞘侵入。病菌侵入途径主要是以菌丝从叶鞘内侧表皮的气孔进入或直接穿破表皮，潜育期3~5d后引起发病。病菌侵入后，在植株组织内，并向外长出气生菌丝，在病组织附近叶鞘、叶片或邻近的稻株间继续蔓延扩展，进行再侵染（图1-1-21）。当年产生的菌核，条件适宜时也可靠水流传播进行再侵染。秋季形成的菌核，落于土中，进入休眠状态越冬。

越冬菌核在耕翻灌水后浮出水面，菌核随水漂浮，接触稻株后在20℃左右开始发芽，长出菌丝从叶鞘内侧侵入稻体，经5d左右在侵入部分出现病斑，病斑上又长出菌核，新病斑长出的菌丝致病力很强。过崇剑等实验，菌丝的发育温度与致病温度均以28℃最为合适，25℃以下，30℃以上时发病缓慢。在分蘖期靠近水面的病部上所长的菌丝发育快，这些菌丝能比较迅速地向四周的分蘖茎蔓延侵染，陆续增加发病株数，进行"水平扩展"，到孕穗期以后稻株上部长出的菌丝生长也很好，且株间湿度增高，因此更有利于自下向上位叶鞘、叶片侵染，发病叶片、叶鞘急剧增多，加重了为害程度，进行"垂直扩展"（图1-1-22）。病害盛发期间，病部也可看到担孢子，但尚未发现其传病作用。

图 1-1-21　水稻纹枯病苗期为害状

稻株病情加重
（垂直扩展）

▼病株

水稻收获后，菌核留在稻茬上或掉入土中越冬。

▲发病田内病株

水稻纹枯病菌–担子及担孢子

菌核随水漂移，感染稻株
（水平扩展）

图 1-1-22　水稻纹枯病侵染循环

2. 发病因素

（1）品种与发病的关系。目前尚未发现水稻不同类型和品种对纹枯病有免疫力，但感病程度存在差异。多数品种表现为感病或高度感病，少数品种具有一定的避病作用，但受栽培管理影响很大，一般矮秆阔叶型比高秆窄叶型较易感病，粳稻比籼稻感病，糯稻最感病。生育期短的中、早熟品种比生育期长的晚熟品种发病重。

（2）菌源与发病的关系。田间菌核残留量是影响纹枯病发生轻重的重要因素。调查试验结果证明，病菌的越冬与传播主要依靠菌核。菌核残留于土壤中，在耕层内一般以表土层菌核数量最多，越往下层菌核数量越少。盘锦市植保站王玉山等人调查，0~5cm/m²有菌核1 325 粒，5~10cm/m²有菌核670粒，10~15cm/m²有菌核265粒，每亩菌核残留量最多达268万粒，最少73万粒（图1-1-23）。菌核残留量多的田块发病早而重。根据浙江省农业科学院报道，在土壤中的菌核1年后的存活率达60%以上，经湖南省农业科学院测定，菌核贮存在室内干燥32个月后尚有50%保持生命力。

上年度轻发病田、打捞菌核彻底的田和新垦田，一般发病轻；反之上年重病田，田间残留的菌核多，初侵染源也多，发病较重。但病情的继续发展，受田间小气候和品种的影响更大。

（3）栽培措施与发病的关系。栽培措施与水稻纹枯病的发生关系密切。插秧株数多，密植程度高时，株间湿度大，适于菌丝生长蔓延。长期深水灌溉，稻丛间湿度加大，有利于菌丝生长。偏施和过量施用氮肥，使水稻茎叶徒长，抗性下降。过早封行，田间湿度增加，有利于病害发生，而适当稀植，合理施用氮肥，浅湿灌溉，适时排水晒田是控制纹枯病为害的有效措施。

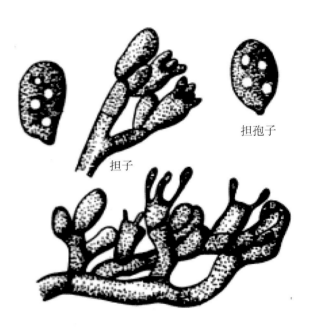

图1-1-23　纹枯病菌担子及担孢子

担孢子

担子

（4）气候与发病的关系。水稻纹枯病是一种在高温、高湿情况下发生的病害，温湿度综合影响纹枯病的发生与发展。当气温达22℃以上，相对湿度90%以上，即可发病。在23~35℃并伴有相当大的湿度时，病情扩展。在温度28~32℃和97%以上的相对湿度时最有利于病害蔓延，在此温度范围内，湿度越大，发病越重。我国北方单季稻区在每年7月中旬至8月中旬气温较高，多雨，温湿度适宜，常可造成病害的流行和严重为害。

三、防治技术

1. 农业综合防治措施的运用

根据纹枯病的发生规律，合理地运用农业综合防治措施，以改善水稻生态环境、减少菌源、控制为害。

（1）减少侵染来源。实行秋翻秋耕，把散落在地表的菌核深埋土中。春季泡田耙地后，把漂浮于水面混杂在"浪头渣"内的菌核和浮渣捞出，晒干烧掉或深埋，以防重新进入田内，能有效地减轻发病。还应注意铲除田边地埂杂草，消灭野生寄主，防止病稻草还田。

（2）加强栽培管理。根据水稻品种特性，实行合理稀植，以改善群体环境，降低田间湿度，减轻病害发生。根据水稻生育期和气候等情况，进行合理浅湿灌溉，以水控病。从分蘖末期至拔节前，适时排水晒田，后期干干湿湿排灌管理，降低株间湿度，促进稻株健壮生长，增强抗病能力，对控制纹枯病为害效果显著。在施肥上要注意氮、磷、钾配合施用。农家肥与化肥、长效肥与速效肥相结合。切忌偏施氮素肥和中、后期大量施用氮肥，要增施磷、钾肥。钾肥不仅能增加稻株的抗病性，而且也有直接防治病害的作用。在施肥时间上，要掌握前期发得起，中期控得住，后期不脱劲，这样可使水稻前期不披叶，中期不徒长，后期不贪青，收割时青秆成熟。

2. 药剂防治

（1）5%井冈霉素水剂。100~150ml/亩或10%井冈霉素可溶粉剂50g/亩或20%井冈霉素粉剂25g/亩，对水75~100kg喷雾或对水300~400kg泼浇。

（2）20%井冈·蜡芽菌悬浮剂。100ml/亩，在水稻纹枯病发病初期开始进行2次用药，药后24d对水稻纹枯病防治效果较好，同时增产效果显著。

（3）15%三唑酮可湿性粉剂。100~150g/亩，对水75~100kg喷雾，此法可兼治水稻中、后期叶黑粉病、粒黑粉病以及稻曲病等。

（4）25%多菌灵可湿性粉剂。50~100g/亩，对水100kg，在防治适期必要时隔7~10d再施药1次。

（5）破口前5~7d和齐穗期。用25%丙环唑乳油30ml/亩，对水50kg喷雾，在水稻孕穗期用药2次防效达80%~86%。

第三节 稻曲病

稻曲病又叫青粉病，在各稻区均有发生。它是发生在水稻谷粒上的一种病害，此病害在我国很早就有记载。20世纪60年代只是零星点片发生。得病的稻穗，由于病粒影响养分的运转，阻碍邻近谷粒发育，使空秕率上升，千粒重下降，碎米增多，影响产量和质量，大量食用对人畜健康有一定的影响。

一、发病症状与病原

1. 症状

水稻主要在抽穗扬花期感病，病菌为害穗上部分谷粒。发病的谷粒先在颖壳的合缝处露出淡黄绿色的病菌孢子座代替米粒，一般一穗有一至数粒受害，也有多到十几粒，甚至数十粒的。起初"稻曲"很小，以后撑开内外颖自合缝处外露，将整个花器包裹起来，表面光滑，外被薄膜，逐渐向两侧膨大，或呈稍扁平的球形。薄膜随稻曲的长大而破裂，颜色由橙黄色转为黄绿，最后成墨绿色，外壳龟裂（图1-1-24）。最外面被覆盖着一层墨绿色的粉状物，即病菌的厚垣孢子，带黏性，不易随风飞散。在我国稻曲病发病症状（图1-1-25），根据染病水稻时期的不同，分为稻曲病早期为害（图1-1-26）、稻曲病中期危害（图1-1-27）和稻曲病晚期症状（图1-1-28）。

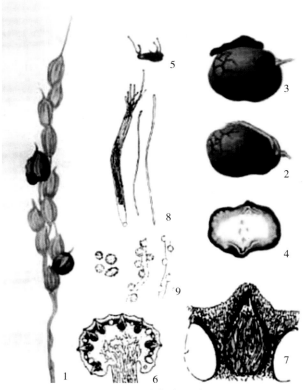

图1-1-24　稻曲病示意

1.病穗；2.病粒；3.病粒附着菌核；4.病粒剖面；5.菌核萌发；6.子座顶部纵切面；
7.子囊壳；8.子囊和子囊孢子；9.厚垣孢子及着生在菌丝上的状态

图 1-1-25　稻曲病田间为害状

图 1-1-26　稻曲病早期为害状

图 1-1-27　稻曲病中期为害状

图 1-1-28　稻曲病晚期被害状

2. 病原

稻曲病病原菌为*Ustilaginoidea virens*（Cooke）Takahashi，属子囊菌亚门绿核菌属。谷粒上长出的球状稻曲，是病原菌的孢子座，剖开孢子座，可见中心为白色，由紧密的菌丝块及寄主的颖片等物组成，孢子座分3层，各层表现出不同的发育进度。内层黄色，具有放射状菌丝及正在形成的孢子；中层橙黄色，有菌丝及孢子；外层绿色，主要是已成熟的孢子及菌丝残余。病菌厚垣孢子侧生于孢子座内放射状菌丝上，具有小柄，墨绿色球形或椭圆形，表面有瘤状突起。萌芽后产生有分隔的发芽管，其上再产分生孢子梗，枝端着生数个分生孢子，孢子很小，卵圆形（图1-1-29）。孢子座中黄色部分可形成1~4个菌核。据河北省稻作研究所潘勋等对冀粳8号观察（1990），菌核多呈长椭圆形，有一定弧度。一般病粒含菌核率3.45%~8.70%，最高为14.33%。菌核萌发可产生几个肉质的子座，子座顶端埋生许多子囊壳，内有子囊孢子，一个子囊壳约有子囊300个，子囊圆桶形，无色，并列8个丝状无色单孢的子囊孢子。

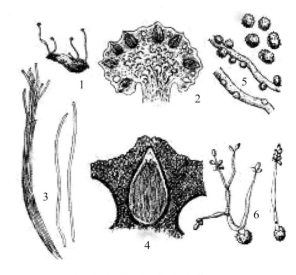

图 1-1-29　稻曲病原菌

1.菌核萌发；2.子座顶部纵切面；3.子囊和子囊孢子；
4.子囊壳；5.厚垣孢子及着生在菌丝上的状态；
6.厚垣孢子萌发状

二、发病规律

1. 侵染与发病过程

病菌可由落入土内的菌核或附在种子上的厚垣孢子越冬，次年菌核萌发产生子囊孢子为初次侵染。病菌在气温24~32℃发育良好，而厚垣孢子发芽和菌丝生长则以28℃最适宜，低于12℃、高于36℃不能生长。子囊孢子和分生孢子均可侵害花器及幼颖。病菌早期侵入花器，只破坏子房，将花柱、柱头、花药碎片等埋藏于孢子座内；晚期可侵害成熟谷粒，聚集颖壳上的厚垣孢子吸湿膨胀，挤开内外颖，深入胚乳，然后迅速生长，取代并包围整个谷粒。

2. 发病因素

（1）品种与发病关系。不同的水稻品种其稻曲病的发病程度有很大的差别。一般认为，紧穗型或晚熟品种容易发病，而散穗型早熟品种发病轻或不发病。一些粳稻、糯稻和杂交稻易感病，在杂交稻中尤以制种田母本发病重，同一生育期不同品种对稻曲病的抗性有明显的差异，这与不同品种感病性有关。而同一品种不同生育期的发病程度不同。主要是与破口期至穗期的雨量有密切关系。水稻花期遇雨和高温，容易诱发稻曲病。

（2）栽培措施与发病关系。不同的施肥方法发病不同，在施肥量相同的条件下，随着穗肥量的增加，植株干物重和含氮量提高，病情明显加重。另外，偏施氮肥、深水灌溉、田水落干过迟发病重。

随着栽培密度的增加，发病率也有所增加，主要与生育期的茎叶数多，即生育旺盛、繁茂度高有密切关系。

（3）气候条件与发病关系。气候是影响稻曲病菌发育和侵染的重要因素，在水稻破口、始穗、扬花期多雨寡照，相对湿度大的气象因素，极其有利于稻曲病侵染发病。气温在26~28℃最适宜，易诱发稻曲病。根据田间观察及气象资料分析，稻曲病的轻重与降水量关系极为密切。在幼穗形成期至穗期降水多，则发病重。特别是7—8月间气候不正常，低温、日照不足和多雨，导致大面积发生。说明气象环境不仅影响水稻的抗性，而且对病菌的发育和感染起重要作用。

三、防治技术

1. 栽培抗病品种，及时消灭菌源

要选择高产、抗病品种种植，同时要建立无病种子田，在田间发现病穗，应随时摘除病粒，必要时剪除整个病穗。进场院后，要严格把关，进行风选、筛选，选留无病种子。

2. 改善栽培措施，掌握施肥适期

（1）加强肥水管理。要做到合理施肥，增施磷钾肥，防止迟施，做到氮肥不过量，不偏施、不迟施。进行合理灌溉，水层不宜太深，在低温、多雨、寡照的年份尤为

注意，尤其是在施肥适期对稻曲病的影响更为明显。在总施肥量不变的情况下，施用穗肥多发病重，施用穗肥少发病就轻。

（2）做到合理密植。栽培密度要合理，提倡稀插，少苗壮株，切忌盲目追求高密度和多插苗，要保持株行间通风透光良好，改善田间小气候，减少发病因素。

（3）实行秋翻地。秋翻地可把散落在田间的病原菌深埋土中，减轻第二年的发病为害。

3. 药剂防治

（1）种子消毒。用50%多菌灵可湿性粉剂1 000倍液浸种48~72h，进行种子消毒处理。应用其他药剂可参照水稻恶苗病。

（2）生育期防治。根据预测预报，孕穗至破口期多雨有利发病。对杂交制种田、密穗型品种及感病品种、上年发病严重地块、后期生长嫩绿田块，在破口前5~7d进行药剂防治。如气候条件有利发病，在齐穗期再施药1次。

①用井冈霉素防治稻曲病可兼治纹枯病。5%井冈霉素水剂100~150ml/亩、10%井冈霉素粉剂50g/亩、20%井冈霉素粉剂25g/亩，对水75~100kg，于孕穗至始穗期喷雾，必要时施药2次。

②用20%三唑酮可湿性粉剂防治稻曲病可兼治稻粒黑粉病等多种穗粒部病害，75~100g/亩，对水75~100kg喷雾。

③用40%戊唑·嘧菌酯悬浮剂，含戊唑醇25%、嘧菌酯15%，每公顷纯药推荐用量108 ~ 132g，折合每亩用戊唑醇纯药4.5 ~ 5.5g、嘧菌酯纯药2.7 ~ 3.3g，用于水稻防治稻曲病。

④12.5%氟环唑SC对水稻稻曲病有很好的防治效果，其防治水稻稻曲病的使用量以900mL/hm² 最为有效、经济；应在水稻稻曲病发病初期对水600kg/hm² 喷雾使用，务必喷匀，根据水稻发病情况进行施药2 ~ 3次。另有研究表明每亩用12.5%氟环唑SC40g，对稻曲病防效达81.67%，对纹枯病防效达78.83%。

⑤其他药剂防治

A. 13%井·嘧啶核苷类抗菌素水剂。

B. 5%井·1亿活芽孢/ml枯草芽孢杆菌水剂。

C. 戊唑醇430g/L悬浮剂。

D. 井冈·戊唑醇（12%悬浮剂、14%可湿性粉剂）。

E. 15%三唑醇可湿性粉剂。

以上药剂均在水稻抽穗前7~10d施用，如破口期施药易发生药害。

第四节 水稻恶苗病

这个病害广泛分布于所有种植水稻地区。在我国，水稻恶苗病又名徒长病，俗称"公稻子"（图1-1-30）。水稻从秧苗到抽穗期都有发生，发病秧苗常枯萎死亡，生育期的植株受害一般也很快枯死，即使个别能抽穗结实，也是穗小粒少，谷粒不饱满，对产量影响很大。水稻恶苗病由该病原菌产生毒素而导致发病。病原菌产生的毒素是赤霉素，导致水稻徒长，成为水稻常见的病害。

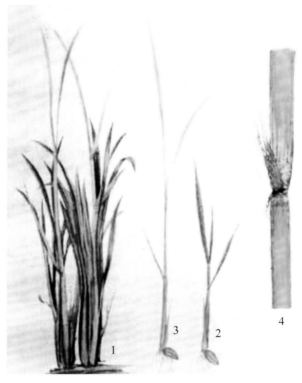

图 1-1-30　水稻恶苗病示意

1.稻丛内徒长株；2.健苗；3.病苗；4.茎节倒生须状根

一、发病症状与病原

1.症状

从秧苗期到抽穗期都能发生，一般分蘖期发生最多。病株比健株高而细弱，叶片和叶鞘窄长，淡黄绿色，根部发育不良，根毛数目减少，有时有过度分根现象，秧田病株多在移栽前或移栽后陆续死亡（图1-1-31）。插入本田后1个月左右出现病株，病状与苗期相似，分蘖少或不分蘖，节间显著伸长，节部常弯曲露出叶鞘之外。其上倒生许多不定根，尤其以基部节上为多，这是本病的特征。如剥开叶鞘可见节的上下呈暗色，叶鞘与茎秆上有菌丝，茎上有暗褐色条斑，若将病茎剖开，则可见蛛丝状菌丝。以后茎秆逐渐腐朽，在叶鞘和节部生有淡红色或白色黏稠霉层，即病菌分生孢子。病株多数不抽穗，于孕穗前枯死后期病秆上散生或群生黑色小点，即病菌子囊壳。有的病株提早抽穗，但穗小、粒少、籽粒不实。谷粒被病菌侵染，严重的变为褐色、不实，或在颖壳接缝处生淡红色的霉，感病轻的仅在谷粒基部或尖端变为褐色，有的外表虽没有表现症状，内部却有菌丝潜伏。引起病株徒长是本病的常见症状，有时也可使病株发生矮化或与正常苗没有高矮的区别，这种现象可能与病种生理小种有关（图1-1-32、图1-1-33、图1-1-34和图1-1-35）。

图 1-1-31　水稻育秧田恶苗病徒长株

图 1-1-32　水稻恶苗病徒长株

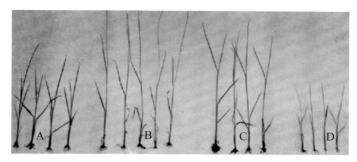

图 1-1-33　水稻恶苗病株表现型

A.健株型；B.徒长型；C.不抽心型；D.矮缩型

图 1-1-34　水稻恶苗病晚期被害状

图 1-1-35　水稻恶苗病株茎节侧生须状不定根

2. 病原

水稻恶苗病有性时期为子囊菌亚门赤霉菌属，*Gibberella fujikuroi*（Sawada）Wollonw.，无性时期为半知菌亚门镰刀菌属，*Fusarium moniforme* Sheld.。病株茎叶、叶鞘表面长出的粉红色霉即是病菌无性时期分生孢子。分生孢子分大小两型，小型孢子

卵形或椭圆形，无色，单孢间有双孢，大小(4~6)μm×(2~5)μm，成串状或链状。大型孢子细长，两端变曲尖削，镰刀形，基部有足孢，一般有3~5个隔膜，也有6~7个的，大小(17~28)μm×(2.5~4.5)μm，多数孢子集聚时呈淡红色或橙红色。该菌子囊壳圆形或卵形，表面粗糙，大小(240~360)μm×(220~424)μm，子囊圆桶形，基部细而上部圆，内生子囊孢子4~8个。子囊孢子无色，椭圆形，双孢，大小(5.5~11.5)μm×2.5μm，排列一行或双行（图1-1-36）。病菌能分泌赤霉酸等刺激素。病菌发育最适温度在25~30℃之间，35℃时发育渐差，超过40℃或低于2℃时生长受到抑制。子囊壳的形成以26℃左右为最适宜，10℃以下及30℃以上均不能形成。分生孢子在25℃的水中，经5~6h即可萌发；子囊孢子在25~26℃下，5h内大部分也可能萌发。病菌侵害寄主以35℃最为适宜，在31℃时，诱致徒长最为显著。

病菌在生长和代谢过程中，因条件不同，能产生赤霉素或镰刀菌酸等物质。赤霉素能引起稻苗徒长，镰刀菌酸有抑制稻苗生长作用。由于赤霉素有促进生长的作用，且几乎没有专化性，因此作为植物生长刺激素被广泛利用。

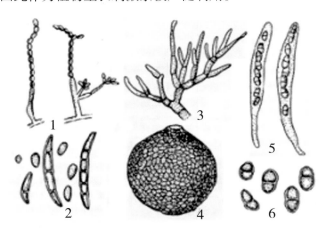

图 1-1-36　水稻恶苗病

1.小型分生孢子梗及小型分生孢子；2.大、小型分生孢子；
3.大型分生孢子梗；4.子囊壳；5.子囊及子囊孢子；6.子囊孢子

二、发病规律

1. 侵染与发病过程

病菌主要以分生孢子附在种子表面或以菌丝体潜伏于种子内部越冬。潜伏在稻草内的菌丝体和稻草上生长的子囊壳也可越冬。病菌以带病种子传播为主。带病种子播种后，幼苗就会受害。病菌在植株体内作半系统扩展，分泌赤霉素刺激细胞伸长，引起徒长。未腐熟的病稻草的菌丝体，也能引起发病。本田期分生孢子借风雨传播，从植株伤口侵入引起再侵染。水稻抽穗扬花期长出分生孢子，靠气流传播到花器上，侵入种子内部使种子带菌。

分生孢子的形成，从插后的枯死株到收割期的发病株，任何时期都可产生，形成量最多的时期，作为单株是患病水稻枯死后；作为整个田块，是在出穗前2周至齐穗期。孢子的脱离是，当孢子遇到水，在30s内从分生孢子梗完全脱离，然后随风扩散，一般可在夜间有露水时进行，而在白天是在雨后进行。在开花时飞散的分生孢子落入颖壳内完成传播过程。夜间飞散的孢子沾附在水稻植株上，中午随田间气流的上升，实现再传播和再侵染。开花期进入颖壳内的孢子，在28~30℃和100%湿度条件下48h内侵入柱头、雄蕊，随后穿透细胞膜到达胚。在乳熟期接种时，48h内菌丝达到糊粉层。

2. 发病因素

（1）品种与发病关系。病菌主要以分生孢子在水稻种子表面和菌丝体在种子内部越冬，一般均由带病种子传播。水稻品种间抗病性有一定的差异，从目前看，辽盐系列品种易感恶苗病。

（2）栽培与发病关系。潜伏在稻草内的菌丝体和病草上生成的子囊壳，在较干燥的情况下可以越冬，但在潮湿的土壤内寿命很短。即使播种无病的稻种，如果把上年的病草作覆盖物，常常引起发病。

（3）气候与发病关系。水稻恶苗病菌发育的最适温度25~30℃，高于40℃或低于2℃都不能生长。侵害寄主以35℃最适宜，31℃最易引起稻株徒长。

三、防治方法

恶苗病主要是带病种子传播，因此，实施防治时应以选用无病稻种和种子消毒处理为重点。

（1）50%多菌灵可湿性粉剂100g，加水50kg，可浸稻种50kg，浸种3~5d，浸种后可直接催芽播种。

（2）用1%石灰水澄清液浸种，15~20℃时浸3d，25℃浸2d，水层要高出种子10~15cm，避免直射光。

（3）每100kg稻种用有效成分180~300g的噻菌灵可湿性粉剂拌种，如60%可湿性粉剂用300~500g，90%可湿性粉剂用200~300g。

（4）用2.5%咯菌腈+3.75%精甲霜灵拌种用悬浮剂18.75~25ml/100kg或28.08%噻虫嗪+0.66%咯菌腈+0.26%精甲霜灵拌种用悬浮剂300~450ml/100kg，播种前拌种，拌种完毕后2~3h播种。

第五节　水稻菌核病

水稻菌核病种类很多，能寄生水稻并产生菌核的病菌有20种，其中小核菌属16种，丝核菌属4种。我国水稻菌核病有7种：小球菌核病、小黑菌核病、褐色菌核病、球状菌核病、灰色菌核病、黑粒菌核病和赤色菌核病，北方稻区以小球菌核病和小黑菌核病为主。

一、症状（图1-1-37和图1-1-38）

图 1-1-37 水稻菌核病田间为害状

图 1-1-38 水稻菌核病茎秆被害状——梭形病斑

菌核病为害部位是稻株下部的叶鞘和茎秆，在水稻整个生育期都可发生，一般以拔节至收获期发生最多，尤其是乳熟期到黄熟期。因病菌不同症状表现也不一样。如图1-1-39、图1-1-40、图1-1-41、图1-1-42、图1-1-43、图1-1-44和图1-1-45所示。

图 1-1-39 水稻茎秆内菌核病菌丝

1. 小球菌核病

为害基部叶鞘和茎秆。近水面叶鞘表面先出现水渍状侵染点，后向上下和内侧扩展，形成纵向深褐色至黑色线状条斑。病菌深入内层叶鞘时，外部叶鞘的病斑变成黑色大斑，表面形成浅灰色霉状物，并常结生菌丝块。抽穗后，茎秆产生黑褐色小点或纵细黑条，以后菌丝侵入髓部，茎秆表面发黑。剥开病叶鞘和茎秆，内有大量球状黑色小菌核。

2. 小黑菌核病

发病部位及症状与小球菌核病相似，但病部不形成菌丝块，无长坏死线，菌核小而量多。

3. 球状菌核病

为害叶鞘和茎秆，变黄枯死。菌核球形，比小球菌核大。

4. 褐色菌核病

为害叶鞘和茎秆，叶鞘病斑椭圆形，中央灰褐色有云纹。茎秆受害变褐枯死。菌核球形至圆柱形。

5. 灰色菌核病

为害叶鞘，病部淡褐色，后枯死。菌核灰白色至灰褐色。

6. 黑粒菌核病

为害叶鞘，病斑黄褐色不规则形，菌核很小。

7. 赤色菌核病

为害叶鞘，病斑长椭圆形或纺锤形，中部淡黄褐色，周围浓褐色。

图 1-1-40　菌核病茎秆被害状

图 1-1-41　菌核病晚期为害状——茎秆软腐发臭

图 1-1-42　水稻茎秆内菌核（剖示）

图 1-1-43　水稻菌核病茎秆叶鞘被害——污渍状

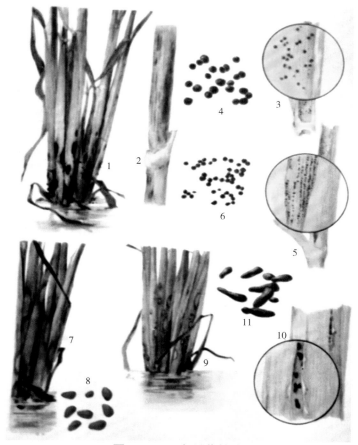

图 1-1-44　水稻菌核病

小球菌核病：1.病株；2.病茎；3.茎内菌核；4.菌核
小黑菌核病：5.茎内菌核；6.菌核
赤色菌核病：7.病株；8.菌核
褐色菌核病：9.病株；10.叶鞘内菌核；11.菌核

图 1-1-45　菌核病茎秆被害状

二、病原

小球菌核病原菌 *Helminthosporium sigmoideum* Cav.（*Sclerotium oryzae* Catt.）属半知菌类，丛梗孢目暗色菌科（图1-1-46）。菌核球形黑色，表面光滑有光泽，剖面呈内外两层，外层黑褐色，内层淡橄榄色，为拟薄壁组织，大小0.25mm左右，分生孢子新月形，有0~4个隔，中间两个细胞较大，暗褐色，两端淡色至无色。生育适温28~30℃。菌核干燥条件下可存活190d，在稻田土内可存活133d，沉于水下可存活319d。

小黑菌核病*Heminhospouium sigmoideum* Cav. var. *irregulare* C. et T. 的菌核球形呈不规则形，黑色，表面粗糙无光泽，直径0.15μm，剖面不分层。分生孢子新月形，有3个隔，中间两细胞暗褐色，两端较淡。菌核上产生的分生孢子有4个隔，且顶端细长弯曲如须。

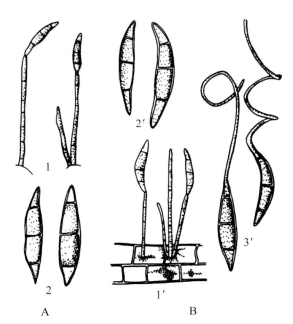

图 1-1-46　水稻菌核病原菌

A.小球菌核病菌　B.小黑菌核病菌
1.分生孢子梗及生孢子；2.分生孢子
1′.叶鞘上产生的分生孢子梗及分生孢子；
2′.分生孢子；3′.菌核上产生的分生孢子

褐色菌核病原菌*Sclerotium oryzae-sativae* Sawada的菌核球形至圆柱形，呈褐色，表面粗糙，断面无层次。球状菌核病原菌*Sclerotium hydrophilum* Sacc. 的菌核球形，褐色至黑色，剖面分内外二层。灰色菌核病原菌*Sclerotium fumigatum* Nakata et Hara的菌核球形或馒头形，灰色至灰褐色，剖面呈一层。黑粒菌核病原菌 *Heliceras oryzae* Lihder et Tullis黑色，鼠粪状，剖面不分层。赤

色菌核病原菌 *Rhizoctonia oryzae* Ryker et Gooch菌核淡红色，叶鞘组织内是短圆柱形，叶鞘间的扁平圆形，剖面不分层。

三、发病规律

小球菌核病和小黑菌核病均以菌核在稻茬、稻草中或散落在土壤中越冬。随病组织落入土中或散落在土壤中的菌核经耕耙和灌水漂浮水面。插秧后附着于稻株近水面的叶鞘上，条件适宜时萌发产生菌丝，直接从叶鞘表皮或伤口侵入叶鞘，并蔓延，进而突破叶鞘内侧表皮到达茎部，侵入茎秆髓部组织。叶鞘病部的小球菌核病菌丝块与邻近健株接触时，可蔓延其上并使之感病。菌核表面产生的分生孢子可随风、昆虫（叶蝉、飞虱）传播，进行初侵染或再侵染。菌丝和菌核可随水流、土壤和病残体的移动而传播。发病后期在茎秆和叶鞘内产生大量菌核，成为下一年的菌源。

小球菌核病、小黑菌核病的发生与灌水、降雨、施肥、品种及菌源都有关，尤其与前三者关系密切。

1. 灌水

菌核病菌属弱寄生，水稻生长发育正常，抵抗力强，不易感病。凡水稻生长前、中期深灌、后期断水过早、土壤干燥过久的稻田，或长期深灌及排水不良的稻田，或不晒田的稻田，发病则较重。

2. 施肥

氮肥施用过多、过迟，缺乏磷钾肥，发病则重。水稻分蘗盛期多氮少钾，病菌极易侵入。水稻生长后期氮肥过多或脱肥早衰，病害也重。

3. 气候

降雨多、湿度高，有利于发病，相对湿度在80%以下时病情受到抑制。日光对病菌有抑制作用。

4. 品种

不同品种或同一品种不同生育期抗病力有明显差异。一般以抽穗后抗病力较弱。灌浆后稻株迅速衰老，抗病力显著下降，此时若缺水干旱或低温降雨，会加剧病情。

5. 菌源

小球菌核病菌在越冬前和越冬期在稻茬中不断形成菌核，故老病田发病重。此外，稻飞虱和叶蝉为害重的稻田，因稻株生活力降低，伤口有利病菌侵入以及虫体传播菌丝和分生孢子等原因，发病也重。

四、防治方法

1. 合理施肥，科学用水

水稻生育前期浅灌勤灌，开好排水沟；分蘗末期适当晒田；孕穗期保持水层；后期保持田面湿润，防止断水过早。增施有机肥，注意配合磷、钾肥，既要防止氮肥过多、过迟，又要避免后期脱肥。

2. 结合治虫，减少病源

病菌菌核愈近稻株基部数量愈多，故重病田尽量齐泥割稻，有条件的实行水旱轮作。翻耕灌水时用纱布袋打捞菌核，防病效果达50%~80%，堆肥应高温发酵，可使菌核死亡。加强稻飞虱和叶蝉的防治，以减轻病害。

3. 药剂防治

施药时期应掌握：防治1次以孕穗初期为好；防治2次以拔节期和孕穗期各用药1次为好。注意，药液喷洒在下部叶鞘上，以减轻病害的发生。每隔5~7d喷药1次，共喷药2~3次。同时加强叶蝉的防治工作。

（1）多菌灵或甲基硫菌灵，用量按有效成分计37.5~50g/亩，对水75kg喷雾。

（2）有试验研究表明，杀菌剂啶酰菌胺、醚菌酯、噁霉灵3种药剂对水稻菌核秆腐病菌（主要是稻小球菌核病和小黑菌核病）的抑制效果最好，EC_{50}值分别为0.0037mg/L、0.0091mg/L和0.0096mg/L，其值均小于0.01mg/L。

第六节 稻粒黑粉病

稻粒黑粉病又叫墨黑穗病，俗称"乌米谷""黑粉谷""乌子"等，为对外检疫对象之一（图1-1-47）。主要侵害稻穗，一般每穗有病谷4~5粒，严重时可达数十粒。此病一般为害不大，但个别地区也有病穗率达55%、病粒达27%的。当病粒多时，常使米粒污染黑粉，影响米质和产量。

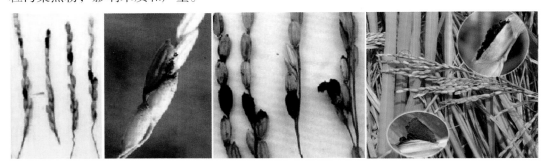

图 1-1-47　稻粒黑粉病穗上的病粒

一、症状

为害穗部，一般仅个别小穗受害。病谷的米粒全部或部分被破坏，露出污黑色粉末（厚垣孢子）。如受害部分不超过2/3，且胚尚完整的，还能萌芽，但发芽率低，幼苗弱小。

病粒的外表症状，一般有3种类型：

（1）谷粒不变色，在外颖背线近护颖处开裂，伸出绛红色或白色舌状物，为病粒的胚及胚乳部分。在开裂部位常沾附着散出的黑色粉末。

（2）谷粒不变色，在内外颖间开裂，露出圆锥形黑色角状物，破裂后散出黑色粉末，沾附于开裂部位。

（3）谷粒变为暗绿色，不开裂，但不充实，与青粒相似。有的谷粒变为焦黄色，用手捏之松软，如果将病粒用水浸泡，则谷粒变黑，易与健粒区别。病粒一般在穗的下部为多。据江西省的调查，病粒在穗的上部占13.63%、中部占40.30%、下部占46.05%。

二、病原

病原菌为担子菌纲腥黑粉菌属*Tilletia horrida*，异名为*Neovossia horrida*（Takah.）Padw. et A .Khan，其厚垣孢子球形，黑色，大小为(25~32)μm×(23~30)μm，表面密生无色或淡色倒钩状的齿状突起，在显微镜下呈网纹状，外围往往有一透明的尾状残余物，为原来形成孢子菌丝壁收缩而成。厚垣孢子萌发产生担子，担子顶端轮生指状突起，上生线状、无色、无隔、稍弯曲的担孢子，多的可达60余个（图1-1-48）。担孢子能成对结合，产生双核菌丝，或长出次生担孢子，厚垣孢子在自然情况下可活1年以上，在贮藏的种子上可存活3年，并且对热度的抵抗力也强，即使经55℃温汤浸种10min也不致死亡；另在通过牛、鼠、鸡、鸭、小红瓢虫等的肠胃后，除原来已经破裂的孢子外，一般仍能萌发。厚垣孢子至少要

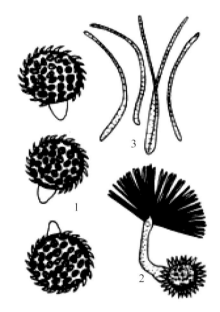

图 1-1-48　稻粒黑粉病菌
1.厚垣孢子；2.厚垣孢子萌发；3.担孢子放大

通过5个月的休眠期，在适宜的条件下经5~6d才能萌发。萌发时对养分没有特别要求，但温度要在20~34℃，并以24~32℃为最适。萌发时对光线要求严格，在黑暗处不发芽或极少发芽；光线强弱能影响其发芽速度，光波越短越易萌发，如经紫外线处理后，可缩短休眠期。此外，空气和湿度与其萌发也有关，如在深水下，孢子很少发芽，或发芽后不生担孢子。

三、侵染循环

病菌以厚垣孢子在土壤中、种子内外和禽畜粪肥中越冬，尤以土壤表面为主。第二年水稻开花、灌浆时期，在水面或潮湿土面的厚垣孢子萌芽产生担孢子或次生担孢子，由气流传至花器、子房或幼嫩的谷粒上，萌发侵入。侵入后，菌丝在谷粒内蔓延，破坏子房，使米粒不能形成。后期，菌丝又形成厚垣孢子，在病粒内或因病粒破裂沾附到健粒上，或落入土中越冬。

1. 侵染源

研究发现，稻粒黑粉病菌具有在植物体表芽殖附生的特性。其病害循环中存在一个相当长的接种体（次生小孢子）田间芽殖附生阶段。田间越冬的冬孢子在水稻扬花前已基本萌发完毕，其萌发产生的次生小孢子在侵入之前的2~3个月中附生在水稻及杂草叶面，以芽殖方式维持和扩大种群数量，到水稻扬花期经气流传播侵染颖花。

2. 侵染时期

病菌主要是在开花至授粉受精这段时间侵入，受精后病菌不易侵染。不育系外露柱头活力能维持1~5d，若侵染过程与授粉过程基本同步即形成病粒；反之，若侵染至授粉间隔时间较长，病菌破坏了子房，不能授粉，则形成秕谷。

四、影响发病的因素

水稻扬花到乳熟期最易感病，如这一时期大气湿度高，雨天多，有利病菌萌发侵入，易诱发病害。稻株倒伏，一方面使水稻成熟延迟，另一方面使稻丛间湿度增高，增加病菌侵染机会。偏施或迟施氮肥，引起稻株徒长和倒伏，也易诱发病害。品种间感病程度也有一定差异。此外，荫湿田发病常较高地发病为重。推广杂交稻以后，稻粒黑粉病在杂交稻制种母本上发生普遍。

五、防治

1. 实施检疫

应限制病区种子流动，防止带病种谷将病菌传入无病地区。对可疑的种子，应取样将种子浸水，使吸胀后观察有否变色，或颖壳是否破裂散出黑粉，结合洗涤检验进行检查。

2. 精选种子进行种子处理

病区必须经过片选，从无病田留种。如所留种谷不能保证无病，因病谷一般较健谷为轻，可结合实行盐水选种，彻底汰除病粒。此外，在播种以前，可用50%多菌灵可湿性粉剂800倍浸种12h，或用85%三氯异氰尿酸可溶性粉剂浸种12h，或用1%石灰水浸种24h。

3. 防止肥料带菌

厩肥或其他禽畜的粪肥，应经充分腐熟后才可施用。对禽畜用的谷产品饲料尽可能做到蒸煮后喂饲，以消灭厩肥中的病菌孢子。

4. 农业防治

收获后进行深耕，将病菌翻入土中，减少第二年传病机会。在施肥上，应避免偏施或迟施氮肥，注意配合施用磷、钾肥，以防止水稻倒伏和徒长。选栽抗病品种，杂交稻制种综合防治技术，采取以防病增产的健株栽培为基础。农业技术的关键是促使父、母本花期正常相遇，其次是授粉期应错过绵绵阴雨天气的影响。

5. 药剂防治

药剂预防的重点是穗期喷药控制，对稻粒黑粉病防治效果较好的药剂有多菌灵、三唑酮。每亩有效成分用量分别是：多菌灵150g、三唑酮200g。在认真实施农业技术措施的基础上，分别在始穗前5~7d、抽穗5%~10%、齐穗期、授粉期5d左右，各施药1次，防治效果良好。防止发生药害，施用三唑酮应避开扬花受粉时期，在下午进行。

其他可用药剂有：25%三唑酮可湿性粉剂1 000倍液，或用5%井冈霉素水剂250~500倍液，或用70%甲基硫菌灵可湿性粉剂600倍液。

第七节　稻叶黑粉病

稻叶黑粉病又叫叶黑肿病，分布于亚洲、北美洲和南美洲等地。我国中部和南部稻区普遍发生，北部稻区较少发现。一般秧田期不发病，在大田的发病时期多在分蘖后孕穗前开始，一直到乳熟期。主要为害稻株中、下部叶片。早稻发病较晚稻为多，通常为害不重。

一、症状

为害叶片，病斑发生在叶片两面，初沿叶脉间纵向散生黑色短条状病斑，后期病斑为灰黑色，稍隆起，病斑周围变黄，其内充满暗褐色的厚垣孢子堆。严重时，一叶上的病斑数目极多，密集时可相互连片，使叶片从尖端开始提早枯黄，而且破碎成丝状（图1-1-49）。

图 1-1-49　稻叶黑粉病叶片被害状

二、病原

病原菌为担子菌纲叶黑粉菌属*Entyloma oryzae* Syd. et P. Sydow。

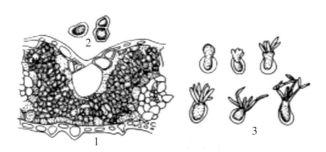

图 1-1-50　稻叶黑粉病菌

1.病叶组织的厚垣孢子；2.厚垣孢子；3.厚垣孢子的萌发过程

　　病菌的厚垣孢子堆分散或群集，圆形、椭圆形、长方形至线条形，黑色，始终埋藏在寄主表皮下面。厚垣孢子近圆形或多角形，有两层壁膜，暗褐色，大小为(7.5~10)μm×(7.5~2.5)μm，在水中能萌发。萌发时，先行膨胀，伸出一极短的原菌丝(6~20)μm×(5~10)μm；其先端附着3~8个担孢子（小孢子），担孢子长梭形或棒形，两端尖削，淡橄榄色，大小为(10~15)μm×(2~2.5)μm，担孢子又因其前端芽生第二次孢子而多呈"Y"字形（图1-1-50）。

厚垣孢子萌发的温度为21~34℃，最适温度为28~30℃，由此可见，它要求较高的温度。厚垣孢子的存活力约为1年。

三、侵染循环及发病因素

病菌以厚垣孢子在病叶组织内越冬，第二年春季萌发产生孢子，以担孢子借气流传播，落在叶上后在条件适宜时萌发侵入叶片，引起发病。用小孢子接种时，在叶片上1~2d后即开始出现症状，约需经20d后开始产生厚垣孢子。一般土壤瘠薄、缺肥的田发病较多。水稻品种间的抗病性也有差异。

四、防治

注意处理病草，合理施肥。重病区注意选育和换种抗病良种。加强肥水管理，促进植株稳生稳长，避免出现早衰现象。应注意适当增施磷钾肥，提高植株抗病力。抓好喷药预防控病，对杂交稻预防应提早在分蘖盛期进行喷药防治，常规稻于幼穗形成至抽穗前进行。做好对稻瘟病、叶尖干枯病等病害的喷药预防，可兼治本病。一般情况下不必单独喷药防治，结合穗期病害防治，喷施三唑酮、多菌灵等即可兼治。

第八节　水稻叶鞘腐败病

由帚枝霉侵染为害水稻剑叶鞘和穗部的一种真菌病害。

一、分布和为害

在中国台湾省发现后，江苏省、浙江省、湖南省等省也有发生。水稻受害率一般在3%~20%，严重的达85%，导致秕谷率增加，千粒重下降，米质变劣，平均产量损失可达14.5%。

1. 寄主

该病原菌寄主范围广，可侵染多种禾本科杂草。除侵害水稻外，在自然条件下还可侵染禾本科的粗芒稗、裸稗和中国千金子等杂草，经接种，可使马唐、芒稗、粗芒稗、裸稗、野生稻产生大片褐色不规则形典型腐败病病斑，在牛筋草、须状虎尾草、皱形止血草、中国千金子等杂草上也表现不同程度的症状。

2. 症状

秧苗期至抽穗期均可发病（图1-1-51）。

幼苗染病叶鞘上生褐色病斑，边缘不明显。分蘖期染病，叶鞘上或叶片中脉上初生针头大小的深褐色小点，向上、下扩展后形成菱形深褐色斑，边缘浅褐色。

穗部叶鞘被害状

发病晚期穗及茎秆被害状

图 1-1-51　水稻叶鞘腐败病为害状

　　叶片与叶脉交界处多现褐色大片病斑。孕穗至抽穗期染病，剑叶叶鞘先发病且受害严重，叶鞘上生褐色至暗褐色不规则病斑，中间色浅，边缘黑褐色较清晰，严重的呈现虎斑纹状病斑，向整个叶鞘上扩展，致叶鞘和幼穗腐烂。湿度大时病斑内外现白色至粉红色霉状物，即病原菌的子实体。该病可在水稻各生育期发生，以孕穗后期发生在剑叶叶鞘上最为常见，且症状比较典型。

　　幼苗的叶鞘呈褐色病斑，边缘不明显，在低倍显微镜或放大镜下可见大量顶端结有水珠的分生孢子梗群。种子带菌诱发的稻苗发病，多数不完全叶先被感染，新出叶鞘随病情发展而呈褐色病斑，严重的则死苗。

　　分蘖期症状，叶鞘上初为深褐色针尖状小点，后期扩大，严重的在叶鞘脊部沿两端扩展，形成棱形深褐色病斑，中间色深，边缘较淡。被感染的叶片中脉呈褐色棱形病斑，叶片和叶鞘交接处呈褐色大型病斑。在水稻孕穗后期发生在剑叶叶鞘上，初为暗褐色小斑，后扩大成虎斑状大型斑纹，周围暗褐，中间颜色较淡。严重时病斑遍及整个叶鞘，叶鞘内部包裹的穗呈黄褐色枯死，形成半穗或不抽穗。颖壳及叶鞘内侧有略带红色的霉。

　　与纹枯病的区别：一是叶鞘腐败病只发生在剑叶上，而纹枯病多发生在下部叶鞘上；二是前者病斑似虎斑，斑纹相间明显，后者病斑云纹状，灰白色。

二、病原

中国陈吉棣等曾报道为一种新病害，称为紫鞘病。病原物为稻帚枝霉（*Acrocylindrium oryzae* Sawada），属半知菌，丛梗孢目，顶柱霉属。分生孢子梗圆桶形，主轴分枝1~2次，顶端轮生2~5个小梗，小梗顶端着生分生孢子，分生孢子单胞，无色，圆桶形或椭圆形，两端钝圆，大小为3~20μm，菌丝白色，分枝少，有隔，直径1.5~2μm。分生孢子梗从菌丝上长出，梗壁比营养菌丝壁稍厚，1~2层枝梗，每层有3~4根轮状分枝，主轴为(15~20)μm×(2.0~2.5)μm（图1-1-52）。枝梗顶端圆锥状，顶枝端缢缩，形成分生孢子。分生孢子单生，逐个脱落，单胞，无色，光滑，圆柱形或椭圆形。在寄主上形成的孢子为(2.5~8.5)μm×(0.5~1.6)μm，人工培养基上形成的为(1.8~13)μm×(1~1.6)μm。

图1-1-52　稻叶鞘腐败病菌
1.分生孢子梗及分生孢子；
2.分生孢子

病菌生长最适温度为30~31℃，37℃时生长很慢，13℃时不能生长。致死温度为50℃，5min。人工培养条件下菌落生长缓慢，pH值为5.0~9.0的培养基上生长良好。

三、侵染过程和病害循环

带菌种子和寄主病残体为初次侵染源，翌春形成分生孢子，从伤口和气孔侵入，植株致伤后往往加剧病害发生。水稻上的一种跗线螨（*Steneotarsonemus madecassus*）对病菌起传播和接种作用。当年发病植株上产生的分生孢子可进行再次侵染。病菌孢子依靠气流、昆虫、螨类携带传播扩散。水稻穗期因螟害、病毒感染或其他外界因子致使抽穗缓慢，病害加剧。水稻出穗速度慢或包穗的品种发病严重。气温在15~40℃均可发病，以25~35℃、相对湿度70%以上最适宜。过多或过迟施用氮肥，或植株缺氮，均可加剧病害的发生。

诸葛根樟研究认为，本病与紫鞘病为同一病原，病菌是通过伤口侵入寄主的，往往造成组织坏死，出现鞘腐病。从自然孔口侵入的往往造成细胞死亡，则出现紫鞘病。但陈吉棣等研究认为紫鞘病是另一种病原。

本病的侵染循环还不十分清楚，日本资料记载，病菌在残体上于室内可存活1年，在室外可存活224d左右。病残体内的菌丝是第二年病菌的主要来源。

水稻叶鞘腐败病的症状在孕穗期以前与*Helminthosporium sigmoideum*所引起的菌核病症状甚为相似。它们的主要区别是：前者多出现在离水面较远的叶鞘上部，病斑色泽略淡，保湿后病组织处可产生大量结水珠的孢子梗群；后者多见于近水面处，色深，离体保湿后，形成大量白色形粗的菌丝和大量菌核。

四、传播途径和发病条件

该病种子带菌率59.7%，病菌可侵至颖壳、米粒，病菌在种子上可存活到翌年8~9月；稻草带菌散落场面的存活137d；浸泡田水中存活38d；褐飞虱、蚜虫、叶螨也带菌。侵染方式分3种：①种子带菌的，种子发芽后病菌从生长点侵入，随稻苗生长而扩展，有系统侵染的特点；②从伤口侵入；③从气孔、水孔等自然孔口侵入。发病后病部形成分生孢子借气流传播，进行再侵染。病菌侵入和在体内扩展最适温度为30℃，低温条件下水稻抽穗慢，病菌侵入机会多；高温时病菌侵染率低，但病菌在体内扩展快，发病重。生产上氮磷钾比例失调，尤其是氮肥过量、过迟或缺磷及田间缺肥时发病重。早稻及易倒伏品种发病也重。此外，水稻齿叶矮缩病也能诱发典型的叶鞘腐败病。

五、防治方法

（1）在肥水管理上，应避免过晚或偏施氮肥，与磷钾肥配合施用，采用配方施肥技术，做到分期施肥，防止后期脱肥、早衰。沙性土壤要适当增施钾肥。杂交制种田母本要喷赤霉酸，促其抽穗。使水稻生长健壮，增强抗倒伏能力，减轻发病。对易倒伏品种要及时做好排水晒田，降低田间湿度，防止病害蔓延。

（2）重病田的稻草要及时处理掉，用作堆肥时，必须经过充分腐熟后再施用。积水田要开深沟，防止积水，一般田要浅水勤灌，适时晾田，使水稻生育健壮，提高抗病能力。

（3）药剂处理种子参见稻瘟病。

（4）喷药防治稻瘟病，对本病也有兼治作用。破口期亩用20%三唑酮乳油40ml对水喷雾，防效达70.59%。

六、叶鞘腐败病与稻褐鞘症的区别与联系

1. 叶鞘腐败病和稻褐鞘症在发生时期、为害部位和症状特点等方面的差异

鞘腐病主要发生于孕穗阶段，剑叶鞘出现污褐色云纹状或虎斑状病斑，通常病部上出现薄层粉状雾，被包裹的稻穗还充满着白色菌丝团，病株常表现出不同程度的包颈以至死胎，病部后期可褪为灰褐色。而稻褐鞘症主要发生于稻株抽穗之后、灌浆勾头之时，叶鞘呈现烟灰状散生的褐斑，其上无任何病征，病变部色泽均匀，后期病部也不褪色，稻株抽穗大都正常，伴有包颈出现。严重受害稻株可致半勾头或不勾头。

2. 病原菌的差异

稻鞘腐菌是一个弱寄生菌，经由伤口侵入，其引致的鞘腐通常在杂交制种田发生最为普遍而严重（因制种田为控制花期相遇或为促进授粉常采取拉线或剪叶等措施，易造成稻株大量伤口，最适于此菌的侵染）。而稻褐症是斯氏狭跗线螨（*Steneotarsonemus spinki* Smiley）为害造成的。

3. 两者的联系

叶鞘腐败病菌与稻褐鞘症害螨常有协同作用引致混生。斯氏狭跗线螨是植食性的稻细螨，躯体极其微小，其主要栖息场所是稻叶鞘内壁及颖壳等处，在其取食过程中携带鞘腐菌孢子并在稻株造成伤口，致使鞘腐病和褐鞘症混生。在药剂防治中，杀菌剂与杀螨剂混用与轮用，采取双管齐下，主、配角一并歼之措施，会取得令人满意的效果。

4. 药剂处理种子参见稻瘟病

田间喷药结合防治稻瘟病可兼治本病。破口期亩用20%三唑酮乳油40ml对水喷雾，防效达70.59%。另外，0.02%高锰酸钾溶液也有一定的防治效果。

七、煤污病

此病由小煤炱属真菌侵染所致。

小煤炱属（*Meliola*）是真菌门子囊菌亚门小煤炱目（*Meliolales*）的一属。子囊束生于黑色闭囊壳基部；子囊孢子椭圆形，暗褐色，2~4个隔膜。

1. 发病规律

煤污病病菌以菌丝体、分生孢子、子囊孢子在病部及病落叶上越冬，翌年孢子由风雨、昆虫等传播。寄生到蚜虫、飞虱、介壳虫等昆虫的分泌物及排泄物上或植物自身分泌物上或寄生在寄主上发育。高温多湿、通风不良、蚜虫、飞虱、介壳虫等分泌蜜露，害虫发生多，均加重发病。成、若虫刺吸水稻茎叶、嫩穗，不仅影响生长发育，还分泌蜜露引起煤污病，影响光合作用和千粒重。减产20%~30%。该病发生与分泌蜜露的昆虫关系密切，喷药防治蚜虫、介壳虫等是减少发病的主要措施。同一植物上可染上多种病菌，其各自症状也略有差异，但黑色霉层或黑色煤粉层是该病的重要特征。煤污病主要侵害叶片和枝条，病害先是在叶片正面沿主脉侵染，后逐渐覆盖整个叶面，严重时叶片表面、枝条甚至叶柄上都会布满黑色煤粉状物，这些黑色粉状物会阻塞叶片气孔，妨碍正常的光合作用（图1-1-53）。

图 1-1-53　稻穗煤污病

2. 防治方法

（1）注意清除田间、地边杂草，尤其夏秋两季除草，对减轻水稻蚜虫危害具有重要作用。

（2）加强稻田管理，使水稻及时抽穗、扬花、灌浆，提早成熟，可减轻蚜害。

（3）水稻有蚜株率达10%~15%，每株有蚜虫5头以上时，及时喷洒10%吡虫啉可湿性粉剂2 000倍液。该病发生与分泌蜜露的昆虫关系密切，喷药防治蚜虫是减少发病的主要措施。防病药剂以多菌灵、甲基硫菌灵等广谱性杀菌剂为主，防稻飞虱的药剂以吡虫啉类内吸性杀虫剂为主。在稻飞虱的防治上，要注意施药时间和方法，上午10:00前或下午4:00后当稻飞虱在植株上部活动时施药，要尽量喷到稻株下部，每亩对水60~90kg。对混合发生为害较重的田块进行统防统治，充分发挥机动喷雾器和大型车载式喷雾机、无人飞机和有人飞机喷药防治。

第九节　稻黄化萎缩病

黄化萎缩病又名霜霉病，在我国东北及台湾省曾有发生的记载，近年来河北省、辽宁省也常有发现，在局部地区部分田块曾有明显为害（图1-1-54）。

图 1-1-54　水稻霜霉病为害状

一、症状

病叶一般较肥厚，宽而短，叶面常散生许多圆形或椭圆形、边缘不明显的黄白色小斑，常纵向连生成为断续不规则的线条，叶脉仍保持绿色。病株心叶淡黄色，有时扭曲，很像条纹叶枯病（图1-1-55）。病株色黄绿或浓绿，矮缩程度不等，因此有些症状表现又极像普通矮缩病。病株叶鞘略肿胀，表面呈不规则波纹状，分蘖不良，或有异状分蘖，在适温、高湿时叶面可长出白色粉状物，即病菌的孢囊梗和孢子囊。这是本病不同于上述两种病毒病的基本特点。病株根系发育不良，很少抽穗，即使少数抽穗，大多不能结实。苗期发病易枯死腐烂。

图 1-1-55　稻黄化萎缩病（霜霉病）叶片被害状

秧田期幼芽受侵染，到3~4叶时出现症状。本田期的分蘖芽及刚处于伸长期的嫩叶也能受害。本田期得病的植株，抽穗结实程度比苗期得病的稍好，但穗往往包于剑叶鞘中，或抽出扭曲畸形之穗。病穗有芒率高。此外，病株易感染胡麻斑病或稻瘟病。

二、病原

病原菌为藻菌纲指疫霉菌属 *Sclerophthora macrospora* Thirum. et al。病叶内的病菌由气孔伸出短的孢囊梗，其上着生孢子囊。孢子囊椭圆形或卵形，有乳突，大小为$(60~114)\mu m \times (28~50)\mu m$，密集时呈白色粉状物（图1-1-56）。孢子囊形成于病株幼叶或叶之幼嫩部分（老叶上不产生），在7~30℃间均可形成，以18~21℃最适。孢子囊也可形成于水中，特别是流水中。病叶在水中经3.5~4h

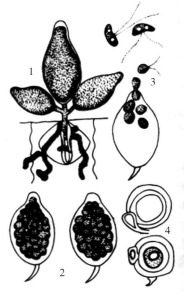

图 1-1-56　稻黄化萎缩病菌

1.孢囊梗及孢子囊从稻叶气孔中生出；
2.孢子囊；3.孢子囊萌发流动孢子；
4.雄器、藏卵器及卵孢子

孢子囊就开始成熟，发芽散出30~90个游动孢子。孢子囊发芽必须有水存在，干燥时数分钟便死亡。游动孢子椭圆形，大小为9~16μm，有两根鞭毛，若接触到稻麦等寄生植物的幼芽。就停留在其上并长出侵入丝侵入叶内，特别易在刚发芽的芽鞘期侵入，卵孢子直径40~69μm，10~26℃均可发芽，最适温为19~20℃。其发芽能力可保持5年，一般第二年、第三年的发芽能力最强，至第五年尚有少数可发芽。卵孢子在水中发芽，长出芽管，先端产生孢子囊，孢子囊发芽产生30~50个游动孢子。有人记载，蝗虫食病叶后，卵孢子经消化器也不死亡。

黄化萎缩病菌的寄主已知有40种，除水稻、陆稻及大麦、小麦外，尚可侵害玉米、黑麦等作物和稗、看麦娘、马唐等禾本科杂草。

三、侵染循环

病菌卵孢子在寄生植物的病残体内或土壤中越冬，第二年发芽侵入幼苗；或以菌丝体在罹病的越年寄主（如麦及多年生杂草）中越冬，第二年当温、湿度等条件（特别是大雨或洪水后）适宜时，产生游动孢子进行侵染。

本田期除上述侵染源的病菌侵入分蘖芽而发病外，还可由罹病秧苗带入本田，秋季割稻后病株的再生稻也能发病。秋季麦子发芽时若遭水淹，往往受罹病再生稻和杂草上的病菌侵入而发病。

一般自病菌侵入后所形成的分蘖株都会发病，在侵入前已长成的分蘖株则不发病。

病菌从侵入水稻到发病一般约经14d，最短为9~10d。淹水的叶片往往是表现症状的叶片。小麦被害一般要在第二年春才表现症状。

四、影响发病的因素

1. 淹水

本病多发生于大雨水淹以后。因此，低洼处处于河边、溪边的田块最易发病。水稻秧田期和本田期以及麦苗淹水后发病多。塑料薄膜育秧前期由于灌深水防低温，故也常见发病。但淹水时如水温低于10℃，则不发病。

2. 杂草

病区凡杂草多的，发病也多，因为许多禾本科杂草是本病菌的寄主，起着滋生和传播病菌的作用。

3. 温度

由于病菌不适高温，故春季发病随温度上升而逐渐停止，秋季随温度下降到一定程度又开始发生；夏季温度高，病害受抑制。

五、防治

由于对本病的发生、发展规律还缺少详细的调查研究，因此在防治上尚无完善的对策，目前主要采取以防止淹水为重点的一些措施。

（1）秧田位置应选择在高处，以避免淹水。塑料薄膜育秧前期灌深水防低温时，尤其要注意防止水淹。

（2）前期应抓紧拔除病苗，集中作堆肥或烧毁，以减少田间病源。

（3）适当增加密植程度，加强培育管理。

（4）清除杂草，尤其要除去河道及沟渠边的杂草。

（5）药剂防治。

发病初期喷洒以下药剂。

第一，25%甲霜灵可湿性粉剂800~1 000倍液。

第二，90%烯酰吗啉可湿性粉剂400倍液。

第三，58%甲霜灵·锰锌可湿性粉剂或72.2%霜霉威水剂800倍液。

第十节　稻胡麻斑病

水稻胡麻斑病，又叫胡麻叶枯病，分布很广，全世界稻区都有发生。一般由于缺肥、缺水等原因，水稻生长发育不良时发病严重。随着水稻生产的不断发展和施肥水平的提高，为害已逐年减轻。

一、症状

从秧苗期到收获期都可发病，稻株上各部分均能受害，尤以叶片最为普遍。种子发芽不久，芽鞘就会受害变褐，病重的甚至不待鞘叶抽出即枯死。

秧苗叶片和叶鞘上的病斑多数为椭圆形和近圆形，浓褐色至暗褐色，有时扩展并相连呈条形。病斑多时，会引起秧苗生育受阻，严重的成片枯死（图1-1-57）。在潮湿的条件下，死苗上会生出黑色绒状的霉层。

成株叶片受害，初现褐色小点，后逐渐扩大成为椭圆形褐斑，大小如芝麻粒，病斑周围一般有黄色晕圈，用扩大镜观察时，病斑因变褐程度不同而呈轮纹状。

后期病斑的边缘仍为褐色，中央呈黄褐色

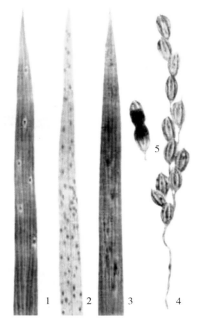

图 1-1-57　稻胡麻斑病示意图

1~2.叶片上慢性型病斑；3.叶片上急性型病斑；4.穗粒上的病斑；5.谷粒上严重型病斑

或灰白色。若稻株缺氮，其上病斑较小，缺钾的则病斑较大，且病斑上的轮纹更加明显。病情严重时，一片叶子上可有百个以上的病斑，并往往愈合成不规则的大斑，最后使叶片干枯。受病严重的稻株，生长受到抑制，分蘖少，抽穗迟。

叶鞘上初形成椭圆形或长方形的暗褐色斑，边缘淡褐色，水渍状，后变为中心部灰褐色不正形的大型病斑。

穗颈和枝梗受害变暗褐色，与穗颈稻瘟病很相似。但一般穗颈稻瘟病在穗颈部变黑褐色，以后成为灰褐色，变色部较短，2cm左右，易侵染至穗节，常使变色部的上端凋萎枯死，成为白穗或谷粒瘦瘪；而胡麻斑病穗枯在穗颈部变深褐色，变色部较长，甚至可达8cm，但不像穗颈稻瘟病那样很快侵染穗节和造成白穗，仅使颈部变曲影响谷粒的饱满度。此外，发生期也有不同，穗颈瘟较早，多出现在水稻乳熟期，而胡麻斑病穗枯大都出现在后期。如两病有时仍然混淆不易区别，则可将病部剪下保湿培养，一般穗瘟经一昼夜即可长出大量分生孢子，肉眼观察病部有发绿色霉层；而胡麻斑病约需2d才长出分生孢子，肉眼观察病部仍是深褐色。谷粒受害迟的，病斑的形状、色泽与叶片上的相似，仅较小而且边缘不明显，病斑多时可互相愈合；受害早的，病斑灰黑色，可扩展至全粒，形成瘪谷（图1-1-58、图1-1-59和图1-1-60）。空气潮湿时，在内外颖合缝处及其附近，甚至全粒表面，产生大量黑色绒状的霉层。胡麻斑病和条叶枯病（又叫窄条病或褐条病*Cercospora oryzae* Miyake）的症状有时也容易混淆。鉴别时可将病部于25~28℃的条件下保湿培养1~2d，再根据所产生的霉层，用显微镜检查孢子的形态特征加以区别。

图1-1-58　稻胡麻斑病田间为害状

图 1-1-59　稻胡麻斑病叶片被害状

病斑

图 1-1-60　稻胡麻斑病穗颈被害状

二、病原

有性时期 *Cochliobolus miyabeanus*（Ito et Kurib.）Drechsler ex Dastur，无性时期 *Helminthosporium oryzae* Breda de Haan。通常所见的都是无性时期。分生孢子梗常2~5根成束从气孔伸出，孢子梗基部较粗，暗褐色，愈向上部较细而色淡，大小为(99~345)μm×(4~11)μm，不分枝，稍屈曲，着生孢子处尤显著，有多个隔膜。孢子散落后，顶端留有孢子着生的痕迹。分生孢子倒棍棒形或长圆桶形，有3~11个隔膜，褐色，大小为(24~122)μm×(11~23)μm，弯曲或不弯曲，一般在两端萌发。除典型的分生孢子外，此菌在培养中可形成串生的分生孢子，有时从菌丝直接生出，或生在分生孢子梗上，并能同典型的分生孢子同生于一个孢子梗上，这种孢子有分隔0~3个，一般为单胞或双胞，很少为多胞，大小为(9.5~32)μm×(4~5.5)μm，长圆形或卵形，很少椭圆形，淡褐色或无色，萌芽生菌丝，与典型分生孢子所形成的相同（图1-1-61）。

有性时期在自然条件下不产生，仅在人工培养基上发现。子囊壳球形或扁球形，有喙孔，壳壁黑色或黄褐色，大小为(560~950)μm×(368~377)μm，内有多个子囊。子囊圆桶形或长纺锤形，大小为(142~234)μm×(2~36)μm，内含4~6个线条状、卷曲、无色或淡橄榄色的子囊孢子，有6~15个隔膜，大小为(250~468)μm×(6~9)μm。

菌丝生长温度为5~35℃，以28℃左右最适宜。分生孢子形成的温度为8~33℃，以30℃左右最适。孢子萌芽的温度为2~40℃，以24~30℃最适。孢子发芽时不仅需要水滴，还要求92%以上的相对湿度，如无水滴，湿度虽达96%，尚不能完全发芽。当湿度饱和、温度为20℃的条件下，经8h即能侵入寄主组织；在25~28℃时，4h就完成侵入过程。病菌生长以微酸性条件最为适宜。

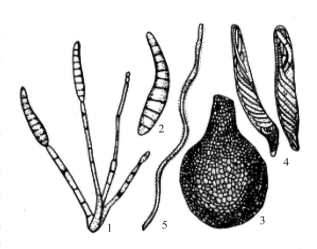

图1-1-61　稻胡麻斑病菌

1.分生孢子梗及分生孢子；2.分生孢子；3.子囊壳；4.子囊及子囊孢子；5.子囊孢子（外有黏胶膜）

病菌除为害水稻外，在自然界中还为害黍、看麦娘和稗子等。人工接种可侵染多种禾本科作物和杂草。

三、侵染循环

病菌以菌丝体在病草与颖壳内或以分生孢子附着在种子和病草上越冬，成为第二年的初次侵染源。在干燥的情况下，病组织上的分生孢子可存活2~3年，潜伏的菌丝则可存活3~4年，但病菌如翻埋土中，则经一个冬季便失去生活力。遗落在土面病草中的菌丝体，部分也有越冬能力。

播种病谷后，潜伏的菌丝可直接侵害幼苗。在病草上越冬的和由越冬菌丝产生的分生孢子，都可随风散布，在秧田和本田引起初次侵染，并以当年病组织上产生的分生孢子借风雨进行再次侵染。落到稻株上的分生孢子在适宜条件下，经1h即可发芽，芽管的前端形成附着胞，附于寄主表面，然后产生侵染丝，贯穿表皮细胞或从气孔侵入。侵入后，在最适宜的条件下，经一昼夜后即可表现病状并形成分生孢子。潜育期随温度和光照而异，在高温和遮荫的条件下潜育期短，反之在低温和强光下则潜育期长。

四、影响发病的因素

1. 肥力

土壤瘠薄和缺肥时发病重，特别缺乏钾肥更易诱致发病。

2. 土质和耕翻的深浅

一般酸性土、沙质土或泥质土发病重。在土壤过黏排水不良的田、漏水田以及缺水或积水的田中，水稻抗病力降低，发病也重。生产实践也反映深耕的稻田发病轻。据国外有关资料报道，在深耕7~30cm的试验中，以7cm的发病最重，30cm的最轻，有随深耕程度增加而发病逐渐减轻趋势。

3. 品种和生育期

品种间抗病性有一定差异。同一品种的不同生育期，抗病性也不一样，一般以苗期最易感病，分蘖期抗病性增强，但分蘖末期以后抗病力又渐降。由于水稻在分蘖期吸收氮素最盛，同时碳素同化作用也强，故增强了稻株的抗病力，到了分蘖末期后，叶片内积蓄的养分迅速向小穗转运，叶片随之衰老，因而抗病力减弱。愈是下部的叶片愈易感病。穗颈和枝梗以抽穗至齐穗期的抗病性最强，随着灌浆成熟，其抗病性逐渐降低。谷粒则以抽穗至齐穗期最易感病，随后抗病性逐渐增加。

五、防治

水稻胡麻斑病的侵染循环与稻瘟病基本相同，种子消毒和病草处理以及药剂防治等方法，与防治稻瘟病相同。开花期和乳熟期各喷1次药，齐穗期和乳熟初期各喷1次药。此外，预防本病应注意增施基肥，及时追肥，并做到氮、磷、钾肥适当配合。沙质土等可多施腐熟堆肥作基肥，以增加土壤肥力。无论秧田和本田，当氮肥不足稻叶发黄而引起发病时，可适量施用硫酸铵、人粪尿等速效氮肥。

第二章　细菌病害

第一节　水稻白叶枯病

白叶枯病是水稻上的重要病害之一。目前除新疆维吾尔自治区外，其余各省（自治区、直辖市）均已发现，并被大部分省列为对内检疫对象。近几年病害发生势头有所上升，部分稻区发现小面积流行，应引起重视。

水稻发生此病后，常引起叶片干枯，不实率增加，千粒重下降，米质松脆，一般减产10%~20%，重病田可减产50%以上，甚至颗粒无收。

一、发病症状

白叶枯病主要危害叶片，也可侵染叶鞘。在秧苗期就有发生，由于当时气温较低，菌量较少，发展比较缓慢，一般不易看到明显的症状。而以孕穗至抽穗期发生最重，其病状可分为以下几种类型：

1.普通型症状

即典型的白叶枯，田间最常见症状。在分蘖末期至孕穗期发生。病菌多从水孔侵入，首先从叶尖或叶缘开始发生，产生黄绿色或暗绿色斑点，沿叶脉从叶缘两侧向上下延伸加宽扩展成黄褐色条斑，可达叶片基部和整个叶片，最后呈枯白色，病斑边缘呈不规则的波纹状，与健部界限明显（图1-2-1和图1-2-2）。

图1-2-1　水稻白叶枯病示意

1.病穗；2~4.病叶；5.病斑菌脓；6.病原菌

图 1-2-2　水稻白叶枯病田间为害状

2. 急性型症状

主要在环境条件适宜或种植易感病品种情况下发病时出现。叶片产生暗绿色病斑，扩展迅速，几天内可使全叶呈青灰色或灰绿色，迅速失水并向内卷曲呈青枯状，表示病害正在急剧发展。

3. 中脉型症状

水稻自孕穗期起，在剑叶或其下一二叶、少数在其下第三叶的中脉中部开始表现淡黄色症状，病叶有时两边相互折叠，且沿中脉逐渐往上下延长，可上达叶尖下至叶鞘，并向全株扩展，成为中心病株，向外扩展。此种病株未抽穗即枯死（图1-2-3）。

图 1-2-3　水稻白叶枯病叶片被害状

4. 凋萎型症状

主要在秧田后期到拔节期发生，一般不常见。病株心叶或心叶下第一片叶首先失水，青枯，并以主脉为中心从叶缘向内紧卷，最后枯死。其症状犹如螟虫造成的枯心，病株主茎、分蘖节均可发病凋萎，造成整丛枯死（图1-2-4）。

上述几种类型的病叶，在湿度大时，特别是在雨后、傍晚或晨露未干时，病部常有蜜黄色胶黏状鱼籽大小的菌脓溢出，干后呈粒状或薄片状。在老病斑上不常见。

图 1-2-4　白叶枯病后期叶片被害状

5. 黄叶型症状

病株的较老叶片颜色正常，新出叶呈均匀褪绿或呈黄色或黄绿色宽条斑，以后病株生长受抑制。在显症后的病叶上检查不到病原细菌，但病株茎基部以及紧接病叶下面的节间有大量的病原细菌存在。这种类型在国外热带稻区及我国广东省已有发现。

二、病原

水稻白叶枯病菌 *Xanthomonas oryzae*（Uyeda et Ishiyama）Dowson属假单胞细菌目，假单胞菌科，黄单胞杆菌属。为短杆状细菌，极生鞭毛1根，菌落黄色（图1-2-5）。发育最适温度为26~30℃，致死高温53℃，10min。

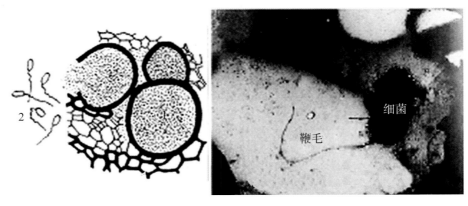

图 1-2-5　水稻白叶枯病原菌

1.植物细胞组织内细菌；2.带鞭毛细菌（示意）

三、发病规律

1. 侵染与发病过程

白叶枯病菌主要在稻谷和稻草上越冬，也可在稻茬和一些野生杂草上越冬，成为第二年初侵染来源。播种带病的稻谷，病菌可由幼苗的根、芽鞘的伤口或水孔侵入，但一般苗期不表现症状，而成为带病秧苗。移栽本田后，条件适宜时，引起稻株发病。病草和其他寄主上的病菌随水或灌溉水流入稻田，由叶片的伤口或水孔侵入，到达维管束，病菌在维管束中大量繁殖，引起典型症状。如果只沿中脉侵入，则引起中脉型症状。高感品种在环境适宜时则引起急性型症状。如病菌从芽鞘、茎基或根部的伤口侵入时，可通过在维管束中的增殖而扩展到其他部位。从而引起系统性侵染出现凋萎型症状。稻株发病后，从叶面或水孔溢出的菌脓，经风雨或田间流水传播进行再侵染（图1-2-6）。条件适宜时可进行多次再侵染。

发病田

发病田

病株（局部）

白叶枯病的侵染循环

水稻白叶枯病菌以水、风、雨为传播媒介，从稻株叶片水孔和伤口侵入为害。

越冬菌源
病稻种、病稻草及其
他带菌残体

（仿 李慕贤）

图 1-2-6 水稻白叶枯病发病规律

2. 发病与流行

（1）品种与发病的关系。水稻品种间对白叶枯病的抗病性存在很大差异，一般粳稻较籼稻抗病，糯稻抗性最强。但粳稻中也存在非常感病的品种。窄叶品种比阔叶品种抗病，因阔叶品种在田间荫蔽度大，易提高株间湿度，故有利于病菌的侵染。此外，叶片上水孔数目的多少也与发病有关，凡水孔数目多的品种较易感病。水稻抗病性与体内多元酚和游离氨基酸的含量有关。感病品种的叶片含游离氨基酸多，含多元酚少。一般较抗病和耐肥品种，体内游离氨基酸的含量都很少，即使在增施氮肥时也比感病品种和不耐肥品种发病轻。水稻不同生育期的抗病性不同，一般在分蘖期以前比较抗病，苗龄越小越抗病。分蘖末期抗性减弱，孕穗及抽穗期最易感病。

（2）栽培与发病的关系。在稻田的栽培管理条件中，肥水对白叶枯病的发生影响最大。一般偏施氮肥容易诱发和加重病害的发生，尤其是硫酸铵、硝酸铵等有助长发病的作用。因为氮肥施用过多、过迟，容易引起稻株生长过于茂密，株间通风透光度不良，湿度明显增加，造成适于发病的小气候。而且使稻株体内游离氨基酸和糖的含量增加，有利于病菌生长繁殖，因而发病就重。此外，土壤肥沃，有机质含量高，或绿肥施用量过多和采取不适当的耕作技术，也易发病。因此，要提倡增施有机肥和多种肥料配合施用，适期早施追肥，促进稻株生长健壮，增强抗性，减轻发病。

长期深灌或稻株受水淹后，不仅有利于病菌的传播和侵入，而且大量消耗了植株体内的呼吸基质，促使分解作用大于合成作用，可溶性氮增加，导致稻株的抗病力下降，因此发病重。串灌和漫灌可促使病害传播扩展危害。合理排灌，适时适度晒田，有利于水稻生长发育，提高抗病性。同时可控制田间小气候条件，不利病菌的繁殖、传播和侵入。

（3）气候与发病的关系。一般气温在26~30℃，相对湿度达90%时，便有利于白叶枯病的流行。而气候干燥，相对湿度低于80%时，则不利于病害的发生和蔓延。适温多雨和日照不足易发病，特别是台风、暴雨或洪涝之后，常加速病害的扩散，加剧病势的强度。地势低洼，排水不良和沿江河一带的地区发病也重。气温偏低（20~22℃）时，若湿度较高，病害也有流行的可能。如温度高于33℃或低于17℃，病害就受到抑制。因为温度的高低影响病菌潜育期的长短，所以在一定温度范围内，湿度越高，潜育期越短，病害发展越快。北方稻区在6—8月时，气温均适宜发病，所以在此期间湿度是决定发生与流行的主要因素。

四、白叶枯病的防治技术

1. 加强植物检疫

严格执行检疫制度，认真划定疫区和保护区，调运种子前必须实施产地检疫，保证疫区的病种不调出，保护区不引进病种或带病稻草制品。疫区要建立无病留种田，病谷及病草要严格处理好，以控制病害的传播与蔓延。

2. 控制病菌来源

不使用带病种子，禁止带病稻草直接还田。及时彻底处理病谷壳、病米糠等病残组织，以减少菌源。清除田间病草、稻茬及渠边病草，不用病草堵塞涵洞、水口、扎草把或做薄膜固定绳。妥善处理村屯、打谷场的病稻草，防止经雨水冲侵后流入田间，以避免稻田受污染。

3. 选用抗病品种

各地应因地制宜地选育和推广抗病耐病的高产品种，这是经济、有效和切实可行的防病措施。特别是病区更应选用适合本地栽培而且丰产性能好的抗病品种，防止白叶枯病的流行为害。

4. 科学进行栽培管理

秧田要选择在地势较高，排灌方便，远离病源的无病田或园田，采用旱育秧。必要时秧苗期可喷药两次，以防止或减少秧苗带菌。本田期要科学管好水、肥，以增强稻株的抗病性，而不利于病菌的繁殖和侵染。合理用水，搞好渠系配套，排灌分家。水稻进入分蘖末期后要适时晒田，浅湿管理。防止大水串灌、漫灌和长期深灌。对易淹易涝稻田要做好开沟排水，防止水淹。施肥方面要掌握施足基肥，早施追肥和巧施穗肥，磷、钾肥要配合施用，以促使稻株青秀健壮，增强抗病力。田间出现病株后，不宜再施氮肥。

5. 药剂防治

种子消毒和秧苗喷药是防治病害的关键。本田应加强检查，及时发现病情，药剂封锁发病中心。全田发病后要普遍防治。

（1）种子消毒。用85%三氯异氰尿酸可溶性粉剂浸种，稻种预浸12h后，用三氯异氰尿酸300~400倍液再浸种12h，洗净催芽。

（2）秧苗保护。病区秧苗在三叶一心期和移栽前喷药预防，用72%农用链霉素可溶性粉剂2 700~5 400倍液均匀喷雾。隔7~10d喷1次，连续1~2次。

（3）在水稻孕穗期至抽穗期，可用2%宁南霉素水剂稀释80~100倍液，或用0.3%中生菌素水剂稀释200倍液，或用90%新植霉素可湿性粉剂1 000万单位，或用77.7%氢氧化铜水分散粒剂500倍液喷雾，或用72%农用链霉素可湿性粉剂10~20g/亩，或用4%春雷霉素可湿性粉剂22.5~36.7g/亩；如已发病，可根据病害程度和气候情况间隔5~7d连续喷雾2~3次，能有效遏制白叶枯病的蔓延。

第二节　水稻细菌性条斑病

水稻细菌性条斑病原系东南亚产稻国一种主要水稻病害，列为国内植物检疫对象。水稻发病后，一般减产15%~25%，重病田可减产40%~60%，这一病害一般在我国南方稻区发生普遍，北方稻区很少发生。

一、症状

在水稻幼苗期发病就可看到症状，叶片上初呈暗褐色水渍状透明的小斑点，后沿叶脉扩展形成暗绿色至黄褐色细条斑，其上生有许多露珠状蜜黄色菌脓。病斑可以在叶片的任何部位发生，严重时，许多

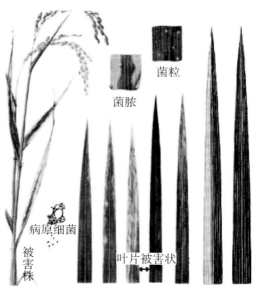

图 1-2-7　水稻细菌性条斑病示意

条斑还可以连接或合并起来，成为大块枯死斑块，外形与白叶枯病有些相似，但仔细观察时，仍可看到典型的条斑症状。即使在干燥的情况下，病斑上还可以看到较多蜜黄色菌脓。菌脓色深量多，不易脱落。病斑边缘不呈波纹状弯曲，对光检视，仍有许多透明的小条斑，病斑可在全生育期任何部位发生（图1-2-7、图1-2-8和图1-2-9）。

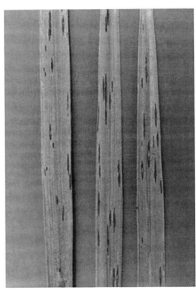

图 1-2-8　细菌性条斑病叶片被害状

图 1-2-9　细菌性条斑病田间为害状

二、病原

病原菌为 *Xanthomonas campestris* pv. *oryzicola* Fang et al，属假单胞细菌目，黄单胞杆菌属。菌体杆状，多单生，或个别成双链。有极生鞭毛1根，不形成芽胞和荚膜，革兰氏染色反应呈阴性。培养菌落黄色发亮，与白叶枯病无明显差异；在生理生化反应上有一定差异，条斑病菌能溶化明胶，而白叶枯病菌不能溶化；条斑病菌可胨化牛乳中的蛋白质，而白叶枯病菌不能胨化，这说明条斑病菌分解蛋白质能力比白叶枯病菌强；条斑病菌对阿拉伯糖的发酵能产生酸，而白叶枯病菌则不能产生酸；条斑病菌对青霉素不敏感，对白叶枯病菌抗血清作用很弱，白叶枯病菌则相反。

三、发病规律

细菌性条斑病初次侵染病原主要来自带菌稻谷和稻草，土壤不传染。播种病谷，病菌就会侵害幼芽根部和芽鞘而发病，并随病秧带入本田为害。若用带病稻草催芽、捆扎秧苗、覆盖秧板，病菌会随雨水进入秧田或本田引起发病。病菌侵染主要由气孔，也可由伤口间或由机动细胞处侵入。再侵染途径主要是病斑上菌脓借风、雨、露水、泌水和叶片接触进行。病害发生与为害还与品种、施肥、灌溉等有关系。气象条件与病害大流行关系极为密切。在25~35℃范围内，温度越高，潜育期越短。该病对湿度要求不严格，在相对湿度60%~100%范围内温度起主导作用，最适发病流行的温度为30~35℃。

栽培条件研究表明：病害的严重度随施氮肥量的增加而加重，随磷、钾肥的增加而减轻，田间稻株密度越大发病越重。品种抗性机制研究结果表明：抗病品种过氧化物酶活性增强，感病品种多酚氧化酶活性降低。

四、防治方法

1. 检疫

因为条斑病是我国的国内检疫对象，所以首先要严格执行检疫法规，不从病区引种或调种。要避免到海南岛的病区进行南繁育种。在发病地区，也要采取一系列措施，防止扩散，控制蔓延，病田种子禁止留作种用。

防止疫情扩大最好的方法是产地检疫。保护区从疫区引种首先应集中试种，观察无疫情后方可扩大分散种植。一旦发现疫情应及时报告检疫机关采取封锁措施，防止疫情扩大蔓延。

2. 建立无病种子田

选用抗病良种，做好种子消毒处理建立无病种子田是确保本地区不种植带病种子，防止疫情在本地区发生扩大蔓延的最积极有效措施。应该采取行政手段，认真贯彻执行这一措施。建立无病留种田首先采用无病和抗病良种，为确保种子不带菌，应做好种子消毒工作。

不同品种对该病的抗性不同，故应根据本地情况，选用抗病优质品种。为了防止无病种子被污染，播种前必须经过"三氯异氰尿酸"300~400倍液浸种24h处理。三氯异氰尿酸不仅起预防细菌条斑病的作用，还显著地减轻和推迟了水稻白叶枯病的为害，400倍液浸种后间隔105d，对白叶枯病防效仍达68.7%。此外，用新植霉素（Phytomycin）等处理也有一定效果。

3. 病株、病谷处理

病草病谷带有大量病菌，是传播蔓延的主要侵染来源，抓好病草病谷处理，严防外流，是综防的重要步骤。病田稻草，一般就地烧毁。一时不能烧掉的野外稻草，在翌年春播前拿回室内作燃料，不准垫猪牛栏。对收获的病稻谷采取由粮食部门统一收购、统一碾米，糠烧熟杀菌后喂猪或砻糠烧毁、米糠统一处理。对发病地块残留病菌，每亩施用50~100kg石灰来消毒处理病田，控制蔓延。对于苗床，用三氯异氰尿酸150倍液消毒。

4. 做好药剂保护

插秧后本田药剂防治是综合防水稻条斑病的关键，要做到无病先防。具体做法是：检查3次，防治3次。水稻对条斑病有3个易感期：移栽期、孕穗末期和台风暴雨后，故第一次检查防治时间在插秧后20d左右，第二次核查防治时间在孕穗至抽穗前，第三次检查防治时间在齐穗以后，遇上暴风而要及时用药防治，选用药剂有新植霉素可溶性粉剂3 000倍液。也可选用85%三氯异氰尿酸可溶性粉剂72%农用链霉素可溶性粉剂、4%春雷霉素可湿性粉剂防治细菌病害，效果都很好，应推广试用。其他防治方法参照水稻白叶枯病。

5. 栽培管理

病田冬季灌水耙沤30d以上，可以消灭田间的病源。生长季节要防止灌溉水传病，一般掌握前期浅水勤灌，分蘖末期适当晒田。不论秧田或本田，后期都要避免串灌，注意合理施肥，避免偏施氮肥。

为提高水稻抗病能力，从培育健壮秧苗入手，强调合理施用氮肥，增施磷、钾肥。

第三节　水稻细菌性褐斑病

水稻细菌性褐斑病在国内主要发生于东北稻区，在南方稻区如浙江省也曾有发生。这是一种偏向北方稻区的病害。

一、症状

细菌性褐斑病发生于水稻、陆稻的叶片、叶鞘、茎、穗及小枝梗上，病斑呈褐色。叶片上的病斑初为赤褐色、水渍状小斑点。逐渐扩大呈长椭圆形或不正形条斑，病斑为褐色，周围有黄色晕纹。后期病斑中心组织坏死，变灰褐色，并常融合一起形成大条斑。病斑可以在叶面的任何部位发生。病斑在穗部一般多发生于抽穗后不久的谷壳上，病斑近圆形，为污褐色的小斑点（图1-2-10、图1-2-11和图1-2-12）。抽穗前当剑叶叶鞘发病严重时，往往使穗不能正常抽出。对产量影响较大。

图 1-2-10 水稻细菌性褐斑病病叶症状

图 1-2-11 细菌性褐斑病症状

图 1-2-12 水稻细菌性褐斑病秧苗被害状

二、病原

病原菌为假单孢杆菌属*Pseudomonas oryzicola* Klement。该菌是两端钝圆的杆状菌，时有弯曲，大都分单生或成双链，不形成孢子和荚膜，革兰氏染色呈阴性反应，有1~3根极生鞭毛，菌落灰白色。

三、发生规律

病原细菌能在被害的水稻、陆稻及杂草寄主的组织和种子上越冬。带病种子第二年播后能使幼苗得病，病组织越冬后也可成为第二年发病的侵染源。

细菌性褐斑病寄主范围很广，除为害水稻、陆稻外，尚能侵染小麦、谷子、高粱及无芒野稗、水稗草、稻稗、狗尾草、东北鹅冠草等20多种杂草。在自然条件下，4月中旬本病开始在杂草上发生，到5月中旬、下旬，水稻、陆稻出苗后稻田周围的杂草发病已相当多，病原细菌已大量存在。因此，这些杂草也是传播病害的主要来源。

四、防治

选用当地抗病良种是防治本病的有效途径之一。病菌主要来源于稻田周围杂草，因此清除杂草，对减少病菌来源，严防从病田流入无病田很重要。据报道，农用链霉素对防治本病的效果很好，大面积应用是今后药剂防治的一个有效途径。其他药剂可参照防治水稻白叶枯病的药剂选择应用。

第四节　水稻细菌性基腐病

水稻细菌性基腐病是近年新发现的一种病害，此前主要发生于南方地区的福建省以及江浙一带。但是2010年辽宁省盘锦市荣兴、平安、辽河三角洲发生这一病害。黑龙江省也有发生。

一、田间症状识别

一般在分蘖至灌浆期发生，分蘖期可出现零星病株，主要特征为水稻根节部和茎基部病变，自下而上依次枯黄，严重时抽不出穗，形成枯孕穗、半包穗或枯穗。病株易齐泥拔断，洗净后用手挤压可见乳白色混浊细菌脓溢出，有恶臭味。水稻细菌性基腐病的独特症状是病株根节变为褐色或深褐色腐烂，别于细菌性褐条病心腐型、白叶枯病急性凋萎型及螟害枯心苗等。水稻基腐病在分蘖期至拔节初期症状为枯心苗和枯死株（类似白叶枯病的急性凋萎型，先从零星病株开始。病株先在近土表茎基部叶鞘上产生水渍状椭圆形或长梭形病斑或细菌性褐条病的心腐型）。它的发病症状分为下面几个阶段。

1. 水稻分蘖及拔节期发病特征

病菌侵入水稻后，分蘖及拔节期造成稻株枯死，影响亩苗基数。田间表现是茎基部变深褐色腐烂，有臭味。一般在水稻分蘖期开始发病，后渐向上扩展成边缘褐色、中间枯白色的不规则形大型病斑，可蔓延及大部分叶鞘。基部老叶鞘呈淡黄色。剥去叶鞘，可见茎基部特别是根节部变褐色至黑褐色，有时仅在节间出现深褐色纵条斑。严重的病株心叶青卷，随后枯黄。这种枯心株基部进一步变黑褐色腐烂，并有恶臭味，极易诊断。叶片自上而下依次枯黄，直至全株枯死。没枯死的病株在茎节处生出不定根，极易与恶苗病混淆。在地上1~3茎节叶鞘内又萌生出分蘖株，有些蘖株抽出小穗，结实粒少、空秕粒多（图1-2-13、图1-2-14、图1-2-15、图1-2-16、图1-2-17和图1-2-18）。

图 1-2-13　分蘖期为害状

图 1-2-14　抽穗期为害状

O：主茎枯心（已折断）

f：主茎节萌生分蘖株（已抽穗）

m：主茎节生出须状不定根

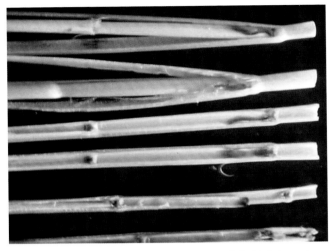

图 1-2-15　水稻细菌性基腐病茎秆被害状（剖示）

图 1-2-16　水稻细菌性基腐病茎秆被害状

图 1-2-17　水稻细菌性基腐病茎节被害状

2. 6月中旬进入水稻分蘖盛期发病特征

随着气温逐渐升高开始发病，气温达28℃以上，地势低洼排水不良，水温偏高发病严重。

3. 水稻孕穗期发病特征

孕穗以后引起枯穗半枯穗，秕谷率大增。水稻细菌性基腐病株易齐泥拔断。其独特症状是病株根节变为褐色或深褐色腐烂（图1-2-18）。别于细菌性褐条病心腐型、白叶枯病急性凋萎型及螟害枯心苗等。①该病常与小球菌核病、恶苗病、还原性物质中毒等同时发生；②也有在基腐病株枯死后，恶苗病菌、小球菌核病菌等腐生其上；③该病主要通过水稻根部和茎基部的伤口侵入。生产上只要抓准基腐病这3个独特症状，是能与上述病害区别开来的。在田间诊断时还要注意，有时根节部变深褐色腐烂和有恶臭味，属于土壤通气不良的还原性物质中毒所引起的生理病害，在诊断时要注意加以区别。

图 1-2-18　水稻细菌性基腐病晚期为害状

二、致病病原菌

引发水稻细菌性基腐病的病原菌为一种植物细菌，其细菌在病原学分类上属于欧氏杆菌属，厌气生长，致病类型为软腐，与在大白菜软腐病的致病菌类似。在37~40℃之间生长。病原*Erwinia chrysanthemi* pv. *zeae*（Sabet）Victoria，Arboleda et Munoz.称菊欧文氏菌玉米致病变种，属欧氏杆菌属细菌。细菌单生，短杆状，两端钝圆，大小(2.6~3.0)μm × (0.6~0.8)μm，鞭毛周生，无芽胞和荚膜，革兰氏染色阴性。牛肉浸膏蛋白胨琼脂培养基上菌落呈变形虫状，初乳白后变土黄色，无光泽。厌气生长，不耐盐，能使多种糖产酸，使明胶液化，产生吲哚，对红霉素敏感，产生抑制圈。

三、发病规律

目前对该病的侵染循环尚缺乏系统研究，初步认为，病菌能在病稻草和田间病残体中，以及田边的菖蒲等杂草上越冬，种子带菌也可能为初侵染来源之一。病菌由植株伤口侵入。插秧本田发病一般有3个明显高峰，即分蘖期进入第一次发病高峰，以"枯心型"病株为主；孕穗期为第二次发病高峰，以"剥死型"病株为主；抽穗灌浆期为第三次发病高峰，以"青枯型"病株为主。继后出现枯孕穗、白穗等症状。品种间抗病性存在明显的差异；有机肥和钾肥缺少，偏施氮肥发病较重；秧苗素质差，移栽时难拔难洗，造成根部伤口有利病菌侵入，发病也重。气温高的年份水稻在移栽后开始出现症状，抽穗期进入发病高峰。有些年份高温出现在7月中旬，孕穗期进入发病高峰。偏施或迟施氮肥，嫩柔稻苗发病重。分蘖末期深水灌溉或烤田过重易发病。

四、防治措施

1. 农业防治

选用抗病品种，培育壮苗，推广工厂化育苗，采用湿润育秧。适当增施磷、钾肥确保壮苗。要小苗直栽浅栽，避免伤口。提倡水旱轮作，增施有机肥，采用配方施肥技术。此外，还要放浅水层，改善植株根系条件，降低发病。已发病田不能作为留种田。

2. 药剂防治

以施药灭菌为主，兼增施磷钾肥提高植株抗病性。可采用药剂品种如下。

链霉素200mg/kg浓度叶面喷雾；90%新植霉素可溶性粉剂600倍液喷雾；2%宁南霉素水剂300倍液喷雾。5d左右喷1次，视病情程度需施药2~3次。

第三章　病毒病害

第一节　水稻条纹叶枯病

我国华东、华北、东北、西南、中南地区均有发生。1993年，山东省济南市水稻条纹叶枯病大面积发生，全市水稻减产60%，很多地块绝产。1993—1994年，辽宁省大洼县连续2年发病面积15万多亩，损失稻谷3 000余吨。

一、发病症状

苗期发病一般是心叶（分蘖后是心叶下一叶）的基部叶肉出现褪绿黄斑，不久出现几条从叶片基部到叶尖，同叶脉平行的黄绿色或黄白色相间的条纹或斑驳。糯、粳稻品种心叶变黄白色，柔软卷曲成纸捻状，抽出病叶成弧形下垂而枯死。在分蘖期发病，多以新生分蘖先表现症状，一般先在心叶下一叶基部出现褪绿色黄斑，后扩展形成不规则的黄色条斑，常成为枯孕穗或畸形穗，不能结实。拔节后发病较少，发病后在嫩叶基部出现黄点，后向上扩展呈现不规则的黄色条纹，有的形成秕穗，极少结实。由于病毒株系不同，表现症状也不同：有卷叶型、展叶型和白化型3个株系。前两个株系常混合发生（图1-3-1、图1-3-2、图1-3-3、图1-3-4、图1-3-5、图1-3-6和图1-3-7）。

图 1-3-1　水稻条纹叶枯病（RSV）

1.病苗呈假枯心状；2~4.叶片症状；5~6.穗病症状；7.传毒昆虫灰飞虱

观察病株内部症状，电镜检查病组织内部发现环状、针状结晶、角状和X-体4种内含物，环状和针状结晶存在于水稻叶组织中，它易于在表皮细胞和叶内细胞中查到。而角状内含体存在于表皮细胞中（图1-3-8）。

图 1-3-2　水稻条纹叶枯病田间为害状

图 1-3-3　水稻条纹叶枯病叶片被害状

图 1-3-4　水稻条纹叶枯病抽穗期症状

图 1-3-5　水稻条纹叶枯病穗期典型症状

图 1-3-6　水稻条纹叶枯病晚期被害状

图 1-3-7　水稻条纹叶枯病分蘖期症状

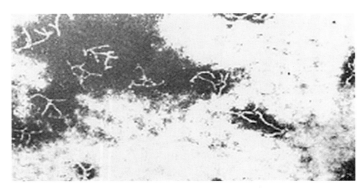

图 1-3-8　水稻条纹叶枯病毒（*Rice stripe virus*）分枝丝状体（小金泽硕城等，1975）

二、病原与媒介

水稻条纹叶枯病*Rice stripe virus*（RSV）（图1-3-8）是由飞虱传播的病毒侵染所致的病毒病害。主要传毒的飞虱是灰飞虱，其次还有白脊飞虱、白带飞虱和背条飞虱等。灰飞虱能传毒的个体为14%~54%，一般为20%左右。获毒最短时间为15min，一般饲毒1头多数个体可以获毒。循回期5~21d，一般在7d左右。带毒昆虫获毒并通过循回期后可连续传毒30~40d，多数10~20d，获毒后1~2周传毒力最强。最短传毒时间为3min，传毒时间延长到1h，则半数个体可以传毒。老熟若虫和初羽化成虫传毒能力比幼龄若虫高，雌虫比雄虫高。病毒可以经过卵传递至第六年的第40代，并有较高的传毒率。一般经卵传递率为42%~100%，经卵传毒来源于雌虫，正好在产卵前获毒的子代若虫经过一循环期，孵化的当天就可以传毒，直到死亡。

三、发病流行规律

水稻感病性因气候和感染时水稻生育期不同而易感性不同。以幼苗最易感病，越到生育后期越难发病。发病的感染界限是在幼穗分化期前。稻龄愈小潜育期愈短，秧苗期得病潜育期约5d，分蘖盛期开始发病，分蘖盛期得病经15~20d，在拔节期开始发病，分蘖末期得病约经30d，在抽穗迟的分蘖株上表现症状，分蘖初期以前感染的不能结实，在以后感染的基本可以结实，幼穗分化期结束再感染的通常没有明显危害。所以除了特殊情况下，有害的感染期是幼穗分化期以前。

灰飞虱越冬第一代成虫迁移稻田，这是重要的传播时期。迁移是由长翅型飞虱来完成，迁移后产生短翅型。在条纹叶枯病流行区已知发病植物有稻、麦、玉米、谷子、狗尾草、看麦娘、画眉草和马唐等。在患病水稻、大麦、小麦叶片的表皮细胞和叶肉细胞中能检测到环状和针状结晶体，表皮细胞还有角状内含物。

四、综合防治措施

1973年以来，针对我国水稻病毒病的发生特点，全国水稻病毒病科研协作组提出一套以"农业防治为基础，治虫防病抓适时"的综合治理措施。在生产上起到了重要的防病增产作用。

1. 搞好病虫测报

根据当地主要病毒及其介体和生态特点，做好病害发生趋势预报，使整个测报工作直接服务于当年综合防治的需要。我国已知的病毒病害均以叶蝉、飞虱类昆虫为介体，其流行与否和流行程度主要取决于各种病害的有效毒源、相应介体昆虫数量及其传播效能、介体迁飞传毒高峰与感病品种易感阶段的吻合程度。介体昆虫种群的兴衰、迁飞活动和传毒状况，又与气候因素及昆虫天敌有关，特别是气温的变化，对介体昆虫的活动、传毒和寄主的感染、发病有着重要的影响。农业生态系的改变，往往可以有效影响介体种群的兴衰，从而影响病毒的起伏。例如，辽宁省大洼县荣兴农场，20世纪70年代初发生水稻条纹叶枯病，由于注重治虫防病，一直没有大发生。

2. 改善栽培管理措施

（1）根据病害流行规律及预测预报提供的信息，压缩感病品种，扩种抗病品种，并尽可能在历年常发区合理布局，连片种植。一般可把育苗期、插秧期、收获期一致的品种连片种植，以免介体昆虫辗转传毒，加重为害。

（2）调整育苗、插秧时期，针对主要介体昆虫发生趋势安排水稻育苗期、插秧期，以便避开介体昆虫迁飞传毒高峰。

（3）针对介体昆虫与病毒的关系，调整耕作制度，改进水稻栽培管理技术，做好田间杂草防除，特别要做好田边荒地杂草防除，消灭介体昆虫滋生地。

3. 药剂防治

可在常规种子处理的同时在药剂中加入吡虫啉等药剂浸种，但通常从消灭介体昆虫入手，特别注意对晚育秧田、早播田、易诱介体昆虫迁入的稻田和感病品种的稻田要切实做好治虫防病工作。

防治指标。水稻秧田和本田前期，灰飞虱有效虫量（灰飞虱虫量×带毒率）每平方米2~3头。防治药剂可选用25%吡蚜酮可湿性粉剂20~30g/亩。防治飞虱的药剂品种很多，如5%噻嗪酮可湿性粉剂40~50g或25%吡虫啉可湿性粉剂20~30g对水喷雾，也可选用25%吡蚜酮悬浮剂1 500~2 000倍液喷雾。

在灰飞虱成虫迁入高峰期至发病显症初期，用8%宁南霉素水剂30~45ml/亩，均匀喷雾。

第二节　水稻普通矮缩病

我国有关此病的记载始见于20世纪30年代，当时称为鸟巢病。自20世纪60年代大面积种植矮秆品种以来，在长江以南大部分省、市，发生为害逐渐加重，双季稻区晚稻较重。江苏省、浙江省一带于1969—1973年曾严重发生，近年显著减轻；云南省由于地理条件复杂，病情在不同地区和年份有起有伏，局部性发生为害不断；湖南省、江西省、福建省等地区目前仍普遍发生。最近三四年广东省粤北地区也有所发生。

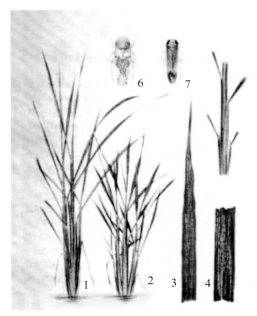

图1-3-9　稻普通矮缩病示意

1.健株；2.病株；3~4.叶片症状；5.叶鞘症状；
6.电光叶蝉；7.黑尾叶蝉

一、症状

病株矮缩僵硬，色泽浓绿，病株新叶沿叶脉呈现连续的褪绿白色条点，这是此病的主要特征。水稻幼苗期受侵染的，分蘖少，移栽后多枯死，但病株大多数分蘖增多，分蘖前发病的不能抽穗结实，后期发病的虽能抽穗，但结实不良（图1-3-9和图1-3-10）。病株中除胚、胚乳和不呈现症状的老叶片外，其余各部分（甚至包括根、根冠和穗）均含有病毒，特别是在病叶的白色条点褪色区内的各种细胞中常可见到圆形、卵圆形或不规则的内含体，尺度为$(3{\sim}10)\mu m \times (2.5{\sim}8.5)\mu m$。

图 1-3-10　水稻矮缩病（RDV）

二、病原

此病病原为水稻普通矮缩病毒 *Riec dwarf virus*（RDV），病毒粒体为球状正二十面体，直径约70nm（长轴约75nm，短轴约66nm）。病毒质体表面总共180个结构单位，RNA双链，含量为11%。用微量注射法测定，在病叶榨出液里病毒的稀释终点在 $1×10^{-4}~1×10^{-3}$ 之间，在带毒虫卵里病毒的稀释终点在 $1×10^{-5}~1×10^{-4}$ 间。钝化温度为40~45℃，10min，在0~4℃下可保持侵染性48h，但到72h就丧失侵染性；病叶或带毒虫于零下30~35℃下冰冻贮存1年，仍可保持其侵染性（图1-3-11）。

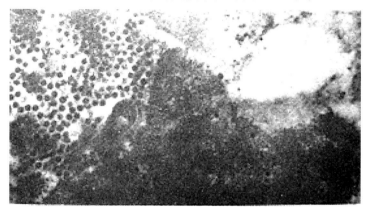

图 1-3-11　水稻普通矮缩病毒

黑尾叶蝉消化管上皮细胞中的水稻普通矮缩病毒块（Ⅴ）和病原质体（四方英四郎）

此病主要由黑尾叶蝉传播，大斑黑尾叶蝉和电光叶蝉也可传播。病毒可经卵传至下代，卵传与否决定于母体是否带毒，而与雄虫带毒情况无关。黑尾叶蝉经卵传毒率32%~100%，电光叶蝉为0~60%。由带毒虫卵所孵化的若虫除少数在孵化当天立即可以传毒外，大多数要经过1~38d后才可传毒。

不同地区传毒介体与病毒的亲和性不同。黑尾叶蝉亲和性个体百分率为0~69%（黑尾叶蝉获毒率在浙江省等地为0~10%，云南省、福建省则在8%~50%），大斑黑尾叶蝉为23%，电光叶蝉为2%~43%。取毒饲育的最短时间黑尾叶蝉为1min，电光叶蝉为30min。病毒在传毒介体中的循回期黑尾叶蝉为4~58d，多数为12~35d；气温高循回期短，如平均气温为20℃时，循回期为14~22d，多数为17d，在29.2℃时为11~14d，多数为12d。病毒在电光叶蝉体内的循回期为9~42d，多数10~15d。接种饲育的最短时间黑尾叶蝉为3min，电光叶蝉为10min。在48h内，接种饲育时间越长则传毒率越高。

带毒黑尾叶蝉如不再与毒源接触，则经13代以后，病毒经卵传毒率自原来的90%下降到5%，经28代后下降到1%以下；而电光叶蝉则到第四代已失去经卵传毒能力。

一般幼龄若虫较高龄若虫更易获毒，性别之间无明显差异。传毒有间歇现象。

病毒存在于黑尾叶蝉的唾腺、唾液管、脂肪体、马氏管、消化道、血球等处，并引起病变。对获毒虫体的影响表现在使其寿命减短，产卵量降低。据测定，带毒与不带毒的黑尾叶蝉，其成虫寿命分别为（12.1±3.7）d和（16.6±2.1）d，产卵量分别为（26.1±41.0）个和（73.7±17.4）个，而若虫越冬后存活率分别为31.1%和46.2%。另有报道，秋季新获毒的黑尾叶蝉个体越冬后将近死去一半，而存活的个体传播率保持不变。

已知此病毒的寄主有16种，即水稻、看麦娘、日本看麦娘、燕麦、湖南稷子、稗、甜茅、裸麦、大麦、野生稻、黍、雀稗、梯牧草、早熟禾、黑麦和小麦。

三、侵染循环

水稻普通矮缩病的初侵染源主要是获毒的越冬黑尾叶蝉3龄、4龄若虫。在我国，病区的水稻不能越冬，不成为初侵染源；但小麦等可以越冬的中间寄主是否是初侵染源之一，尚不明了，看来重要性不大。带病若虫越冬后，翌春羽化为成虫，迁入早稻、中稻秧田或本田传病。其后代可因卵带毒而获毒传病，无毒若虫则可通过吸食病株汁液而获毒传病。在早稻、中稻上繁殖第二代、第三代获毒成虫，随着早稻、中稻的成熟和收割，大量迁向晚稻而成为晚稻发病的重要侵染源。黑尾叶蝉在晚稻田大量发生危害并传染此病，使此病不断扩展蔓延。到晚稻收割后又以获毒若虫在绿肥（如紫云英等）田中的看麦娘上以及在田边、沟边和春收作物田中取食越冬，其中以绿肥田中的虫口最多。

四、发病条件

由于水稻矮缩病毒的初侵染源和传播介体都是黑尾叶蝉，所以任何影响黑尾叶蝉越冬和生长繁殖的因素也都影响此病的发生流行程度，其中以气候条件和耕作制度最为重要。此外，由于黑尾叶蝉的数量在春天少，以后逐渐增多，所以早稻发病往往较轻，晚稻发病则往往较重；而晚稻发病的轻重又与稻株易感期（苗期至分蘖期）与黑尾叶蝉的迁飞高峰期是否吻合关系最为密切。

1. 气候条件

气候条件又可分为影响带毒黑尾叶蝉越冬的冬季气候条件和影响其繁殖和迁飞的春季到早秋气候条件。越冬若虫的带毒率当然首先决定于当年晚稻的发病程度，只有当晚稻发病多时若虫带毒率才高。但是这些带毒若虫能否安全越冬还取决于冬季气候条件，如果冬季严寒霜冻，则若虫成活率低、翌年普通矮缩病的发生较少；如果冬季气候较为温暖干燥，若虫存活率高，翌年此病也不一定就会流行，还要遇上春季至早秋温湿度适宜，特别是雨水较少、湿度不大，有利于黑尾叶蝉的生长繁殖时，带毒虫口密度大增，从而引起晚稻严重发病。

2. 耕作制度和水稻品种

近年来南方稻区由单季改为双季或由两熟改为三熟，有的还是早稻、中晚稻混栽，这样就为黑尾叶蝉不断繁殖和虫口密度迅速增长创造了极为有利的条件，从而使此病不断蔓延以致流行。在品种方面，由于高秆型改为矮秆型，若肥水管理不当，则水稻长势茂盛，叶色浓绿，植株柔嫩，容易诱集黑尾叶蝉的为害和传病，因而此病也往往发生严重。在种植杂优水稻的田块，由于播种期较早，施肥水平也高，叶色浓绿，所以黑尾叶蝉迁入量较多，而杂优稻的种植密度较稀，丛株数少，在秧田及插秧本田初期的单株虫口密度较一般品种的大，感染此病的机会增多，因此抗病性弱的杂优水稻如南优2号和南优3号等受害就更为严重。

五、防治

此病的防治应以抓住黑尾叶蝉迁飞高峰期和水稻主要感病期的治虫防病为中心，并加强农业防治措施，可收到良好的防治效果。

治虫防病。重点做好黑尾叶蝉的两个迁飞高峰期的防治，特别注意做好黑尾叶蝉集中取食而又处于易感期的早、晚稻田的防治。

1. 在越冬代成虫迁飞盛期防治

着重早稻秧田和早插本田的防治，同时在第一代若虫孵化盛期注意迟插早、中稻秧田的防治。

2. 第二代、第三代成虫迁飞期的防治

这是全年治虫防病的关键时期，除应注意保护连作晚秧田，做好边收早稻边治虫和本田田边封锁外，特别对早插本田应在插秧后立即喷药防治。

3. 农业防治

（1）选种和选育抗（耐）病品种。目前虽无高度抗病品种，但品种间的抗病性有一定差异，各地可因地制宜选用较抗病的品种。

（2）水稻秧田。尽量远离重病田，集中育苗管理、减少受病机会。

（3）生育期相同或相近的品种应连片种植，不种插花田，以减少黑尾叶蝉往返迁移传病的机会，并有利于治虫防病工作的开展。

（4）在早期发现病情后，要及时治虫，并加强肥水管理，促进健苗的早发，可减少病害。

（5）注意铲除田边杂草，减少黑尾叶蝉栖息藏匿场所。其他防治方法可参照水稻条纹叶枯病防治方法，灵活选择应用。

4. 物理防治

（1）采用防虫网和无纺布笼罩育秧，阻止传毒叶蝉迁入秧田为害。

（2）在秧田四周和秧沟上（用架子将其固定），布置粘虫板防治传毒叶蝉。

5. 化学防治

（1）药剂浸、拌种。用10%吡虫啉可湿性粉剂600~800倍液5kg浸水稻种子3~4kg，12h，然后再按常规办法浸种催芽可使秧苗前期免遭传毒叶蝉的为害。或将稻种用25%吡虫啉可湿性粉剂6g/kg拌种。

（2）秧田防治。从秧苗两叶一心起喷药防治，以后每隔7~10d防治1次，直至移栽。药剂可选用10%吡虫啉可湿性粉剂、5.7%甲维盐（甲氨基阿维菌素苯甲酸盐）乳油等喷雾进行针对性防治。

（3）大田防治。水稻移栽返青后，正逢传毒叶蝉的发生高峰期，要及时抓好防治工作。防治要既可确保本季水稻免遭普矮病的为害，又可降低双晚秧田传毒叶蝉的迁入量。如每亩用25%噻嗪酮可湿性粉剂30g对水喷雾防治。防治稻飞虱、叶蝉药剂很多，同时可兼防其他病虫害。

第三节　水稻黄矮病

水稻黄矮病，是由黑尾叶蝉传播的病毒病，长江中、下游各地，每年都有部分地区大面积发生，连作晚稻较早稻发病严重，并常与普矮病并发，造成严重损失。此病在不同地区、年度流行有的为间歇性，有的为连续性，我国台湾省报道的黄叶病（或称暂黄病）曾于1960年首次暴发，1965年被证实是由大斑黑尾叶蝉传染，其症状特征、病毒粒体形态以及昆虫介体和传播特性等方面与黄矮病相似，暂归入此病。

一、症状

"黄、矮、枯"是此病主要特征，最初顶叶或其下一叶的叶尖褪色黄化，黄化部分向基部逐渐扩展，叶脉往往保持绿色而叶肉黄色，因此病叶呈明显黄绿相间的条纹（但一般粳稻品种条纹症状不明显）最后病叶黄化枯卷，以后病株新出叶片陆续呈现这种症状。病株株型松散，叶片平伸，分蘖停止，根系发育不良，矮缩现象一般不及普矮病明显，苗期发病常很早就枯死，分蘖期发病的不能抽穗或抽穗而结实不良，后期发病的往往只在旗叶片上表现正常，抽穗较正常，产量损失较小。病株常有"恢复"现象，即发病后新长出的叶片表现正常，过2~3周后又变黄，可反复2~3次，或恢复后不再发黄，这种情况似与水稻类型和发病生育期有关（图1-3-12、图1-3-13和图1-3-14）。在病株叶、根的薄壁细胞中常有大而圆的内含体，有时充满整个细胞。

图 1-3-12　水稻黄矮病苗期被害状

图 1-3-13　水稻黄矮病（RTYV）

图 1-3-14　水稻黄矮病为害状

77

二、病原

此病系由水稻黄矮病毒*Rice yellow stunt virus*（RYSV）引起。病毒粒体弹状，尺度为(88~100)nm×(120~136)nm（浸出法负染）或(70~90)nm×(150~180)nm（超薄切片）。我国台湾省报道，用上述两种方法观察，弹状病毒粒体的尺度分别为96nm×(120~140)nm和94nm×(180~200)nm。病毒粒体具外膜，在超薄切片中，粒体在水稻细胞里排列于胞核的核膜内外层间，亦散布于细胞质及细胞核内，有时在叶绿体内也可看到晶格排列的内含体。在侵染早期，病毒粒体仅发现于病叶韧皮部细胞内（图1-3-15）。

图 1-3-15　水稻黄矮病病毒粒体（中国科学院上海生物化学研究所，1976）

粗提纯的病毒样品稀释终点为$1×10^{-6}$~$1×10^{-5}$，钝化温度在55.5~57.5℃间10min，体外存活期在0~2℃时为11~12d，28~33℃时为36~48h。

此病由黑尾叶蝉、大斑黑尾叶蝉和二点黑尾叶蝉传播，江苏省、浙江省一带以及湖南省等地以黑尾叶蝉为主，广东省、广西壮族自治区、云南省等地以后两种为主。获毒介体可终生传毒，但有间歇传毒现象。病毒不能经卵传至下代。试验证明，黑尾叶蝉获毒率在5%~31%之间，平均17.3%，季节不同，个体获毒率也有差异，以6—8月最高，其余各月降低。取毒饲育时间长短对获毒率有影响。黑尾叶蝉取毒饲育时间为5~10h，个体获毒率为5.9%，取毒饲育0.5~1d的则达10%以上。循回期为3~26d，平均12d。大斑黑尾叶蝉个体获毒率较高，一般为88%~100%，取毒饲育时间5min个体获毒率达27%，15min的为50%，4h以上的几乎近100%。大斑黑尾叶蝉和二点黑尾叶蝉的传播能力都比黑尾叶蝉强，循回期为4~27d，平均12d。接种饲毒3min的传达率达18%，60min的为53%，24h的为73%，带毒黑尾叶蝉死亡率高，寿命短。

我国台湾省报道，对黄叶病毒有亲和性的个体百分率，大斑黑尾叶蝉为41%~65%；黑尾叶蝉为35%~71%；二点黑尾叶蝉为47%。3种叶蝉的循回期分别为8~34d（多数为9~16d），21~34d和4~20d（多数为10~12d）；当气温低于16℃和高于38℃时，昆虫介体不能获毒，在20~36℃范围内，温度愈高，循回期愈短。

据浙江省报道，黑尾叶蝉对黄矮病毒及黄萎病原类菌原体有复合传毒的能力。先行取毒饲育的病原基本上使虫体先受感染，而进行复合取毒饲育时，只有少数虫子可复合感染，在后一情况下传毒时，先传循回期短的黄矮病原，后传循回期长的黄萎病原。被接种稻株分别呈现所传病原的单一症状或先后呈现各病原所致的症状。湖南省也发现同一稻株能呈现普通矮缩病和黄矮病的症状。

此病的寄主范围除水稻外目前尚未发现其他寄主。据广东省试验，玉米、粟、小麦、李氏禾、稗草、狗牙根、三耳草和广州野稻，经人工接种均不感染。

三、侵染循环

此病的侵染循环，除带毒黑尾叶蝉的卵不传毒这一点外，基本上和上述普矮病的侵染循环相同（参看水稻普矮病），但在华南温暖地区，叶蝉在冬季还可孵育1~2代（广州地区2代、粤北地区1代），由于此病原病毒不能经卵传染，所以当地的叶蝉不成为此病在当地的初侵染源。在广东省此病的初侵染源有两个方面，在大发生的20世纪60年代主要是南部冬季温暖地区的带病越冬再生稻，而在20世纪70年代当此病在全省范围内基本上绝迹，仅偶然在粤北地区有所发生时，其初侵染源看来是广东省以北省份（湖南省、江西省、浙江省）的南迁带毒黑尾叶蝉造成的。

四、发病条件

此病的发病条件和上述普通矮缩病基本相同（参看普矮病）。

1. 气候条件

在常发病地区，冬季气候状况决定越冬若虫的数量，据浙江省调查研究，如越冬代黑尾叶蝉的数量较多，带毒率为2%~3%时，早稻株发病率为1%~3%，当早稻后期株发病率在3%左右时，第二代、第三代黑尾叶蝉的带毒率为5.5%，晚稻本田初期迁入的虫量每亩1万~5万头时，株发病率约为10%，5万~10万头时约20%，10万~32万头时可达50%，凡是病害大发生年，均为夏季长期高温干旱、叶蝉发生量特大的年份，如1971年黄矮病和普矮病在浙江省并发大流行，当年6~8月浙江省持续高温干旱，是第二代、第三代黑尾叶蝉发生量最大的一年。

2. 耕作制度

据江苏省苏州地区报道，由于该地区新三熟制比例增大，前季早稻早栽有利于第一代、第二代黑尾叶蝉的繁殖，后季因晚三熟面积大，有利于第三代黑尾叶蝉的繁殖，所以后期晚稻虫多病重。随着三熟制的面积扩大，茬口布局如安排不合理，插花田多，就有利于叶蝉在不同成熟期的品种间迁移传染。所以栽培制度和作物布局是影响此病发生流行的一个很重要的因素。

3. 水稻生育期

水稻对此病最感病的生育期是在分蘖期前，拔节期后就较抗病，潜育期也因水稻生育期不同而有所差异。当气温在30℃时，在2~5叶期接种的潜育期约为10d，分蘖期接种的为13~14d，拔节时接种的为17d。

4. 品种抗病性

据广东省在黄矮病大发生的20世纪60年代调查，籼稻品种间抗、耐病性差异很大，但没有免疫的，一般来讲，高秆种较矮秆种抗病，但高秆品种中也有易感病的，而矮秆种中也有不少品种抗、耐病性较强。

五、防治

此病的防治策略和措施基本上同水稻普矮病（参看普矮病），但华南籼稻区，表现抗、耐性品种较多，在防治上应首先予以考虑；其次，晚稻插植期和发病程度有很大关系，凡在大暑前后插植的一般都发病严重，而立秋前后插植的一般发病轻微，因此在大暑前后应安排插植抗病性较强的高秆品种，而立秋前后才插植抗病性较弱的矮秆品种。

第四节　水稻黑条矮缩病

水稻黑条矮缩病（*Rice black-streaked dwarf virus*，RBSDV），1963年发现于浙江省、江苏省和上海市一带，在1965—1967年间发生较重。但自1967年以后病情迅速下降，近年来基本绝迹。

一、症状

病株矮缩，叶色浓绿僵硬，叶背、叶鞘和茎秆由于韧皮部细胞增生，表面沿叶脉有早期为蜡白色，后期为黑褐色的短条状不规则突起，这是此病的主要特点。病株分蘖增多，但幼苗发病早的无此现象。稻株发病早的明显矮缩，不能抽穗；发病迟的穗小而结实不良。在病株的增生组织细胞中有圆形的内含体，直径为6.5μm，不同寄主植物表现的症状略有不同，如玉米表现的症状与水稻的基本相同，但小麦病株心叶叶缘呈锯齿状缺刻，一般无蜡白色突起。

大多在抽穗前后开始发病，早的在水稻分蘖盛期前后发病。发病早的，病株矮化，叶片变黄。变黄多在病株中部叶片（在抽出叶以下，以第三叶为中心的上下2~3叶）。从叶片的中部直到叶尖黄色较明显，然而叶尖变褐；有时叶片变橙色，往往夹杂褐色的坏死斑。上部症状轻微的病叶，虽有褪色的小斑，但一般新抽出叶及其下一叶都正常不变色。在抽穗前后较迟发病时，只有明显矮化。剑叶及其下一叶的上位叶，外观叶色正常，只是易提早变黄。变黄的病株矮化，也有在变黄症状出现后才矮化。病株一般从剑叶下第4~5叶位起的节间、叶鞘和叶片长度缩短。还有的叶片稍窄并扭曲,穗轴变赤褐色,颖壳生褐色条斑等,抽穗期和健株大体相同或稍迟,病株很少枯死,但与普通矮缩病并发时也有枯死(图1-3-16)。抽穗前后发病的比健株矮12%~30%;杂质变多,未成熟米、畸形米增多,且光泽差,米的外观、食味、香味和硬度等变劣。

图 1-3-16　黑条矮缩病叶短阔、僵直、浓绿,叶面皱缩　　　　图 1-3-17　水稻黑条矮缩病苗期根部发育不良,白根少褐根多

　　根系不发达,细根数少,稀而刚硬,弹性差,稍变褐,上部根量少(图1-3-17)。生活力差,提早枯死。由于水分吸收不足,在烈日下叶易卷缩。症状的特点是早期发病变黄矮化,后期发病表现矮化。远看田间病株矮化成团状,叶色变淡呈缺肥状,在其中散见明显变黄叶,施穗肥后由于健株叶色变浓,病株黄色显著,这是因为病株吸肥差,肥效难以表现。病田中大多数病丛集中形成团状病窝,也有病丛分散分布。病窝有圆形椭圆形、条状等,大小不一,分散在田中、田边不定,严重时全田发生成凹凸状,也有见到全田低矮,其中夹杂有少数健株的情况。在团状病窝中心全丛矮缩,其四周散生部分病株,有全丛矮缩和部分矮缩。团状成丛矮缩的病株易见,分散病株不易发现。病窝有两种类型,即为水平状的皿型和中心明显,四周逐渐由矮到高的圆锥型。前者可能是急性型,症状在短期内同时发生,后者可能是慢性型,症状扩展是在较长时间内缓慢进行(图1-3-18)。

图 1-3-18　黑条矮缩病典型症状

　　关于水稻矮化病，近几年我国已有报道：从温州市杂交晚稻矮化病病株上分离到一种病原，能由灰飞虱持久传播，非经卵传染；在20~33℃下的循回期为8~23d；寄主有水稻、玉米、大麦和小麦等，发病后均表现为植株矮缩、色泽浓绿、叶片僵直，在水稻和玉米病株的叶背、叶鞘和茎秆上产生粗条状脉肿，先蜡白色而后变黑褐色；取病稻汁液于电镜下观察到直径为75~80nm的球状颗粒；在玉米脉肿的超薄切片里显示直径为75~80nm的球状颗粒，中央区电子密度高，周围有20~25nm厚的透明圈，散生于细胞质里，呈串状排列于管状结构中或呈晶格状排列。这些结果表明，它是水稻黑条矮缩病毒（图1-3-19）。

病叶背面出现蜡白条，后变黑

　健株叶枕距大　　病株叶枕距小

图 1-3-19　水稻黑条矮缩病为害状

1.叶片皱缩（玉米）；2.茎秆脉状突起；3.茎节倒生须根

　　经专家充分研究论证，初步判断，水稻矮化现象由病毒病引起。广西亚热带生物资源保护利用重点实验室的检测结果显示，水稻植株中含有水稻普通矮缩病毒和黑条矮缩病毒，这些病毒均不能通过种子传播，病害初侵染来源主要是带毒昆虫、越冬再生稻和田边杂草。

　　专家指出，水稻病毒病可防可控，在病害发生初期，如能采取有效防治措施，可有效进行控制。事实也证明，部分技术水平高的农户，由于加强栽培管理，秧苗期及分蘗初期及时喷洒药剂防治害虫，此病害明显减少。

二、病原

此病的病原在我国发现者称为南方水稻黑条矮缩病毒（*Southern rice black-streaked dwarf virus*，SRBSDV）。在病株和带毒虫体内的病毒粒体为球状，直径为80~90nm，在提纯的样品中直径为60nm。用微量注射法测定，其稀释终点，病叶汁液为1×10^{-5}~1×10^{-4}，带毒虫提取汁液为1×10^{-6}~1×10^{-5}，病叶汁液的钝化温度为50~60℃，10min，在4℃下体外存活期为6d，在−35~−30℃下经232d仍保持高度侵染性（图1-3-20）。

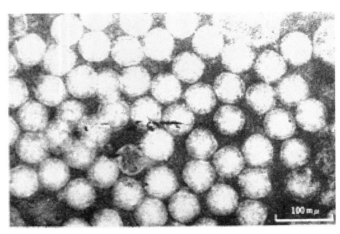

图 1-3-20　水稻黑条矮缩病毒（*Rice black-streaked dwarf virus*）负染色像

昆虫介体主要是灰稻虱（即灰飞虱），其次是白脊飞虱和白带飞虱。带毒虫可终生传毒，但不能经卵传递。寄主范围较广，除水稻外，还有玉米、小麦、大麦、高粱、看麦娘等多种禾本科杂草。

三、侵染循环及发病条件

黑条矮缩病的初侵染源是带毒越冬的稻飞虱。此病的发生程度与灰飞虱的发生量及迁移情况密切相关。冬季低温（0℃以下）对灰稻虱传毒能力并无影响，因此越冬代虫在早春期间可开始传病，但要气温在12℃以上时传毒才多。

水稻苗龄越小越易感病，潜育期越短。在三叶期感染的，其潜育期为9~14d，在分蘗期感染的则为33d。感染越早，发病越重。早稻、晚稻和麦都以早栽而又靠近上季作物发病田的发病重，与病田相邻的边行发病更多。

四、防治

由于黑条矮缩病可为害水稻、大麦、小麦和玉米等寄主，因此在防治上应采取以"治前茬，保后茬"为主的治虫防病综合措施，可得到良好的防病效果。

1. 治虫防病

把传毒媒介昆虫消灭于传病之前。

（1）治麦保稻。着重防治早播麦田，尤其是邻近连作晚稻病重田块的麦田。在北方主要是消灭田边杂草，隔断野生寄主，必要时在插秧前施用除草剂和施用杀虫剂，清除野生杂草和虫源。

（2）治早稻，保晚稻。着重防治虫多、病多的早稻田块。

（3）做好连作晚稻秧田和早插本田初期的防治，在连作晚稻后期注意防治虫多、病多的田块。在北方主要是秧田灭虫。灰稻虱可每亩用25%噻嗪酮可湿性粉剂30g防治，或将稻种用25%吡虫啉可湿性粉剂6g/kg拌种。

2. 农业防治

清除田边杂草。由于灰稻虱有趋向稗草、看麦娘等杂草上取食、产卵的习惯性，因此可在若虫孵化前铲除田间杂草，以减少虫源、毒源。

第五节　南方水稻黑条矮缩病

南方水稻黑条矮缩病毒（*Southern rice black-streaked dwarf virus*，SRBSDV）是由我国首先发现鉴定和命名的为害农作物的病毒新种，属于呼肠孤病毒科斐济病毒属（Fijivirus eoviridae），其传毒介体主要是白背飞虱。该病毒于2001年由华南农业大学周国辉教授在广东省首次发现，2008年被正式鉴定为南方水稻黑条矮缩病毒新种。2009年，全国已有广东省、广西壮族自治区、湖南省、江西省、海南省、浙江省、福建省、湖北省和安徽省9个水稻主产省（区）明确发生，发生面积约500万亩，失收面积10万亩。

一、症状

南方水稻黑条矮缩病主要症状表现为：分蘖增加，叶片短阔、僵直，叶色深绿，叶背的叶脉和茎秆上现初蜡白色，后变褐色的短条瘤状隆起，不抽穗或穗小，结实不良，不同生育期染病后的症状略有差异。苗期发病，心叶生长缓慢，叶片短宽、僵直、浓绿，叶脉有不规则蜡白色瘤状突起，后变黑褐色。根短小，植株矮小，不抽穗，常提早枯死。分蘖期发病，新生分蘖先显症，主茎和早期分蘖尚能抽出短小病穗，但病穗缩藏于叶鞘内。拔节期发病，剑叶短阔，穗颈短缩，结实率低。叶背和茎秆上有短条状瘤突（图1-3-21）。

图 1-3-21 南方水稻黑条矮缩病被害状

水稻发病后典型表现为植株矮缩、叶色深绿、叶背及茎秆出现条状乳白色或蜡白色，后变深褐色小突起、高位分蘖及茎节部倒生气须根、不抽穗或穗小，结实不良。剑叶或上部叶片可见凹凸的皱折，一蔸中有1根或几根稻株比健株矮1/3左右，半全穗。

1.典型症状

（1）发病稻株叶色深绿，上部叶的叶面可见凹凸不平的皱折（多见于叶片基部）（图1-3-22）。

图 1-3-22 南方水稻黑条矮缩病田间被害状

（2）病株地上数节节部有倒生须根及高节位分枝（图1-3-23）；病株茎秆表面有乳白色大小1~2mm的瘤状突起（手摸有明显粗糙感），瘤突呈蜡点状纵向排列成条形，早期乳白色，后期褐黑色；病瘤产生的节位，因感病时期不同而异，早期感病稻株，病瘤产生在下位节，感病时期越晚，病瘤产生的节位越高（图1-3-24）。

图 1-3-23 茎节倒生须根

2. 秧苗期症状

病株颜色深绿，心叶生长缓慢，叶片短小而僵直、浓绿，叶脉有不规则蜡白色瘤状突起，后变黑褐色。叶枕间距缩短，其叶鞘被包裹在下叶鞘里，植株矮小（不及正常株的1/3），后期不能抽穗，常提早枯死。南方水稻黑条矮缩病症状—倒生根。

茎秆有蜡白色瘤状突起

传毒媒介白背飞虱

图 1-3-24 拔节后茎部白色瘤突逐渐变为黑褐色

3. 分蘖期症状

病株分蘖增多丛生，上部数片叶的叶枕重叠，心叶破下叶叶鞘而出或从下叶枕口呈螺旋状伸出，叶片短而僵直，叶尖略有扭曲畸形。植株矮小，主茎及早生分蘖尚能抽穗，但穗头难以结实，或包穗，或穗小，似侏儒病。

4. 抽穗期症状

全株矮缩丛生，有的能抽穗，但相对抽穗迟而小、实粒少、粒重轻，半包在叶鞘里，剑叶短小僵直；在中上部叶片基部可见纵向皱褶；在茎秆下部节间和节上可见蜡白色或黑褐色隆起的短条脉肿（图1-3-25）。

图 1-3-25　南方水稻黑条矮缩病谷粒护颖开裂小花败育

二、发生规律与为害

该病毒主要通过由白背飞虱传毒，不能经种传播，植株间也不互相传毒。介体一经染毒，终身带毒，稻株接毒后潜伏期14~24d。

1. 传毒媒介和传毒

（1）传毒媒介。主要通过白背飞虱；植株之间不相互传毒；白背飞虱不经卵传毒；白背飞虱获毒时间为30min；传毒为15min。

（2）传毒。病毒初侵染源以外地迁入的带毒白背飞虱为主，冬后带毒寄主（如田间再生苗、杂草等）也可成为初侵染源；带（获）毒白背飞虱取食寄主植物即可传毒。

2. 易感病时期和产量损失

水稻感病期主要在分蘖前的苗期（秧苗期和本田初期），拔节以后不易感病。最易感病期为秧（苗）的2~6叶期。水稻苗期、分蘖前期感染发病的基本绝收，拔节期和孕穗期发病，产量因侵染时期先后造成损失在10%~30%。

3. 田间发生特点

随着病毒分布范围的扩大，发生会逐年加重；中晚稻发病重于早稻；育秧移栽田发病重于直播田；杂交稻发病重于常规稻；田块间发病程度差异显著，发病轻重取决于带毒白背飞虱迁入量；病害普遍分布，但仅部分地区严重发生；尚未发现有明显抗病性的水稻品种。

4. 调查内容和方法

（1）大田虫口密度调查。在中、晚稻穗期各调查1次。按不同移栽期，选择有代表性田5块，每块田随机取样5点，每点查20丛，调查虫口密度。

（2）成虫消长调查。结合其他害虫灯诱调查，进行灰飞虱灯下成虫消长调查，逐日记载灯下诱到的灰飞虱数量。

（3）发生情况调查。在中稻、晚稻黑条矮缩病发病稳定期（齐穗期），对不同类型田、不同品种田分别调查。采用从田边到田内直线取样，每块田查500丛，分别计数发病丛数和发病株数，计算病丛率和病株率。

当前要做好晚稻发病情况普查，明确大面积发生情况，以便有针对性地对重发区作好冬前防控。

三、防控技术

应采取切断毒链、治虫防病、治秧田保大田、治前期保后期的综合防控策略。抓住秧苗期和本田初期关键环节，实施科学防控。

1. 清除杂草

用除草剂或人工清除的办法对秧田及大田边的杂草进行清除，减少飞虱的寄主和毒源。

2. 推广防虫网覆盖育秧

即播种后用40目聚乙烯防虫网全程覆盖秧田，阻止稻飞虱迁到秧苗上传毒为害。

3. 药液浸种或拌种

用10%吡虫啉可湿性粉剂300~500倍液，浸种12h，或在种子催芽露白后用10%吡虫啉可湿性粉剂15~20g/kg稻种拌种，待药液充分吸收后播种，减轻稻飞虱在秧田前期的传毒。

4. 药剂防治

主要抓好以下两个时期的防治工作。一是秧田期：秧苗稻叶开始展开至拔秧前3d，酌情喷施"送嫁药"。二是本田期：水稻移栽后15~20d。药剂：每亩用25%吡蚜酮可湿性粉剂16~24g或10%吡虫啉可湿性粉剂40~60g或25%噻嗪酮可湿性粉剂50g，对水30~45kg均匀喷雾。

5. 及时拔除病株

对发病秧田，要及时剔除病株，并集中埋入泥中，移栽时适当增加基本苗。对大田发病率2%~20%的田块，及时拔除病株（丛），并就地踩入泥中深埋，然后从健丛中掰蘖补苗。对重病田及时翻耕改种，以减少损失。

关于南方水稻黑条矮缩病与水稻黑条矮缩病是否为同一毒源，国内各专家都提出不同论证，下面引用资料供参考：

斐济病毒属新种南方水稻黑条矮缩病毒鉴定及其对水稻和玉米的为害

*周国辉，温锦君，王强，蔡德江，李鹏，张曙光

摘要：2001年，我们在广东省阳西县发现一种新的水稻病毒病，其症状类似于由水稻黑条矮缩病毒（*Rice black-streaked dwarf virus*，RBSDV）引致的水稻黑条矮缩病，但该地区无RBSDV传毒介体分布，而且病害症状与水稻黑条矮缩病也稍有不同，即病株地上茎节部形成高位分枝及倒生须根。病株韧皮部细胞内可观察到斐济病毒特征性的晶格状排列的直径70~75nm的球状病毒粒体以及病毒基质和管状结构。从发病田块及其附近的玉米、稗草、水莎草和白草植株体内检测到病原病毒的存在。田间调查及室内传毒试验表明，白背飞虱（*Sogatella furcifera*）是该病毒的主要传毒介体。该病毒的基因组由10条dsRNA组成，其电泳图谱与RBSDV基本相同。采用接头单引物扩增法及RACE扩增法，获得了该病毒基因组5个片段（S5~S10）全长核苷酸序列，它们在核苷酸组成、末端序列及基因排列上均具斐济病毒特征，但与斐济病毒属已知种基因组相应片段核苷酸同一率分别小于76%（S5）、78%（S7）、74%（S8）、75%（S9）和80%（S10），基于基因组5个片段的核苷酸及其推导编码产物氨基酸序列构建的系统进化树均表明，该病毒处于相对独立的进化位置，应为呼肠孤病毒科斐济病毒属的一个新种。鉴于该病毒与RBSDV有许多相似之处，首先发现于我国南方水稻上，其传毒介体白背飞虱的分布范围要较RBSDV传毒介体灰飞虱偏南方（北半球），故建议将其命名为南方水稻黑条矮缩病毒（*Southern rice black-streaked dwarf virus*，SRBSDV）。根据所获得的基因组序列，建立并优化了该病毒的RT-PCR检测技术，引物对PS10-A（5′-tattcaaagttatttccgt-3′）及PS10-B（5′-acatgaatagttttaagt-3′），能够以病株叶组织总RNA抽提物为模板，经一步法RT-PCR特异性地扩增到SRBSDV S10片段，扩增产物（525 bp）覆盖了病毒衣壳主要蛋白约1/3长度的编码序列。目前，该病毒已扩散到广东省、广西壮族自治区、海南省、湖南省及安徽省等地区，造成水稻南方黑条矮缩病和玉

---

* 作者单位：华南农业大学，海省南农业厅植物保护站

米皱叶矮缩病。病害主要发生在单季稻、晚季稻及夏、秋玉米上，早稻田偶见病株，多数田块矮缩病株率低于1%，但部分田块病株率超过30%，甚至绝收。年度间、田块间病株率差异很大。RT-PCR检测表明，当秋季田间矮缩病株率约为1%时，超过20%的未表现明显矮缩症状的水稻及玉米植株体内含有病原病毒，即较高比率的植株在生长中后期受到了病毒感染。对来自广东省、广西壮族自治区、海南省、湖南省及安徽省不同地区的30个病毒分离物RT-PCR扩增产物进行了序列测定，除1个分离物存在2个核苷酸差异外，其余各地分离物完全相同。这一结果暗示，我国各地发生的SRBSDV可能来源于单一病源地，由迁飞性介体于短期内大范围传播。该病毒的潜在为害性值得高度重视。

第六节　水稻黄萎病

水稻黄萎病广泛发生于东南亚各国以及日本和我国。江南各省稻区仅知于1967—1968年在浙江省局部地区有过严重发生的报道，该年重病田损失产量20%~30%。一般年份发病不重。

一、症状

病株茎叶均匀褪色，呈淡黄绿色至淡白绿色，新出叶或嫩叶上更为明显。分蘖矮缩丛生、叶变窄小，质地柔软，后期常出现高节位分枝，分枝上叶片呈竹叶状，植株早期发病的虽不枯死，但不能抽穗结实，后期感染的植株常不表现症状，仅在再生稻上或迟分蘖上表现症状（图1-3-26、图1-3-27和图1-3-28）。

二、病原

病原为类菌原体（Mycoplasma like Organisms, 简称MLO），称为水稻黄萎病类菌原体。名称：*Mycoplasma-like body Rice yellow dwarf virus phytopath* Soc.。

黄萎病类菌原体具多形性（圆至卵圆或不规则形），尺度变化为80~800nm，无细胞壁，只具一层单位膜，存在于病株韧皮部细胞内和黑尾叶蝉等传毒介体中的肠和唾腺内。以四环素或金霉素等处理，病株症状受抑制，媒介昆虫传毒能力也受影

图 1-3-26　水稻黄萎病

1.病株；2.病株心叶；3.传毒昆虫—黑尾叶蝉

响，但其病原性还未能用分离培养和再接种予以证实。

此病由黑尾叶蝉、大斑黑尾叶蝉和二点黑尾叶蝉传播。昆虫介体与病原的亲和性高，三种叶蝉获病原率分别为88%~96%、69%和83%~94%。水稻病株未表现症状时昆虫介体不能获取到病原。最短的获取病原饲育时间，黑尾叶蝉为10min，二点黑尾叶蝉为10~30min。黑尾叶蝉在病株上吸食10min，有3%个体获得病原；取食1h后就有55.6%个体获得病原。循回期长，大斑黑尾叶蝉需20~35d，大多为22~27d；黑尾叶蝉需26~40d，平均32d；二点黑尾叶蝉为2~3min到10min，接种饲毒时间增加到1h和12h，传病率分别达到35.2%和74.6%；接种饲育1d则达97.2%。传播能力强，几乎能每天连续传病，直至死亡。

图 1-3-27　水稻黄萎病田间被害状（一）

图 1-3-28　水稻黄萎病被害状（二）

温度对循回期和传病能力有影响，温度增高，循回期相应缩短。越冬后传毒个体百分率比越冬前增加。

病原在黑尾叶蝉体内可引起病变，如脂肪体的细胞核增大畸形，后期皱缩；细胞质内液泡增加等。寄主范围除水稻外，还有看麦娘、甜茅和假稻等。

三、侵染循环及发病条件

此病的侵染循环及发病条件基本上与黄矮病相同，只是由于循回期和潜育期都比较长，所以此病的发生发展比较缓慢。病害的初侵染源主要是带病越冬的黑尾叶蝉。黑尾叶蝉在春季羽化迁入早稻，在浙江省，早稻感病后经27~90d（一般为50d）发病。一般早插早熟在成熟前来不及表现症状，仅在再生稻上表现症状；迟插早、中稻则在抽穗后开始出现病株而在7月中旬才较明显，所以早稻一般受害极为轻微。由于昆虫介体不能从未表现症状的植株上获得病原，因而不能传病，而作为晚稻黄矮病侵染源的早稻病株在7月上中旬才出现症状，所以黑尾叶蝉获取病原后，即便早期迁入早插晚稻田，也要经过20~30d循回期才有传病力，稻株感染后又要经过约40d的潜育期才表现症状，所以早插晚稻往往要到生育后期才发病，损失较轻（图1-3-29）。但迟插晚稻的秧苗由于迁入的叶蝉多已具有传病力，所以带病率高，稻株在生育期就可发病，损失较重。

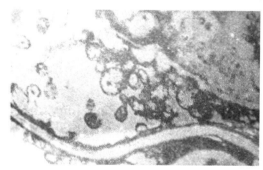

图1-3-29　水稻黄矮病组织内部的类菌原体（土井）

四、防治

此病的防治策略和措施与防治普矮病及黄矮病基本相同。防治普矮病及黄矮病就已起到兼防此病的作用。

第七节　水稻裂叶矮缩病

水稻裂叶矮缩病广泛分布在菲律宾、印度尼西亚和泰国等国家，是近年水稻上发生的一种新的病毒病害。1977年4月6日，根据其症状和特点定名为水稻裂叶矮缩病。在广东省、福建省、台湾省、海南省、湖南省、湖北省、江西省、浙江省等地区都有发生。

裂叶矮缩病，别名水稻齿矮瘸；病原名稻裂叶病毒病*Rice ragged stunt virus*，简称RRSV。

一、症状

1. 主要为害作物

除侵染水稻外，还可侵染麦类、玉米、甘蔗、稗草、李氏禾等。主要为害部位：叶染病株矮化，叶尖旋转，叶缘有锯齿状缺刻。苗期染病心叶的叶尖常旋转10多圈，心叶下叶缘破裂成缺口状，多为锯齿状。分蘖期染病植株矮化，株高仅为健株1/2，叶片皱缩扭曲，边缘呈锯齿状，缺刻深0.1~0.5cm，一般不超过中脉，一片叶上常现3~5个缺刻，有时多达13个。有些品种于拔节孕穗期发病，在高节位上产生1至数个分枝，称"节枝现象"，分枝上抽也小穗，多不结实。有时叶鞘叶脉肿大，病株开花延迟，剑叶缩短，穗小不实（图1-3-30）。

图 1-3-30　水稻裂叶矮缩病田间被害状

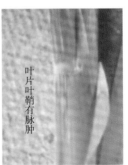

图 1-3-31　水稻裂叶矮缩病特征（一）

2. 症状

随生育期不同表现其症状特点为：植株矮化、裂叶、叶片扭曲，叶脉肿大、开花延迟、节上产生分枝，穗部抽出不完全，穗上谷粒多不饱满，但是病株有些外观（颜色）与健株无明显区别（图1-3-31）。

矮化：在整个生育阶段病株有不同程度的矮化，矮化是抽穗前远望的唯一症状，病株仅为健株高度的2/3左右。

裂叶：裂叶表现在叶片一边或两边。这是早期病株的主要特征，叶缘不规则。有1~17或更多的裂口，裂口像凹口形或锯齿状，在叶片尚未卷曲之前就能看到。裂缺的深度不同，但决不越过中脉，两裂口距离一般0.2~3cm，有时裂口间距离相似，构成均匀的锯齿状叶片。裂叶部一般是褪绿的，由白色而后转为黄色或褐色。褪绿的边缘特别是两个缺裂之间终于衰变。裂缘多发生在叶片上，叶鞘上较少。到目前止，观察所有侵染品种和品系，几乎都有裂叶发生（图1-3-32）。

图 1-3-32　水稻裂叶矮缩病特征（二）

叶片扭曲：扭曲叶片常出现于叶片的顶部，形成一个或数个扭曲的螺旋形。扭曲的产生是由于叶片的中脉两侧交互的不均匀的生长所致。几乎所有品种和品系都可看到这种扭曲叶，在病穴内约30%的分蘖有卷曲叶。

叶脉膨肿：自然感病株，在分蘖和后期都有叶脉肿大形成的突起，随着植株年龄的增大，而有叶脉肿大的分蘖比例数似有增加，叶脉膨肿的数目随分蘖、品种不同而异。每个分蘖可由0~74个或每叶由0~42个。

叶脉肿大多数出现在叶鞘上半部外侧或叶片下面，叶脉肿大处的颜色多数为淡黄色或白色，少数淡褐色、深褐或淡黄与褐色混合发生，直到叶死亡，颜色永远不变。

在孕穗期，病株剑叶短，常扭曲、变形或裂叶，病株开花迟，穗不完全抽出。分蘖长产生节间分枝，即1个分蘖的上部节间生出二次或三次分蘖，节间分枝数0~11个不等，这些分枝上常长出小穗，病株比健株有更多的穗和小穗，它们不褪色，病株饱满谷粒数大大减少，甚至无收（图1-3-33）。

图1-3-33　锯齿状矮缩病穗期被害

二、病原

Rice ragged stunt virus，RRSV，称稻裂叶病毒，属呼肠弧病毒组病毒。病毒粒体为等径球状体，大小50~60nm，含有双链的核糖核酸。钝化温度60℃，稀释限点100 000倍，病毒在稻叶韧皮部细胞中生存。病毒存在部位在病组织韧皮部的细胞质中。

病毒形态：病毒立体球状。在叶部叶脉肿大处和带毒飞虱细胞组织超薄切片的细胞质中，病毒粒体直径70nm，有50nm密度较大的核心。在光学显微镜下可以看到病毒原质体（viroplsms）似X-体。

病株叶脉肿大处的浸渍或压榨制剂，醋酸铀负染色像显示球状粒体，直径65nm，有双capsi和刺状核心，直径约为50nm，磷钨酸负染色象为光滑的球状核，直径约为55nm，如图1-3-34所示。

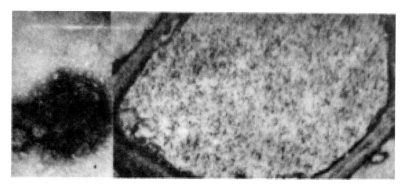

图1-3-34　水稻裂叶矮缩病病毒粒体

三、传播途径和发病条件

该病传毒媒介主要是褐飞虱（*Nilaparvata lugens*），传毒率为2.5%~55%，病毒在虫体内循回期10d，能终生传毒，但不能经卵传至下一代，有间隙传毒现象，间隙期1~6d，水稻感染病毒后经13~15d潜育才显症，潜育期长短与气温相关。发病程度与带毒数量有关。在田间此病有双重或三重感染或复合侵染情况，即同一植株上可以受齿矮病毒及其他瘸毒多重侵染，出现单独症状或协生症状。

传播方式：汁液和机械（针刺）不传染，土壤和种子亦不传染。稻褐飞虱是目前仅知的传毒介体。若虫、成虫均传病，雌雄成虫传毒力无明显差别，短翅型和长翅型传毒力亦无差别。少数介体昆虫在获得取食后能立即传毒，一般为间歇传毒，随虫体年龄增长，传毒力减低，成虫最末次传毒到死亡这段时间的天数为0~30d，平均7d，循回期长达33d，平均8.6d，为持久性传病关系。不能经卵传递。用注射法可以得到带毒虫（图1-3-35）。

四、防治方法

（1）加强农业防治，尽量减少单、双季稻混栽面积，切断介体昆虫辗转为害。深翻地，减少越冬寄主和越土虫源。合理布局，连片种植，尽可能种植熟期相近的品种，减少介体迁移传病。早播要种植抗病品种。收获时要背向割稻。

（2）选用抗病良种，如白壳矮、博罗矮、IR29、溪南矮和木泉等。

（3）治虫防病，把介体昆虫消灭在传毒之前，早稻在冬代叶蝉迁飞前移栽。在越冬代叶蝉迁移期和稻田一代若虫盛孵期进行防治。双季稻区在早稻大量收割期至叶蝉迁飞高峰前后防治。晚稻秧田，从真叶开始注意防治，结合网捕。晚稻连作田初期加强防治，间隔3~5d每次。单双季稻混栽对早稻要加强防治。晚稻早栽早期也要加强防虫。使用药剂可选用25%噻嗪酮可湿性粉剂，225g/亩对水50L喷洒，隔3~5d每次，连防1~3次。

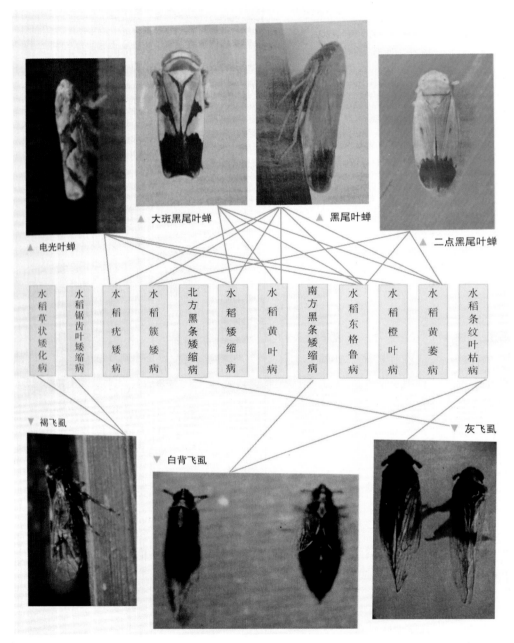

图 1-3-35　水稻病毒病及其媒介

第四章　线虫病

第一节　水稻干尖线虫病

水稻干尖线虫病是我国对内植物检疫对象。此病于1940年从日本首先传入我国天津市郊，现在环渤海稻区发生较为普遍。

一、发病症状与病原

1. 症状

水稻整个生育期都会受害，以孕穗期症状表现最为明显，一般幼苗期不表现症状，仅少数于4~5片叶到移栽后表现症状。稻苗受害，上部叶片尖端2~4cm处收缩变色，呈白色、灰色或淡褐色干尖，病健部界限明显，继而捻曲，病部易受风吹或摩擦等折断脱落。孕穗期剑叶或上部第二、第三片叶尖端1~8cm处组织枯死。变成黄褐色或褐色，半透明捻曲，继而变成灰白色。病健交界处有条明显的褐色弯曲界纹，有时也没有该界纹，类似自然枯黄。成株病叶干尖不易折断脱落，病株剑叶短小狭窄，呈浓

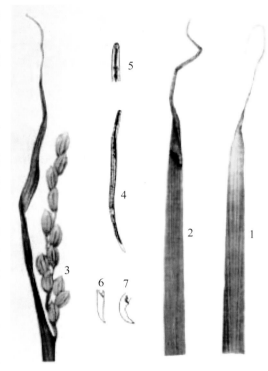

图 1-4-1　水稻干尖线虫病示意图

1~2.叶片症状；3.剑叶症状；4.病原线虫；
5.线虫头部；6.雌虫尾部；7.雄虫尾部

绿色；严重时剑叶全部扭曲枯死，造成抽穗困难（图1-4-1、图1-4-2和图1-4-3）。有些病株受害后不表现干尖症状，检疫及防治时应予注意。

图 1-4-2 水稻穗期干尖线虫为害状

图 1-4-3 水稻干尖钱虫为害状

2. 病原

病原线虫*Aphelenchoides besseyi* Christie 属线形动物门，垫刃目，滑刃科，滑刃线虫属。雌雄虫体均为细长蠕虫形，虫体小，两端钝细，无色半透明，体表密生横条纹沟。雌虫稍大，吻针较强大，食道球发达呈椭圆形。尾尖有4个尾状突、停止时常蜷曲或盘状，阴门部角皮不突起，雄虫上中部直线形，尾部弯曲呈镰刀状。尾侧有3个乳状突，交接刺呈新月形、刺状，无交合伞（图1-4-4）。此线虫耐寒而不耐高温，在干燥籽粒中变成半死状态，在干燥稻种内可存活3年左右。在土壤中不能营腐生生活。对汞和氰化合物的抵抗力很强，但对硝酸银很敏感。

二、侵染与发病过程

以成虫或幼虫潜伏在谷粒的颖壳和米粒间越冬，成为次年本病的初次侵染来源，调运稻种或以稻壳作为商品包装运输的填充物时，可作远距离传播。当浸种催芽时，种子内线虫开始活动。浸种后线虫多游离于水中及土壤内并死亡，少数遇到幼芽、幼苗，即由芽鞘、叶鞘缝隙处侵入，也可由病部传播到健苗上，虫体附于生长点或叶芽及新生嫩叶尖端的细胞外部，以吻针刺吸组织汁液，营细胞外寄生，致使被害叶片呈干尖状；后随稻株生长向上移动集中，在孕穗以前，稻株愈上部的叶鞘内虫量愈多，幼穗形成初期侵入穗部，大量集中在茸毛间，为害幼穗颖壳，后侵入颖壳饱满的病谷内部，为害幼嫩穗粒。线虫大多集中在饱满的病谷内，而瘪谷中较少。在水稻整个生育期间，繁殖1~2代。

三、发病因素

日本的古井和山本（1950）发现，该线虫是一个外寄生物，早稻出现于幼叶的折叠叶片之中，穗部形成后进入小穗，当籽粒成熟时多出现于颖壳之间，脱粒后在稻草上很少找到线虫，除了有些没有脱掉的空秕小穗上。杜德（1950—1958）应用染色技术也证明了这种线虫完全是外寄生的，大多只在稻壳的表面，有些在籽粒上，或在环绕幼叶和花及叶鞘的冲洗液中，但不在组织之内。后腾和深津（1952）研究了感病稻株各个时期线虫的数目与分布，发现在萌芽的种籽上留存线虫很少，幼苗在移栽前不能找到线虫，分蘖期在茎秆原始体的生长点上空隙处或最内部叶鞘围绕的幼叶上可以找到线虫，随着植株生长，线虫数目增加，且在较大的幼叶里也可找到，当幼穗形成后，线虫倾向于集中到穗部，有些进入到开花前的护颖里，抽穗时多数是在护颖的外边，但到开花时，护颖外面的线虫数目必然降低，而进入了护颖内面，开花后仍有少数线虫留在旗叶的叶鞘内面，后来在护颖

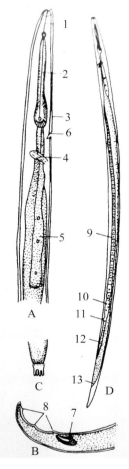

图 1-4-4　水稻干尖线虫

A.雄虫身体前端

B.雄虫身体末端

C.雌虫体末的乳头状起

D.雌虫

1.吻针；2.食道；3.食道球；4.神经环；5.食道腺；6.排泄孔；7.交接刺；8.性突起；9.卵巢、输卵管；10.前子宫；11.后子宫；12.阴门；13.肛门

外面就很少找到线虫了。在病田中观察健康的植株也含有线虫，主茎比其他分蘖较常受害，且有较多线虫。对一个穗来说，线虫在中部附近较多，顶端部分较少；较大籽粒有较多线虫，空秕粒线虫显著地少些。

四、防治

1. 建立无病留种田，非病区调种时要进行严格检疫，防止带线虫的种子调入

病区要有计划地建立无病种子田，繁殖无病良种。缩小病区，控制大田为害。消灭病株及病残物，病区稻草不能做育秧田隔离层、育苗床面铺盖物，育苗田远离脱谷场。

2. 对种子进行消毒杀灭线虫是防治水稻干尖线虫病的关键措施

常用的方法如下：

（1）实行检疫。防止病区种子扩散蔓延。

（2）选种和选留无病种子。建立无病留种田繁殖无病良种，逐步缩小病区。

（3）种子消毒。①温汤浸种。稻种先在冷水中预浸24h，再移入45~47℃温水中浸5min，再移入52~54℃温水中浸10min，最后在冷水中冷却后催芽播种。②药剂浸种，可用0.5%盐酸溶液浸种2昼夜后漂洗稻种，或用85%三氯异氰尿酸可溶性粉剂3 000倍液浸种2昼夜。

（4）清除病源。发现病株及时拔除，集中烧毁或深埋；病稻草不露置堆放，用作堆肥原料时，一定要充分腐熟。

附：水稻干尖线虫病检验技术

检验水稻干尖线虫病，以漏斗法检验效果较好，且方法简便。具体做法是：先备10~15cm口径的玻璃漏斗数只，下口各套接10cm长的橡皮管1根，中部装一止水铁夹，漏斗内垫一层细铜纱或二层纱布，再用三环铁架支住漏斗。称取稻种20~40g，磨脱颖壳，去掉米粒。把空颖壳放入漏斗内。若检查稻株，则取剪去叶片的上部茎秆，将叶鞘剥离，再将叶鞘和秆一齐剪成1~2cm长的碎段，放入漏斗中。向漏斗中加水浸没，置于20~25℃下浸10~12h，然后用离心管接取浸出液。在每分钟2 000转的电动离心机中离心5min（手摇离心机需15min）取下部沉淀液在玻片上镜检。

第二节　水稻根结线虫病

1934年，美国学者杜力斯首先在阿肯色州发现这一病害。在我国海南省、广东省、广西壮族自治区和云南省均有发生。

一、症状

症状的特点是在水稻幼苗的根上形成膨大的瘤状物（图1-4-5）。根的生长延缓或停止。在叶片上看不见特殊症状，但在极严重时，植株矮化，叶片变黄，下叶干枯。根尖受害，扭曲变粗，膨大形成根瘤，根瘤初卵圆形，白色，后发展为长椭圆形，两端稍尖，色棕黄至棕褐以至黑色，大小3mm×7mm，渐变软，腐烂，外皮易破裂。幼苗期1/3根系出现根瘤时，病株瘦弱，叶色淡，返青迟缓。分蘖期根瘤数量大增，病株矮小，叶片发黄，茎秆细，根系短，长势弱。抽穗期表现为病株矮，穗短而少，常半包穗或穗节包叶，能抽穗的结实率低，秕谷多。贺利斯（1966）认为，这种线虫造成的损失通常很轻且具有暂时的性质。当稻田长期淹水后线虫变得不活跃，因而淹水可作为防治线虫一个措施。

图 1-4-5　稻根结线虫病根部为害状

二、病原

Meloidogyne sp. 称稻根结线虫，线形动物门根结线虫属。本属是由胞囊线虫属分列出来的。有些种的线虫寄主范围很广。本属的幼虫都是线形的，两性成虫异形，雌虫圆形至肾形。雌虫卵大多排出体外，集中在尾部的胶质卵囊中。幼虫、雄成虫线形。成熟雌虫乳白色，头颈部细长，其他部分膨大为圆梨状，体后部呈锥形。雌虫尾端卵囊，会阴花纹椭圆形，弓形高度中等。其形态与禾谷根结线虫（*M. graminicola*）相似。根结线虫雄虫，在其生活史中作用并不大，大多数雌虫在其性未成熟之前即已进入根组织之中，故可以行孤雌生殖。

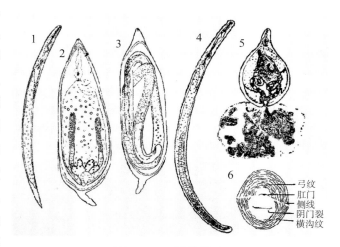

图 1-4-6　根结线虫

1.幼虫；2.幼龄雌虫；3.幼龄雄虫；4.雄虫；5.雌虫；
6.雌虫尾部会阴花纹

水稻根结线虫形态特征。根据菲立浦也夫（Filipjev）报道，雄成虫大小(1.2~1.9)μm×(30~36)μm。雌虫大小(1.3~1.9)μm×(270~900)μm（图1-4-6）。

三、防治方法

（1）选用抗病品种。

（2）实行水旱轮作，或与其他旱作物轮作半年以上。冬季翻耕晒田减少虫量。

（3）增施有机肥。

（4）药剂防治。可用2.5亿个孢子/g厚孢轮枝菌微粒剂2 000~2 500g/亩防治根结线虫；或用5亿活孢子/g淡紫拟青霉颗粒剂0.5~1kg/亩施用防治。

第五章 水稻苗期病害

第一节 苗期绵腐病和立枯病

一、绵腐病

多发生于水稻秧苗期，播种后一周内即可发生。初期从颖壳破口处或幼芽基部产生乳白色胶状物，并向四周长出呈放射状的白色絮状菌丝，以后因泥土、藻类黏附或氧化铁沉淀而呈泥土色、绿褐色或锈色。初发病时秧田中零星点片出现。水稻绵腐病病原菌主要是绵腐菌属*Achlya*、腐霉菌属*Pythium*、疫霉属*Pythiomorpha* spp.、类腐霉属*Pythiogetom* spp.、水霉属*Saprolegnis* spp. 和网囊霉属*Dictyuchus* spp. 等有时也引起稻苗腐烂。

绵霉菌属包括层出绵霉*A. prolifera*（Nees）de Bary、绵霉*A. oryzae* Ito et Nagai和鞭绵霉*A. flagellata* Coker等。菌丝发达，管状有分枝。游动孢子囊呈管状，萌发前囊内原生质同时分割而成多数游动孢子。游动孢子逸出时呈休眠状态，在囊口经过一段时间后形成具两鞭毛呈肾形的孢子。雄器细长，呈管状。藏卵器球形内有数个卵球。卵孢子呈球形，厚膜，抗逆性强；经休眠后萌发，内部分割而成游动孢子。

绵腐病病原菌广泛存在于土壤中或水中，营腐生生活，寄生性弱。当秧苗受外界不良环境影响时较易受其侵染为害（图1-5-1）。

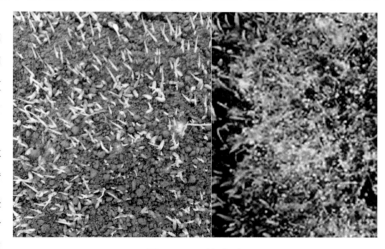

图 1-5-1 绵腐病

二、立枯病

症状较为复杂，随着发病早晚、环境条件、病原菌种类的不同而异。常见的有如下症状。

1. 幼芽基腐

出土前芽或根变褐、扭曲，种子颖壳裂口处或幼芽基部产生绒毛状霉层，呈白色、粉红色、橙色（镰刀菌）或橄榄色（图1-5-2）。

图 1-5-2　水稻秧田立枯病为害状

2. 立针基腐

多发生于立针至2叶期。病苗心叶枯黄，基部变褐，有时叶鞘上有褐斑。根断续坏死，变黄褐色，种子与茎交界处有毒层，多数茎基腐烂，易折断。

3. 黄枯型立枯病

多发生在3叶期前后。秧苗叶尖不吐水，并逐渐萎蔫黄枯心叶卷曲。初期茎基不腐烂，根毛稀少呈褐色，易连根拔起（图1-5-3）。苗床成片发生或出现于青枯苗周围，色泽介于青黄之间，具传染性，病区能不断扩大。

图 1-5-3　水稻苗期黄枯型立枯病症状

图 1-5-4 水稻秧田青枯型立枯病症状

4.青枯型立枯病

多发生于3叶期前后（图1-5-4）。病苗先不吐水，后突然打卷青死，心叶或上部叶片卷成柳叶状，成青灰色。初期茎基不腐烂，根变暗，用手提苗，可连根拔出。

立枯病病原菌：有镰刀菌属的禾谷镰刀菌*Fusarium graminearum* Schw.、尖孢镰刀菌*F. oxysporum.* Schlecht.、木贼镰刀菌*F. equiseti*（Corda）；丝核菌属中的茄丝核菌*Rhizoctonia solani* Kuhn；蠕孢菌属中的稻胡麻斑病菌*Helminthosporium orgzae* Brela et Haam；腐霉菌属的*Pethium* sp.，其中以尖孢镰刀菌为主要病原菌。

镰刀菌属菌丝体白色至淡红色。分生孢子无色透明，有大小两型。大型分生孢子镰刀状，弯曲或稍直，有多个分隔；小型分生孢子椭圆形、卵圆形、单胞或具一个隔膜。禾谷镰刀菌的小型分生孢子和厚壁孢子罕见。木贼镰刀菌小型分生孢子稀少，厚壁孢子囊生。尖孢镰刀菌易产生两型孢子，且大型分生孢子多型；厚壁孢子顶生或间生，少数二个半生；菌丝在生育后可产生蓝绿或暗蓝色菌核。

立枯丝核菌。幼嫩菌丝无色，分锐角分枝，分枝处缢缩，其附近有一隔膜。老熟菌丝淡褐色，分枝成直角，分隔缢缩显著，部分细胞中部膨大而呈藕节状，菌核不规则，直径1~3mm，褐色，常数个合并。此菌只产生菌丝和菌核。

三、病害发生与环境条件关系

1.发病与育秧方式的关系

苗期绵腐病和立枯病的发生与育秧的方式有较大的关系，在水育秧条件下多发生绵腐病，在旱育秧条件下多发生立枯病。腐霉菌在土壤干燥的环境下，生长显著不良，而淹水后则生长茂盛。水育秧时，低温阴雨，深水灌溉过久，有利于腐霉菌的生长，而秧苗缺氧，呼吸受阻，影响机体正常代谢，生命活力降低，抗不良环境能力差，则常引发绵腐病。镰刀菌在土壤含水量10%~25%条件下生长较好，但超过100%或淹水条件下则不能继续生长，故旱育秧时或湿润育秧时多发生由镰刀菌引起的立枯病较重。立枯丝核菌以土壤含水量50%~100%时生长最好，所以湿润育秧方式有利于丝核菌立枯病的发生。

2. 发病与气候的关系

在气候条件中，温度与光照是影响立枯病、绵腐病的重要因素。水稻是喜温作物，其发芽最低温度是10~13℃。秧苗3叶期前后，若日平均气温低于12~15℃，其生育即受阻碍，抗病性被显著削弱。各种病原菌发育最低温度都低于水稻秧生育的最低温度。在10℃以下都能侵染，因而秧苗期气温超低，持续期越长，秧苗病害也越为严重。

幼苗在冷后暴晴或温差变幅较大时，前期低温削弱了秧苗的生活力，特别是土壤低温削弱根系吸收能力，而暴晴或温度急剧回升后，根系不能较快恢复，地上部分则会迅速作出反应，生长加快，蒸腾作用增强，造成地上部和地下部生长不协调，体内的水分和营养供应失去平衡；同时前期侵入的病菌迅速发展，造成青枯和黄枯的发生。

3. 发病与秧苗管理的关系

科学管理，培育壮秧，可提高抗病能力，减轻病害的发生。秧田位于风口处，易受冷风吹袭，温度下降较快，病害发生较重。直接用冷水或井水灌溉因水温低，也较易发病。当寒流来临气温下降时，如未能及时灌水保温或阴雨深灌过久或用污水灌溉，都易引起发病。若能适当控制水量，即使在不良外界环境下，也能减轻或避免病害的发生，土壤酸碱度、施肥等对立枯、绵腐病的发生也有较大影响。秧田施用过多速效氮肥会致使叶片墨绿，碳氮比降低，则抗寒力差，一遇低温即易诱发病害。

第二节　水稻烂种和烂秧

一、发病症状与类型

水稻烂种和烂秧是生理性病害，但有时开始发病为生理病害，由于发病后抗菌能力减弱，多种土壤内弱寄生菌趁虚而入，使病害加重，与致病菌为害难以区别。烂种是指播种后不发芽而腐烂或幼芽陷入秧板泥层中腐烂而死（图1-5-5）。烂秧是指种子发芽出土后，由于外界环境恶劣而使种芽腐烂，或根系发育不良，以致整株苗死亡。

1. 烂秧

主要有烂芽、漂秧、黑根3种。烂芽是种子幼芽腐烂死亡。漂秧是出芽后长久不能扎根，稻芽漂浮倾倒最后腐烂而死。黑根是土壤中还原物质的毒害，使稻根变黑腐烂，叶片逐渐枯死。

2. 烂种

由于种子贮藏期受潮，浸种未透，在催芽过程中温度过高（45℃以上）使种子受热、温度过低迟不发芽、种谷黏滑变色等原因造成。

3. 烂芽、漂秧

由于秧田整地播种质量欠佳、蓄水过深，缺氧窒息等原因所致。黑根是一种中毒现象，当施用未腐熟的绿肥，或大量施用有机肥和硫酸铵苗肥后，又蓄水过深，土壤还原态过强，则土壤中广泛存在的硫酸根还原细菌迅速繁殖，产生大量硫化氢、硫化铁等还原性物质，对稻根产生毒害作用，变黑腐烂，叶片逐渐枯死，周围土壤也有较强烈的臭气。

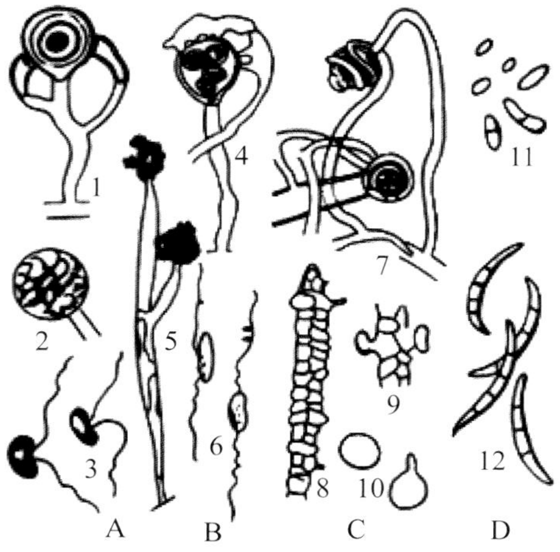

二、发病与环境条件关系

1. 发病与气候的关系

低温阴雨、光照不足是引起烂种、烂秧的重要因素，其中尤以低温影响最大。育秧期间受寒流低温袭击，或伴随低温而阴雨连绵，常引起较重程度的烂种、烂秧等。

图 1-5-5　稻烂秧病菌

A. *Pythium oryzae*：1.藏卵器及雄器；2.孢子囊；3.游动孢子

B. *Achtya klebsiana*：4.藏卵器及雄器；5.孢子囊及游动孢子的溢出；6.游动孢子

C. *Diclyuchus anomalus*：7.藏卵哭及雄器；8.孢子囊；9.流动孢子的溢出；10.休眠孢子及其发芽

D. *Fusarium* spp.：11.小型分生孢子；12.大型分生孢子

2. 发病与秧苗管理的关系

秧苗管理对烂种、烂秧影响很大。种子质量不好，贮藏时受潮，催芽不当等，常造成烂种。生活力强的谷种，种芽和幼苗健壮，抗逆力强，烂种、烂秧就少。凡种子贮藏期间充分保持干燥，在浸种前经过晒种并经过精选的，其生活力均能提高，发芽势增强，可减少烂种烂秧的发生。催芽的长短与烂秧也有关系，芽短的比芽长的抗逆力强，不易烂秧。

秧田位置和整地技术对发病也有影响。秧田位于背风向阳的地方，温度较高，温差较小，有利于种子发芽及幼苗的生长，否则容易烂种、烂秧。秧田土过于软糊，谷种播后易陷泥中，萌发受到影响，引起腐烂。秧板不平，往往低洼处积水而妨碍幼芽的呼吸作用，在凸起高燥处的幼芽易受冻害容易造成烂秧（图1-5-6）。

露地育秧，覆盖保暖做得好的，烂秧轻。播种前，秧田畦面施用鲜人粪尿，绿肥翻耕过迟或用污泥作肥料，常诱发烂秧。气温骤降，不及时灌水护苗或阴雨期间深灌，用污水灌溉，烂秧较重。

图 1-5-6 水稻育秧田管理不当出苗不整齐

第三节 水稻苗期病害诊断与防治

壮秧是水稻高产栽培的基础，壮秧往往与水稻苗期病害防治息息相关，只有做好水稻苗期病害防治工作，才会培育出理想的根白、茎宽、叶挺、色正、青秀、无病的壮秧。

下面就如何进行水稻苗期病害诊断、秧田常见病害的发生与防治加以论述。

一、水稻秧田病害诊断

开展调查研究：对秧苗、病原、环境条件都应很熟悉，即对怎样培育壮秧、在各种不同情况下都可能发生哪些病害、秧苗本身会产生什么样的病变，要了如指掌。

1. 化学毒物致病诊断

水稻育苗常因施用化肥、农药不当造成秧苗发病死苗，症状表现为：灼伤、枯焦、斑痕常由于使用浓度过大、用量过多造成；抑制、肿大、扭曲常由于施用内吸性毒物浓度过大、用量过多造成。

化学毒物致病基本上可归纳为以下三大类：

第一类，直接伤害植物组织。由于接触药物部分伤害严重，没有接触部分毫无受害表现，病情很少发展。比如氯化铵、床土调酸剂、游离酸过多伤苗都属于这一类型，它们的致病原因主要是接触部分浓度过高，植物组织渗透压发生变化，造成质壁分离，植物组织坏死，表现为灼伤、枯焦症状。

第二类，造成秧苗新陈代谢生理失调，不能正常进行光合作用，最后饥饿死亡。敌稗、扑草净、丁草胺+扑草净混剂、丁草胺等除草剂施用方法不当常引起这类药害。这一类药剂兼有触杀和内吸作用。局部灼伤为致病打开缺口，生理饥饿是死亡的主要原因。

第三类，抑制生长和促进性病变，分生组织停止生长，造成肿大、扭曲、畸形，不能正常生长发育。施用除草剂和有毒杂质、酚类等，由于施用方法、剂量不当，常产生此类病状。

化学毒物致病的最大特点：从受害植物中分离不出病原物、解剖镜检也见不到病原物存在。受害组织很少产生软腐流胶、萎蔫症状。局部受害发病迅速，但很少扩展到全株或全田，系统发病进程迟缓，很少立即使植株部分或全株死亡。

2. 有害生物致病诊断

水稻秧苗期可受到各种有害病原物的侵害。稻瘟病、胡麻斑病、水稻恶苗病、稻白叶枯病、稻谷枯病、稻粒黑粉病、稻曲病、稻一柱香病、水稻细菌性褐斑病、细菌性褐条病和水稻干尖线虫病都可以侵染水稻秧苗，成为水稻初次侵染病原，水稻秧苗被这些有害病原菌侵染后常发生烂种、坏死、枯斑、徒长等症状。很多病原菌随着秧苗生长蔓延，反复侵染，成为本田发病的病原。水稻播种以后，土壤中各种镰刀菌、丝核菌开始侵染为害，造成胚乳、幼根腐烂，秧苗立枯死亡。

水稻立枯病是水稻保温育苗的一种主要病害。立枯病是属于半知菌的一种镰刀菌和丝核菌。此外，在病菌上还可分离出属于担子菌纲和藻菌纲的真菌。

立枯病又分为真菌性立枯病和生理性立枯病。真菌性立枯病从发芽后到插秧前均可发病，秧苗在离乳期前3~7cm高时最易发病。发病初期茎叶凋萎，叶尖变黄，卷曲呈针状，叶片呈灰绿色，而后逐渐变黄干枯，茎基产生水浸状褐斑，以后逐渐扩大，软化腐烂，拔苗时茎基易断，并在茎基周围土壤上长出带粉红色（有时为白色）的霉层，这就是病菌的分生孢子。根群无白色根，或白色根极少，没有根毛，整个根群呈黄褐色，腐烂发霉。

黄枯即生理性立枯病，主要是幼苗本身水分代谢失调造成，除真菌危害外，温度急变、长时期受5℃以下低温刺激，使幼苗生理机能衰退，失去吸水能力造成。

水稻秧苗由于施用氮肥过多，高温徒长，地上与地下部生长发育失调；风害，特别是热风危害，土壤含水量急剧下降，土壤干梗阻碍根系发育；盐碱过重，pH值过高等，往往仅有1~2个主导致病因素就会发病。

一般黄枯型立枯病株能连根拔起，病苗在床面上分布不均匀，有时呈丛状，主要由温度和水分不当引起。在三叶期揭膜前后发病较多。

对立枯病的防治要做到以防为主，及早发现及早治疗，调解温差，搞好水肥管理。提早保水炼苗是避免立枯病发生的最有效的管理措施。

3. 不良环境条件致病诊断

长期受不良环境条件的刺激会使秧苗生长发育不能正常进行，长期不良环境的错综复杂相互作用，会使其发生某些病状或造成秧苗死亡。

以下几种病害都是由不良环境条件造成，就其中主要特点和综合方法分别加以说明。

（1）盐害。盐分对水稻为害的主要原因是提高土壤渗透压，阻止营养元素的正常吸收。土壤盐分对水稻的间接为害表现在对土壤结构的破坏，而导致黑根病的发生。在苗田受盐害的种子发芽不齐，盐分过重种子根本不发芽或发芽势下降，长期盐渍会造成种子霉烂。种子萌发后进入敏感时期，盐分过高芽尖变黄，2~4个真叶期受害由上往下，由外往内开始枯黄，根部水渍状，变灰褐色，最后全株死亡。

（2）缺氧。过多积水、土壤板结、有机物分解、微生物活动都会造成土壤缺氧而出现种子不萌发，出芽不齐，长芽不长根，白芽、根不下扎等现象。一般应注意改善土壤结构，合理进行排灌，施用腐熟农肥，调节好水、温、气的合理供给。

（3）低温冷害。早春水稻育苗常遭低温冷害。低温冷害就作用方式又可分为水冷和气冷两种，有时两者同时存在，互相作用于秧苗，加速秧苗受害过程，加重秧苗受害程度。

第一，水冷为害：由于水温下降，影响根部吸收水分和营养。短时期水冷不超过-4℃，秧苗可以恢复生长。超过-4℃，细胞质壁分离，造成细胞机械损伤，组织破坏，导致最后死亡。

第二，气冷为害：由大气降温造成，10℃以下低温秧苗就不能正常进行生长，长期低温会造成小老秧，连续长期低温会造成秧苗死亡。

大气降温常与大风同时存在，徒长秧苗由于地下部生育不如地上部分旺盛，当寒流突然侵袭，地下吸水困难，地上蒸腾加大，造成秧苗水分供应入不抵出，秧苗发生青枯死亡。

塑料薄膜保温育苗是防止苗期低温冷害最有效方法之一。加强水肥管理，寒流来临前要加深水层对保温防冻也有很大好处。长期低温生长停滞，可以重新覆盖塑料薄膜加速生长。随着水稻高产栽培技术不断提高，机械插秧面积不断扩大，工厂化育苗势在必行，应积极推广和总结这方面的经验和技术。

二、水稻秧田病害的防治

水稻秧田病害的防治应以提高育秧技术、改善环境条件、增强稻苗抗病力为主，辅以适时的药剂防治。

1. 精选谷种，提高浸种催芽技术

首先晒好种，以提高种子活力和发芽率；晒种后再进行风选、盐（泥）水选，选出成熟度好、饱满的种子，并进行种子消毒。浸种催芽时，温度要掌握适当，基本上稳定在10℃以上进行。过高易发生高温逼芽、伤芽，过低发芽缓慢，易产生盲子不发芽。要求做到"高温（36~38℃）露白一轰头，适温（30~35℃）稳催芽，降温（20~25℃）薄摊炼好芽"，使种芽达到齐、匀、短、壮。

2. 选好和整好秧田，保证播种质量

秧田应选择避风向阳，地势较高，排灌方便，肥力中等的地块。育秧方式宜采用塑料薄膜保温育秧。精细整地，做到"面平、沟深，排灌畅，上糊下松通气好"，秧田冬耕晒田，播种前除去床面杂草、稻根。

根据品种特性确定适宜的播种期、播种量和秧龄。水育秧时，气温要稳定在10℃时播种，抢在寒流的"冷尾暖头"力争播后有3~5个15℃以上的晴天。落谷要均匀，塌谷不见谷。播后覆盖暖性又有肥效的草木灰等，保温增肥力，达到苗"齐、全、壮"。

3. 科学进行肥水管理

水稻育秧时，一般播种后至现芽前以通气供氧为主，畦面保持湿润，以利长根扎根；2~3叶期以保温防冻为主，进行浅水灌溉，防止死苗；3叶期后保持寸水护苗。播种后7~10d，做好防低温防雨水、防秧板晒白、防秧板积水。2~3叶期时遇寒流降温，应灌水保温；久雨放晴，应逐渐排水，防止地上部蒸腾量大，造成生理失水、青枯死苗。

塑料薄膜保温旱育秧的管理播种前后浇第一水满足发芽和出苗的需要，齐芽至1叶1心时浇第二水，防止盐碱，控制病害，2叶1心时，结合追肥浇第三水，使肥力、温度衔接促进秧苗生长。膜内温度控制在25℃左右，超过此温应通风炼苗。推广水稻机械插秧以后采用大棚机械化育苗，水稻秧田病害很少发生（图1-5-7）。

图1-5-7　水稻大棚机械化育田

4. 药剂防治

（1）25%甲霜灵悬浮种衣剂或58%甲霜灵锰锌可湿性粉剂是防治水稻苗期病害较好的药剂，每千克稻种拌甲霜灵系列杀菌剂2~3g，即可控制绵腐病和立枯病。在发病重的年份，于1叶1心期按每平方米用甲霜灵0.75g或甲霜灵锰锌1g的有效药量进行喷施，防效在98%左右。

（2）恶甲水剂是甲霜灵和噁霉灵复合剂，对水稻育秧田多种病害具有预防和治疗作用，对旱育秧田因各种镰刀菌、丝核菌、腐霉菌和疫霉菌所致病害，绵腐病、青枯型立枯病、烂种等具有很好的预防和治疗作用。具体操作方法应按产品使用说明书使用。

（3）种子消毒。50%多菌灵可湿性粉剂100g，对水50kg，可浸稻种50kg，浸种3~5d，浸种后可直接催芽播种。

第二篇　水稻害虫

鳞翅目害虫　鳞翅目包括蛾与蝶二大类，许多种类的幼虫是农作物的大害虫。生活史属完全变态：卵圆球形、馒头形、圆锥形、鼓形，表面有刻纹。幼虫多足型，又称蠋形。鳞翅目幼虫大多是植食性，根、茎、叶、花、果都能为害。蛹为被蛹，蝶类在敞开的环境中化蛹，而蛾类在树皮、土块下、卷叶中隐蔽环境中化蛹，也有的在土中做茧化蛹。成虫口器为虹吸式，吸收花蜜补充营养，一般不为害作物。蝶类在白天活动，静止时双翅叠起直立在背部，蛾类大都在夜间活动，有趋光性，可利用这习性进行灯光诱杀。成虫翅表面覆盖鳞片，有不同颜色构成不同的斑纹。

同翅目害虫　同翅目包括叶蝉、飞虱、粉虱、蚜虫和介壳虫。大多数是小型昆虫，这些昆虫为农林主要害虫。体型小的仅0.3mm，大的可达80mm。口器刺吸式、后口式。通常有2对翅，有的种有蜜管或蜡腺，但无臭味。生活史属渐变态，有些种类又分长翅型、短翅型和无翅型。繁殖方式多样，有两性生殖、孤雌生殖和交替生殖，有卵生和胎生之分。同翅目昆虫是植食性的，不少种类分泌蜜露，诱致霉变。它们取食时分泌唾液，刺激植物组织畸形生长，吸收植物汁液使其枯萎，形成虫瘿。有些种类可以传播病毒病，如灰飞虱传播水稻条纹叶枯病。

双翅目害虫　双翅目包括蝇、蚊、虻、蚋等种类，是重要的医学昆虫，其中也有些农业害虫，属全变态害虫，幼虫无足型。双翅目昆虫繁殖类型有：卵生、胎生、卵胎生、孤体生殖和幼体生殖。幼虫的食性复杂，有植食性如瘿蚊科、实蝇科、黄潜蝇科和潜蝇科，腐食性或粪食性如毛蚊科、蝇科，捕食性如食虫虻科和食蚜蝇科，寄生性如狂蝇科、虱蝇科和寄蝇科。许多种类的成虫取食植物汁液、花蜜补充营养，也有些刺吸人畜血液。有的传播疾病，如痢疾和霍乱。

鞘翅目害虫　鞘翅目昆虫因为有坚硬如甲的前翅，常称之为甲虫。头部坚硬，前口式或下口式正常或延长成喙。前翅为鞘翅，覆盖后翅，后翅膜质，少数用于飞翔、静止时褶叠于前翅下。属全变态昆虫，幼虫至少有四种类型：步甲型、蛴螬型、天牛型和象甲型。鞘翅目昆虫大多是幼虫期为害，也有少数成虫期继续为害，如叶甲。成虫有假死习性，大多数有趋光性。

半翅目害虫　半翅目昆虫一般称为椿象，人们常叫它花大姐，多数体型椭圆形，略呈扁平，体壁坚硬，口器刺吸式。通常具翅2对，前翅基部革质，端部膜质，称半鞘翅，后翅膜质。腹部有臭腺孔，能散发出臭味，又有人叫它臭蝽。

在我国，为害水稻的椿象主要有两类群，即蝽类及缘蝽类。常见有20余种。其中，以稻绿蝽、稻缘蝽、稻黑蝽、大稻缘蝽和四剑蝽为普遍。

稻蝽类若虫和成虫均以刺吸口器吸食水稻叶片、茎秆、幼穗、穗头、小穗梗及未成熟谷粒的汁液。

　　缨翅目昆虫　缨翅目昆虫通称蓟马。体长0.5~14mm，多数微小，头部下口式，口器锉吸式，翅脉只有2条纵脉，能飞，但不常飞，属渐变态昆虫。有大翅型、短翅型和无翅型。卵生或卵胎生，偶有孤雌生殖。常见有蓟马科、纹蓟马科和管蓟马科。

　　直翅目昆虫　直翅目昆虫前翅为覆翅，革质，后翅膜质，静止时成扇状折叠，口器咀嚼式，雄虫常具发音器，不完全变态。多为中、大型体较壮实的昆虫。后足多发达善跳。包括蝗虫、蝼蛄等。

第一章　鳞翅目害虫

第一节　水稻三化螟

三化螟*Tryporyza incertulas*（Walker）属鳞翅目，螟蛾科。三化螟是亚洲热带至温带南部的重要水稻害虫。国内广泛分布于长江流域及其以南主要稻区，特别是沿海、沿江平原地区为害严重。以幼虫钻蛀稻株，取食叶鞘组织、穗苞和茎内壁，形成多种为害状，其中最明显和最重要的是枯心苗和白穗。食性专一，仅为害水稻，别无其他寄主，曾有报道三化螟亦能食害野生稻，并能在普通野生稻过冬。三化螟以水稻作为唯一的食料和以稻桩作为唯一能完成越冬的场所，是它最突出的一项生态特点。

一、形态特征

1. 成虫

雄蛾翅展18~23mm。前翅灰褐色，满布褐色鳞片，在中室下角有1个不很明显的黑斑，以顶角有1条褐色斜纹走向后缘，外缘有1列7~9个小黑点。后翅白色。雌蛾翅展24~36mm。前翅黄白色，近外缘黄色较浓，在中室下角有1个极明显的黑斑，此外别无斑纹。后翅灰白色。腹部末端有一撮黄褐色绒毛，产卵时，陆续脱落，黏盖于卵块上（图2-1-1）。

2. 卵及卵块

雌蛾产卵呈卵块，几十粒至几百粒，卵积聚在一起，多数形成3层，整个卵块呈长椭圆形，上面盖着褐色鳞片，卵块多产于稻叶上。初产时，卵粒半透明乳白色，逐渐变深色，并从外边缘卵粒开始呈现黑色，将孵化时，全部呈黑色，观察卵粒颜色变化状况，有助于决定施药防治的适期（图2-1-2）。

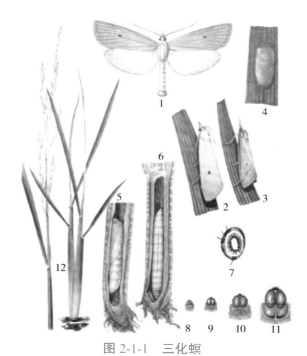

图 2-1-1　三化螟

1.雌蛾；2.雌蛾静止状；3.雄蛾静止状；4.产在稻叶上的卵块；5.茎秆基部化蛹状；6.稻秆内为害的幼虫；7.幼虫腹足勾排列状；8~11.幼虫一至四龄前胸背板特征；12.为害状

117

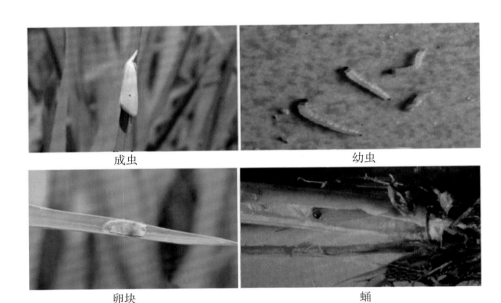

| 成虫 | 幼虫 |
| 卵块 | 蛹 |

图 2-1-2　三化螟生活史

3. 幼虫

初孵幼虫称蚁螟，长 1.2~1.4mm，即一龄幼虫的前期，头黑色，胸腹部淡黑色，第1腹节有1个白色圈围着，体多毛，取食后体增长，腹部呈灰白色。从二龄开始，头色转为黄褐色，腹部白圈消失，体色则有两个情况，年中各代幼虫，除老熟的个别带绿色外，二龄以后各龄均以淡黄白色为主，或带褐色。越冬期的幼虫，许多个体呈绿色，亦有少数黄褐色的。年中各代在长江流域的幼虫多四龄，但南方常也有达五龄和六龄的。幼虫体无斑点和斑纹，约从三龄开始，背方正中背血管清晰可见，幼虫腹足退化，趾钩单序，排列呈横向的扁椭圆形。各龄幼虫主要特征如表 2-1-1 所示。

表 2-1-1　三化螟各龄幼虫特征

龄别	体长（mm）	头宽（mm）	腹足趾钩数目	头色	其他特征
一	1.2~3.0	0.186~0.205	9~10	黑褐	前胸背板大部黑褐色，蚁螟腹部灰黑色，取食后渐变灰白色，围绕第1腹节有1白环。
二	3.5~6.0	0.303~0.364	12~16	黄褐	前胸背板淡褐色，与中胸之间有一对纺锤形隐纹，幼虫行动时隐纹前有移动。
三	6~8	0.353~0.454	16~22	黄褐	前胸背板淡褐色，后缘左右各有1/2圆弧形斑紧靠一起，呈半圆形。
四	6.5~12.1	0.573~0.727	21~27	黄褐	前胸后缘左右各有1褐色新月形斑，靠中线排列。
五	14~24	0.758~0.940	29~32	黄褐	前胸背板的新月形斑与4龄同，色较深，趾钩长度及趾钩环纵横径均为4龄的1.5倍。

4. 预蛹及蛹

四龄以上各幼龄虫，均可化蛹，但以哪一龄化蛹为主，则因地区和世代而有变异。

老熟幼虫化蛹前停止取食，造羽化孔及吐丝，形成丝膈和白色茧，这段时间，为预蛹期，历期一般1~3d，越冬代则长达5~6d，再脱皮即化为蛹。蛹形瘦长，头顶钝圆，体长12~13mm。雌蛹比雄蛹略大及生殖孔位置不同外，尚有如下的明显区别：雌蛹后足伸达第6腹节后缘，雄蛹后足伸达第7腹节、第8腹节，甚至略超过腹部末端；雌蛹腹部末端钝圆，其背方稍隆起，雄蛹腹部末端稍尖，其背方无上述隆起；发育过程中，雌蛹前翅中央黑斑逐渐明显，雄蛹则不很明显。至于雌雄蛹在发育过程中复眼及体色的逐步变化，都大致相似（图2-1-3）。

为害茎秆呈穗枯状

幼虫蛀茎　　　　幼虫蛀食穗茎

初孵幼虫为害状　　　　根茬内幼虫化蛹

图 2-1-3　三化螟为害状

在稻螟中，与三化螟近似的种类还有褐边螟*Catagela adjurella* Walker。该虫成虫体褐色。雌蛾前翅金褐黄色，前缘有褐边，翅中央有3个褐点，翅顶有1条棕褐色斜线平衡翅前角；前翅缘毛较长，腹部黄白色，末端有一束浅褐色绒毛。雄蛾前翅灰黄，前缘褐边与褐色点明显，腹部黄褐色无绒毛。

卵块上披淡黄白色的绒毛，卵块中卵粒比三化螟卵粒细而且卵块较薄。幼虫头部深褐色，体色自胸部及腹部1~3节绿色，腹部后半部各节均为黄绿色，趾钩列呈双序。蛹具较厚的茧，蛹体细瘦，与三化螟蛹相似，但初蛹绿色，将羽化呈金黄色。

幼虫除蛀食水稻外，并可蛀食菱白、稗、游草、针蔺、阔叶石菖、畔鸭子苔等杂草。有咬断稻茎吐丝封口成筒状袋隐居的习惯。在湖南一年发生4代，以幼虫在杂草内越冬。

二、生活史和习性

三化螟原以江苏省、浙江省一带1年发生3代而得名。实际上在我国各地随着温度的高低1年发生2~7代不等，即使是在江苏省，如早春回暖早，8月和9月上、中旬气温偏高，或因扩种双季稻后，第3代幼虫取食分蘖期的双季晚稻，由于营养条件好，促使幼虫发育加速就有部分3代幼虫发育为局部4代。

三化螟以老熟幼虫在稻桩内滞育越冬。秋季光周期缩短是导致滞育的主要因素。长江中下游三化螟1年发生以3代为主，部分4代。越冬幼虫，在春季气温回升到16℃左右时，开始化蛹，17~18℃时开始羽化。

螟蛾产卵有显著的选择性，这与稻株内含有的稻酮量有关。凡生长嫩绿茂密，处于分蘖、孕穗至露穗初期的稻田，或施氮肥多的稻田，稻株含稻酮多，卵块密度大。成虫有强烈的趋光性，但其扑灯活动受气温月光影响很大，气温在20℃以上，风力3级以下，尤为闷热无月光的黑夜趋光最盛。

螟卵多在清晨和上午孵化，初孵蚁螟先在稻株上爬行一段时间，后多数爬行至叶尖，吐丝随风飘散至周围稻株蛀茎为害。从孵化到蛀入需时30~50min。秧苗期蚁螟都在稻苗下部近水面叶鞘脉间较柔软处蛀入，少数从叶鞘缝隙侵入。苗龄小，脉间距离狭窄，蚁螟必须咬破维管束方能侵入，侵蛀时间长，侵入率低；苗龄大，则侵蛀时间较短，侵入率较高。从秧田里孵化的幼虫，经过移栽后，死亡率很高。

水稻本田各个生育期与蚁螟侵入率的高低有密切关系。在分蘖期，植株组织柔软，叶鞘包裹疏松，蚁螟侵入形成枯心；圆秆拔节期有多层叶鞘紧包茎秆，组织较坚硬，蚁螟侵入困难；孕穗至破口露穗期，此时只有剑叶鞘包住穗苞，比较柔嫩，蚁螟容易从剑叶鞘或合缝处钻入，先蛀花蕊，穗抽出后，幼虫发育至二龄，从小穗中爬出，下行至穗茎基部蛀入，形成白穗；水稻抽穗后，茎秆组织硬化，蚁螟就不易侵入。

三化螟幼虫咬孔蛀入稻茎后，在分蘖期取食幼嫩而呈白色的组织，将心叶咬断，使心叶纵卷而逐渐凋萎枯黄。1头幼虫可造成3~5个枯心苗。在穗期取食稻茎内壁组织，咬断维管束，使水分和养料不能向上运输，侵入后5d左右便形成白穗，侵入后约8d便大量出现白穗，1头幼虫能造成1~2株白穗。同一卵块孵出的幼虫可成30~40株白穗，形成白穗团。

幼虫转移为害次数与营养、栖息条件有关，条件差时转株次数多。一生可转株1~3次，以三龄幼虫转株较为普遍。幼虫老熟后移至稻茎基部近水面处或土下1~2cm的稻茎中，经过预蛹，然后化蛹。

三、发生与环境条件的关系

三化螟的发生受气候、水稻栽培制度和品种及天敌等因素的综合影响，其中水稻栽培制度是决定三化螟发生量和为害程度的关键因子，气候主要影响发生期和最后一代（局部世代）数量的多少，天敌对螟虫发生数量也有一定的抑制作用。

1. 气候因素

三化螟发生期的迟早，常受气候因素的支配。春季16℃以上日平均温度的出现期与越冬代始蛾期相符合。春季温度回升早，化蛹期间温度高，越冬代蛾始见期即早，反之则迟。同一地区，由于各年度间春季温度变化较大，越冬代蛾始见期早发与迟发年可相差10多天，以后各代成虫始见期和盛期的迟早均与前一代发生期间气温高低有关。气温的高低亦影响到秋季局部世代的转化情况。春季雨水多少关系到越冬后幼虫及蛹的存活率，如4—5月间干旱少雨，则死亡率降低，全年的发生基数相对较大。江苏省8—9月第3代三化螟发生时，如天气闷热，刮西南风或天气多雾，对发生三化螟的为害极为有利，田间白穗发生就会加重。

2. 栽培制度

三化螟发生数量与水稻栽培制度的关系极为密切。水稻是三化螟唯一的寄主和栖息场所，不同的水稻栽培制度影响到水稻易遭螟害的生育期与蚁螟盛孵期相配合的情况，及有效虫源田和世代转化的桥梁田，从而决定了三化螟种群的盛衰和为害程度的轻重。

水稻栽培制度演变的历史经验表明由单纯改为复杂，三化螟代代都有适宜生存繁殖的条件，发生量逐代增多，为害加重；栽培制度由复杂改为单纯，则在某一世代发生过程中，缺少适于三化螟发生的条件，种群数量就会受到抑制，为害就轻。

3. 品种和栽培技术

水稻品种涉及食物的品质和数量、生育期的长短、物候关系，以及在一定栽培制度下的播种、移栽期等，都对三化螟种群的消长起到一定的促控作用，一般粳稻比籼稻，杂交稻又比常规籼稻有利于三化螟的生长发育，但是不能把籼改粳视为三化螟种群上升的主要原因。品种从属于一定的栽培制度，对三化螟种群的的盛衰有一定影响，但其所起的促控作用远不如栽培制度变化的作用大。

不同的栽培技术也会影响到三化螟的发生与为害。一般返青早、生长嫩绿的稻田，卵量多，螟害重。施肥不当，如追肥过多过迟，常造成水稻发棵和生长期拉长，抽穗期不整齐，很容易碰上蚁螟侵入，因而加重了螟害。

4. 天敌

三化螟天敌种类很多，卵期主要有稻螟赤眼蜂*Trichogramma japonicun* Ashmead、长腹黑卵蜂*Telenomus rowani* Gahan、等腹黑卵蜂*Telenomus dignus*（Gahan）和螟卵啮小

蜂*Tetrastichus schoenobii* Ferriere等。病原微生物和真菌（白僵菌），是引起早春幼虫死亡的重要因子。捕食性天敌有青蛙、蜻蜓、步甲、隐翅虫、瓢虫及蜘蛛等。

四、防治方法

控制三化螟为害宜采取"防、避、治"相结合的防治策略，主要措施如下：

1. 农业防治

（1）合理安排作物布局，如秋播规划时，把绿肥田、留种田和迟熟夏熟作物田，尽量安排在旱作物田和虫口密度小的晚稻田，以减少越冬基数。

（2）适当调整播、栽期，可缩短或避开易受害的生育期，可减轻螟害。

（3）在越冬幼虫化蛹期，及时春耕灌水，淹没稻根7~10d，可杀死虫、蛹。

2. 人工、物理防治

过去在螟蛾发生期曾大面积采用点灯诱蛾，或提倡人工采卵，拔除枯心和白穗，拾毁外露稻根等措施，对压低螟害能起到一定的作用。

3. 药剂防治

目前化学防治尤其是在推广免、少耕的地区仍是防治三化螟的主要手段。用20%氯虫苯甲酰胺悬浮剂30g/hm²防治三化螟效果较好；也可以亩用1%甲氨基阿维菌素苯甲酸盐乳油均匀喷雾防治。

第二节　水稻二化螟

二化螟*Chilo suppressalis*（Walker）属鳞翅目，螟蛾科。也叫水稻钻心虫，全国各稻区均有发生，是北方稻区主要害虫之一。它在水稻不同的生育期可引起不同的为害。在水稻分蘖初期，幼龄幼虫先群集在叶鞘内，造成枯鞘；以后又逐渐分散蛀食心叶，形成枯心苗；孕穗期幼虫蛀食稻茎，造成枯孕穗；出穗至扬花期咬断穗茎，产生白穗；灌浆至成熟期造成虫伤株；蛀入茎内以后容易引起风折，造成倒伏。各时期的为害对产量影响都很大（图2-1-4、图2-1-5和图2-1-6）。

图2-1-4　水稻分蘖期二化螟为害成枯鞘状

图2-1-5　二化螟幼虫茎秆内为害状

图2-1-6 二化螟幼虫蛀茎为害呈白穗状

一、形态特征

1. 成虫

为黄色小蛾子，雌蛾体长14.8~16.5mm，翅展23~26mm；少数个体小至20mm，大至31mm。触角丝状；前翅略呈长方形；灰黄至淡黄褐色，外缘有7个小黑点，腹部为纺锤形，被灰白色鳞毛，末端不生丛毛。雄蛾较小，体长13~15mm，翅展21~23mm；前翅中央有黑斑，下面有3个不明显的小黑斑；翅色、体色较雌蛾为深，腹部较雌蛾瘦，呈圆桶形；其他与雌蛾相同（图2-1-7）。

2. 卵

卵粒扁平，椭圆形，常数十至一二百粒集成块，排列呈鱼鳞状。卵初产时为白色，以后逐渐变为淡黄色、深黄色、黄褐色、灰黑色，即将孵化时为紫黑色（图2-1-8）。

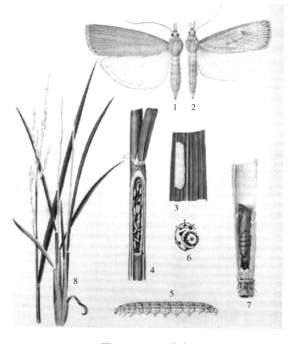

图2-1-7 二化螟

1.雌蛾；2.雄蛾；3.稻叶上的卵块；4.幼虫为害状；5.幼虫；6.幼虫腹足趾勾；7.叶鞘内蛹；8.被害株及白穗

3. 幼虫

初孵幼虫淡褐色，头为淡黄色，背部有5条棕色条纹，纵向排列，最外侧纵线从气门通过，以后棕色条纹逐渐明显（图2-1-9）。

图 2-1-8　二化螟卵块　　　　　图 2-1-9　初孵幼虫

成熟幼虫头部除大腮为棕色外，其余部分为红棕色。体色淡褐，条纹呈红棕色。腹部趾钩全环圆形或缺环，靠内侧一段双序排列，幼虫多为6龄（图2-1-10、图2-1-11和图2-1-12）。

图 2-1-10　大龄幼虫为害状

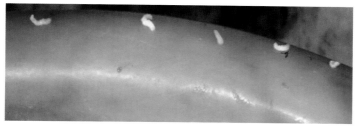

图 2-1-11　二化螟蚁螟为害状

图 2-1-12　稻根茬内越冬的幼虫

各龄期幼虫体征如表2-1-2所示：

表 2-1-2　各龄期幼虫体征

虫龄	体长（mm）	体背和背线	头宽（mm）
一	1.7~2.8	黄白色，无背线	0.25~0.29
二	4.2~4.9	黄白色，细看有浅褐色细背线	0.35~0.47
三	7.0~7.8	淡黄褐色，背线较细，淡褐色	0.41~0.68
四	9.2~11.8	淡黄褐色，背线明显，褐色	0.65~0.94
五	16.2~19.3	淡褐色，背线较粗，棕褐色	1.07~1.36
六	19.7~29.9	淡褐色，背线粗，棕褐色或紫褐色	1.36~1.58

资料来源：全国植保总站病虫测报图册

4. 蛹

长10~13mm。额呈钝圆锥突出，腹部背面无小齿列，臀棘扁平，背面有2个角状小突起，端有刺毛5对。初化蛹时米黄色，腹部背面有5条纵纹，体色逐渐变为淡黄褐色、褐色，因而纵纹隐没。将羽化时为金黄褐色。腹部背面平滑，第三对胸足略长于第二对（图2-1-13、图2-1-14和图2-1-15）。

图 2-1-13　水稻二化螟在茎秆内化蛹

图 2-1-14　二化螟成虫静止状

雌　　　雄　　　腹面观

图 2-1-15　二化螟成虫

二、发生规律

1. 生活史与生活习性

二化螟一年发生1~5代，在北方发生2代，一般以第二代为害最重。以幼虫在根茬或垛草中越冬，耐寒性较强，越冬幼虫在4月下旬日平均气温15℃，化蛹，越冬代成虫5月下旬出现。第一代幼虫于6月下旬为害，水稻秧苗出现枯心，第二代于8月上旬出现，穗期受害，形成白穗。成虫白天隐藏在稻丛或杂草中，多停息在稻株离水面1.5~3.5cm处，晚间出来活动，以晚间8:00—11:00活动最盛。

成虫有趋光性，喜欢在稀植、高秆、茎粗、叶宽大、色浓绿的稻田里产卵，也喜欢在秧苗生长旺盛田里产卵。分蘖期前卵多产在叶面正面尖端，圆秆拔节后多产在离水面7~10cm叶鞘上，一般每头雌蛾产卵2~3块。每块有卵70~80粒。每头雌蛾产卵300粒，一代卵期为7~8d，二代卵期为5~6d。初孵幼虫有群集性，多在稻叶鞘内取食叶肉，受害叶鞘外部呈黄色枯斑。三龄以后分散从叶腋处蛀入稻茎，并转株为害，严重时，一条幼虫能为害8~10株稻株。老熟幼虫在稻茎基部茎秆内或叶鞘内化蛹。

2. 发生与环境条件关系

水稻生育期长势不同，落卵量和蛀茎也不同。一是水稻长势叶色浓绿，生长茂密的发生重；二是水稻分蘖期、拔节期、孕穗期与卵孵化盛期相吻合受害重。在8月上旬抽穗早和中晚熟品种受害重。一般落卵量以分蘖盛期最多，末期次之，圆秆期最少。它侵入茎秆以分蘖期、孕穗期最容易，抽穗期次之，圆秆期最少。二化螟幼虫越冬场所不同，越冬虫口基数不同。

3. 二化螟发生与气象条件关系

二化螟在辽宁省盘锦地区化蛹始期是5月5—10日，气温达12℃。

二化螟不耐高温，对35℃以上的高温常引起幼虫的大量死亡，一般温度在24~26℃，相对湿度在90%以上，有利于卵的孵化和幼虫成活。所以，在水稻分蘖盛期和末期或7月下旬至8月上旬，多雨、潮湿、温度低，田间荫蔽，湿度大，为害重。温度在28~30℃，相对湿度低于70%，少雨干旱，卵孵化率低，发生就轻。

三、防治方法

1. 农业及人工防治

（1）挖毁稻根，处理稻草，铲除杂草，减少虫源。提倡秋翻地，消灭越冬幼虫，结合春灌水，加以消灭。

（2）灌水灭蛹。在越冬地块上于化蛹盛期进行深灌，灌水3~4d，可消灭越冬虫口。在水稻生长期，即二化螟幼虫初蛹期，采用烤田或浅灌水，促进降低化蛹部位，至化蛹高峰期，猛灌深水（10cm以上）3~4d，能淹死大部分老熟幼虫和蛹。

（3）人工防治。点灯诱蛾，人工摘卵，以及拔除早期被害株。齐根拔除枯孕穗、白穗和虫伤株，均能有效地防止转株为害。黑光灯诱蛾。

2. 药剂防治

药剂防治应采取"狠治第一代，巧治第二代"的策略。防治指标应从严，在水稻分蘖末至孕穗始期，每亩有中心为害枯鞘团100个，或丛害率2%，应进行药剂防治。

（1）18.5%氯虫苯甲酰胺悬浮剂对水稻二化螟的防效高，持效期长，能有效控制水稻二化螟的为害。18.5%氯虫苯甲酰胺悬浮剂防治一代二化螟，药后36d保苗效果达90%~100%，杀虫效果达92%~100%；18.5%氯虫苯甲酰胺悬浮剂防治二代二化螟，药后30d白穗率控制在0.3%~1.2%，受虫害株率控制在0.2%~1.8%，防效达85%~98%。

（2）40%氯虫·噻虫嗪水分散粒剂，二化螟防效较好，还可防治稻纵卷叶螟以及稻飞虱、稻水象甲、蚜虫、粉虱、叶蝉等刺吸式害虫。其持效期长，为14~21d，具有良好的内吸传导性，可以减少用药次数。

（3）甲维盐对二化螟的触杀活性略高于阿维菌素，胃毒活性高于阿维菌素。从对二化螟的测试分析，甲维盐的毒力或活性是阿维菌素的1.23~1.50倍。浸稻苗饲喂法测定胃毒毒力时，甲维盐对稻苗的渗透性可能强于阿维菌素，使得幼虫取食后到达作用靶点的药量相对多，表现的毒性高。插秧本田可用5%甲维盐水分散粒剂3 000~5 000倍液。

（4）160 000IU/mg苏云金杆菌可湿性粉剂防治二化螟，两次用药，相隔10d，每次0.9kg/hm^2，对水200kg，防效达90%。

第三节　大螟

大螟（紫螟）*Sesamia inferens*（Walker）属鳞翅目，夜蛾科。大螟的分布与二化螟基本相同。

一、形态特征

1. 成虫

体长12~15mm，翅长27~30mm，头胸部灰黄色，腹部淡褐色；前翅近长方形，淡灰褐色，近外缘色较深；从翅基到外缘有1条褐色条纹，条纹上下具两个小黑点。后翅白色，近外缘稍带淡褐色。雄虫体较小，触角栉齿状；雌虫体大，触角丝状（图2-1-16）。

2. 卵

扁球形，顶部稍凹，直径约0.5mm，表面有放射状细隆线；初产时白色，后变淡黄色，孵化前变灰褐色。卵产在稻株叶鞘内侧近叶处，排列成2~3行或散产。

3. 幼虫

成熟幼虫体长30mm，体较粗壮，头红褐色或暗褐色，腹部背面带紫红色，腹足发达，趾钩17~21个，在内侧纵排成眉状半环。幼虫体节上着生疣状突起，其上着生短毛。幼虫有5~7龄，三龄前的幼虫，前胸背面鲜黄，三龄以后为紫红色。

4. 蛹

雄蛹体长13~15mm，雌蛹体长15~18mm。左右翅芽近端都有一段相互接合，初化蛹时淡黄色，后变黄褐色，背面颜色较深。头胸有白粉状分泌物，第2节至第7节除后缘附近外，其他均有黑色圆形小刻点。臀棘明显，黑色，其背面和腹面各具2个小形角质突起（图2-1-17和图2-1-18）。

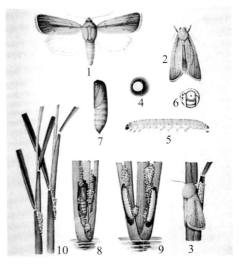

图 2-1-16　大螟

1.雌蛾；2.成虫静止状；3.雌蛾及产于叶鞘内的卵；4.卵粒放大；5.幼虫；6.幼虫腹足趾勾；7.蛹；8.叶鞘内的蛹；9~10.幼虫为害状

图 2-1-17　成虫　　图 2-1-18　幼虫

二、生活习性

大螟为害稻、玉米、甘蔗、小麦、高粱、粟（谷子）、茭白及向日葵等作物以及禾本科杂草（图2-1-19）。以幼虫在寄生遗株中或近地面土块中越冬，次年春化蛹，成虫羽化时间多在晚上8:00—9:30。趋光性不及三化螟和二化螟强。雌蛾经交尾后2~3d产卵于叶鞘内侧，各代产卵高峰期都出现在羽化后3~5d，一头雌蛾通常产卵4~5块，多的15块，每块有卵30~60粒。成虫有趋向田边产卵的习性，近田埂1.7~2m内的水稻，虫口密度特别高，亦喜产卵在秆高、秆粗、叶阔而大、叶色浓绿、叶鞘抱合不紧密的水稻上。就水稻生育期来说，大螟喜欢产卵在孕穗至抽穗期的水稻上（图2-1-19）。

蛀入茎秆为害造成白穗	抽穗扬花期为害穗粒
蛀入茎秆虫粪排在孔外	除为害水稻还为害玉米
水稻茎秆被害状	幼虫为害茎秆状

图 2-1-19　大螟为害水稻

在水稻、玉米、棉花混栽区，第一代蛾喜欢产卵在茎秆较细的玉米植株上，一般茎粗在2cm以下的产卵最多，约占75%；茎秆粗壮、叶鞘紧裹，不利于大螟在叶鞘内侧产卵，已产的卵易于脱落，孵化率低。第二代螟蛾在早稻田产卵，特别在稗草上产卵较多，一般约占80%，而田边稗草上卵块特别多，在稻苗上产卵较少，约占20%。第三代主要在晚稻田产卵为害，稻株和稗草上均有产卵，但仍以稗草上产卵较多，田边卵量高于田中。由于抱卵的雌蛾飞翔力不强，近虫源的稻田卵块密度较高，受害较重。产在稻株上的卵块孵化后不分散，幼虫群集在叶鞘内侧，向茎内蛀食。孕穗期产在剑叶鞘内的卵块，孵化后即蛀害谷粒，被害初现淡黄色斑。幼虫发育到二、三龄后，便分散为害附近稻株，这个时候是大螟严重为害时期。

三、大螟的发生规律

大螟的危害规律与特点。靠近田埂边1.7~2m以内的水稻，虫口密度特高，为害很重。尤以紧靠田埂的4~5行水稻，为害最重，占总为害率的80%以上。田中央的水稻，虫口密度小，为害轻。野稗草、三棱草等杂草丛生的地方、由于这些杂草春季比水稻早发，生长嫩绿，大螟即产卵为害。作为中间寄主，待水稻栽秧大螟即产卵为害，待水稻栽秧发棵后，大螟即迁移于水稻上为害。这些杂草又比水稻老熟得迟，10月期间尚生长良好，因此大螟在水稻老熟时，又迁移至杂草中越冬。杂草多的地方，水稻受大螟为害重；杂草少的地方为害则轻。

1. 稻田环境不同，螟害轻重不一

田边重于田中；靠近村庄、大路、沟渠、树丛、竹园、高墩、坟滩的稻田，一般比远离上述环境的稻田螟害重2~4倍。杂交稻插花种植比连片种植螟害重，沿湖埂田比内地高田螟害重。

2. 品种不同，螟害也有差异

同一品种（组合）长势不同。或生育期不同，受害程度也不一样。长势好的杂交稻比差的螟害率高2~3倍。在蚁螟盛孵期破口抽穗的杂交稻，螟害较重，而已经齐穗的螟害较轻。

四、防治方法

1.农业防治

冬季处理根茬，清除田间残株及杂草，春季铲除田边、沟边杂草，消灭越冬虫源。

2.化学防治

根据大螟趋性，早栽早发的田块及杂交稻，以及螟蛾产卵期间正值孕穗、抽穗、植株粗壮高大的水稻是防治的重点。第一代大螟集中在田边为害，用药可以田边200cm宽为主，同时田埂上杂草应喷药，以防幼虫转移。

药剂防治首先要做到"两查两定"。

（1）查卵块数量及孵化进度定施药适期。如孵化已到始盛孵期，即为施药适期。

（2）看水稻苗情，定防治对象田。在大螟产卵期前，见正在孕穗至抽穗，稻苗秆粗，叶大、浓绿的田块，均为重点防治对象田。

（3）施药方法，药剂种类。在防治对象田，对靠近田边2.7~3.3m的稻株喷洒农药。防治初孵幼虫，隔5~7d喷1次，一般防治2~3次，特别要注意防治接近虫源田的田块。

药剂处方。①5%甲维盐水分散粒剂11.25g/hm²防治大螟，杀虫效果达95.54%，保穗效果为97.37%；②20%氯虫苯甲酰胺悬浮剂30g/hm²杀虫效果为89.61%，保穗效果为95.33%。防治水稻二化螟的药剂可兼治大螟。

第四节　稻纵卷叶螟

稻纵卷叶螟Cnaphalocrocis medinalis（Guenée），又名稻纵卷叶虫，俗称绑虫、白叶虫等。属鳞翅目螟蛾科。寄主植物以水稻为主，大麦、小麦、粟偶有为害，还能取食稗草、游草、马唐、狗尾草、茅草、芦苇等杂草。

一、发生为害

稻纵卷叶螟（图2-1-20）是我国水稻生产上新上升的一种迁飞性害虫，在我国北起黑龙江省，南至河南省，西抵陕西省，东至沿海均有发生，尤以辽东半岛黄海稻区发生较多，为害较重。

稻纵卷叶螟幼虫吐丝将叶片做成管形虫苞，在苞内啃食上表皮及叶肉成白色条斑，白色条斑因失去叶绿素，无法进行光合作用，影响水稻分蘖，推迟生育期，增加瘪粒率，降低千粒重，造成减产。稻纵卷叶螟为害水稻不同时期、不同叶位、叶数、叶面积，产量损失不同。

稻纵卷叶螟为害减产规律是孕穗期大于分蘖期，分蘖期大于蜡熟期，剑叶受害大于倒二叶，倒二叶受害大于倒三叶，各生育期受害，三片大于两片，两片大于一片，被卷叶面积越大受害越严重。

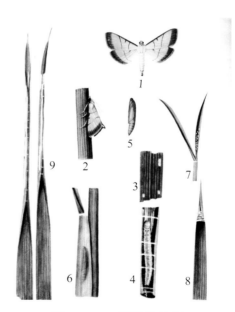

图2-1-20　稻纵卷叶螟

1.雌蛾；2.雄蛾静止状；3.产于稻叶上的卵；4.幼虫在卷叶中；5.蛹；6.叶鞘中的蛹；7~8.初孵幼虫为害状；9.稻叶被害状

二、形态特征

1. 成虫

体长7~9mm，翅展12~18mm，体背与翅均黄褐色（图2-1-21）。前期前缘暗褐色，翅上有内、中、外3条暗褐色横线，中横线短而较粗，下达后缘，外缘有1条暗褐色宽带。后翅有根线2条，内横线短而不达后缘，外横线及外缘宽带与前翅相同。雄蛾前翅短纹前端有1黑色毛簇组合成的眼状纹，停息时尾部常向上翘起。

图 2-1-21　稻纵卷叶螟成虫

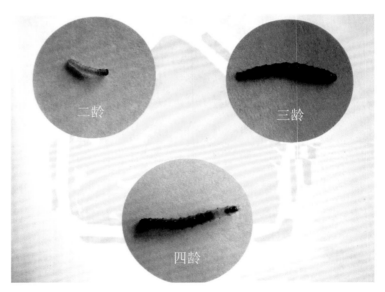

图 2-1-22　稻纵卷叶螟幼虫

2. 卵

近椭圆形，长约1mm，宽0.5mm，扁平。中间稍隆起。初产时乳白色，将孵化时变成淡黄色。前端隐现一小黑点（幼虫头部），孵化后残存的卵亮白色透明，被寄生蜂寄生的卵呈黄褐色或黑褐色。

3. 幼虫

体细长圆桶形而略扁。相当活泼，能前爬后退或吐丝下坠逃逸，头部淡褐色到褐色，胸腹部淡黄绿色至绿色，老熟幼虫呈橘红色（图2-1-22）。一龄，体长1~2mm，头部黑色，胸腹部淡黄绿色。二龄，体长3~4mm，头部淡褐色，胸腹部呈黄绿色。三龄，体长5~7mm，头部淡褐色，胸腹部草绿色。四龄，体长10~12mm，头部褐色，胸腹部绿色。五龄，体长14~19mm，表面有蜡状光泽，头部褐色，胸部褐色，胸腹部黄绿色至橙色（图2-1-23）。

成虫　　　　　　　　　　　　　卵粒

幼虫　　　　　　　　　　　　　蛹

图 2-1-23　稻纵卷叶螟生活史

4. 预蛹及蛹

预蛹体比五龄幼虫缩短，长11.5~13.5mm，淡橙红色。蛹体长7~10mm，长圆桶形，末端较尖细，初为淡黄色，后转为红棕色。雄蛹腹部末端较尖细，雌蛹末端圆钝（图2-1-24和图2-1-25）。

图 2-1-24　幼虫为害状

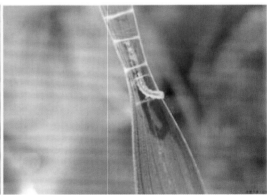

图 2-1-25　幼虫卷叶状

三、发生规律

1. 特点

稻纵卷叶螟，没有滞育御寒能力，100%死于低温，蛹为7℃，30d，幼虫为12℃30d，是一种抗寒能力很弱的热带型昆虫。因北方稻区1月平均等温线均在4℃以下（北纬30°），都在稻纵卷叶螟致死低温指标7℃ 30d以下，任何虫态都不能越冬。

北方稻区，都为单季稻区，一年发生2~3代，黑龙江地区仅发生1代，全年以第二代（7月中旬至8月）为多发生代，以辽南沿海、沿江、沿河地区发生较重，上述地区第三代或第四代蛾在8月下旬到9月末随风向北或向南迁出。

如果第二代成虫迁入期拖后到水稻抽穗前10d以后，或8月中、下旬第三代及以后各代迁入的成虫，卵孵化以后，水稻已抽穗，一龄幼虫已无心叶可钻、嫩叶可食，多数钻到老苞内或嫩叶鞘内侧取食为害，因营养条件太差，绝大部分一、二龄幼虫死亡，保有极少数能发育到幼虫或发育到蛹或发育到成虫，成为秋末迁出代，往南回迁。

2. 习性

成虫羽化多在夜间9:00后，雌雄比例1.2~1.5：1，每头雌蛾一生可产卵40~50粒，多的可达170~210粒，遇高温干旱天气，产卵量减少或不能产卵，产卵期一般为3~4d，最长有9d，头两天产卵最多，可达60%，成虫寿命一般为4~5d，长的可达10~12d，最短2d。

成虫有以下几种较强趋性：

（1）趋光性。成虫对普通白炽灯、卤灯及黑光灯趋性较弱，但对金属卤化物灯有强趋光性，蛾峰期，一夜可诱15 000~27 000头，为黑光灯的12.9~51倍。

（2）栖息趋荫蔽性。白天，成虫都隐藏在生长茂密荫蔽、湿度较大的稻田里，若无惊扰，很少活动。

（3）趋蜜性。成虫喜食花蜜及蚜虫分泌的蜜露，作为补充营养，延长寿命，增加产卵量。

（4）产卵趋嫩性。成虫产卵喜趋生长嫩绿繁茂稻田，产卵量可比一般稻田高几倍至十几倍，产卵一般单粒散产，也有2~5粒产在一处，一般产在叶背面或叶正面，少数产在叶鞘上，卵在上午孵化，最盛期上午7:00—9:00，卵孵化受气候影响较大，适温高湿孵化率可达60%~90%，高温干旱时孵化仅为30%左右。

（5）迁飞。稻纵卷叶螟有较强的飞翔潜能，振翅频率平均60次/s，最长持续飞翔时间10h，已知借风迁飞最远距离1 100km。因此，北方稻区，稻纵卷叶螟迁入早晚，与运载稻纵卷叶螟风雨的风向及来的早晚大小有直接关系。许多地区在稻纵卷叶螟发生时期，一降雨就可能迁来一批稻纵卷叶螟。

四、发生与环境条件的关系

1. 与气象条件的关系

（1）稻纵卷叶螟发生为害程度，与迁入后雨日、雨量成明显的正相关。雨日、雨量多，田间湿度就大，有利于雌蛾抱卵和卵孵化。

（2）成虫在高温低湿的条件下寿命最短，而在低温低湿条件下寿命反而最长。卵、幼虫、蛹在同一温湿度下其发育速率随着温度的升高而加快，在同一温度下，随着湿度的增加而加快。温湿度比较，温度对其影响更为显著。

2. 与食料条件的关系

食料条件也是影响稻纵卷叶螟为害程度的重要条件。水稻不同生育期的叶片幼嫩和粗老程度，直接影响稻纵卷叶螟的取食和生存。一般叶片幼嫩有利于稻纵卷叶螟卷叶取食危害，反之不利。

3. 与天敌的关系

稻纵卷叶螟天敌很多，主要分为寄生性天敌和捕食性天敌。寄生性天敌对稻纵卷叶螟各代，特别是后期发生量受天敌的控制作用明显。

五、综合防治措施

1. 农业防治

（1）选用抗（耐）虫的高产良种。据调查，凡叶片硬厚、主脉坚实的品种，低龄幼虫卷叶困难，成活率低，为害也轻。选育出抗（耐）虫的高产良种，是一条经济有效的防治措施。

（2）合理施肥，科学灌水。改造低洼积水田，防止水稻前期猛发过茂过绿，后期贪青迟熟，使水稻生长健壮，可减少为害。

2. 药剂防治

根据水稻孕穗期、抽穗期受害损失大的特点，药剂防治的策略为：狠治穗期世代，挑治一般世代。

（1）防治指标。每亩有效卵10 000粒以上，即百穴有效卵粒60~70粒以上；每亩幼虫4 000头以上，即百穴有虫25头以上。

（2）防治适期。稻纵卷叶螟迁入高峰期后10~12d，即田间水稻极个别叶尖被卷时。稻纵卷叶螟迁入高峰后2d，深入田间逐块调查虫量和卵量，根据防治指标定防治田块，根据发育进度定防治时期。

（3）可用药品。60g/L乙基多杀菌素悬浮剂、40%氯虫·噻虫嗪水分散粒剂、氯虫苯甲酰胺200g/L悬浮剂、茚虫威150g/L乳油、5.7%甲维盐水分散粒剂等。

3. 生物防治

（1）释放赤眼蜂（图2-1-26）。从发蛾始盛期到蛾量经高峰下降后为止，每隔2~3d放蜂1次，连放3~5次，放蜂量根据稻纵卷叶螟卵量而定，每穴有效卵5粒以下，每次每亩放蜂1万头左右，每穴有效卵10粒左右，每次每亩放蜂3万~5万头。

（2）以菌治虫。用杀螟杆菌或苏云金杆菌或青虫菌等细菌农药100~150g/亩（每克菌粉含活孢子100亿以上）对水50~75kg，如加入0.1%洗衣粉作湿润剂可提高防效，如与适量杀虫双等化学农药混用，可增加防效。但在桑园、柞蚕区或蚕室附近稻田不宜施用细菌农药，以免蚕感染受害。

（3）20亿PIB/ml棉铃虫核型多角体病毒悬浮剂、0.2%苦参碱水剂500倍液对稻纵卷叶螟各龄期幼虫均有很好的药效，不但见效快且效果好，田间药效试验，药后65h调查，幼虫校正死亡率分别达到92.93%、89.90%。

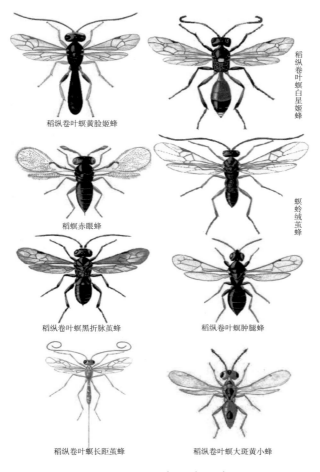

稻纵卷叶螟黄脸姬蜂

稻纵卷叶螟白星姬蜂

稻螟赤眼蜂

螟蛉绒茧蜂

稻纵卷叶螟黑折脉茧蜂

稻纵卷叶螟肿腿蜂

稻纵卷叶螟长距茧蜂

稻纵卷叶螟大斑黄小蜂

图 2-1-26　赤眼峰品种

第五节　稻螟蛉

稻螟蛉*Naranga aenescens* Moore属鳞翅目，夜蛾科。俗称稻青虫、青尺蠖、粽子虫等。国内分布极广，大部分地区均有发生，海拔1 000m左右的山区仍有发现。除为害水稻外，还为害玉米、甘蔗、茭白等。也能取食看麦娘、李氏禾、稗等杂草。以幼虫咬食水稻叶片为害，影响稻株正常生长发育。近年来，稻螟蛉在北方稻区发生较普遍，为害日趋严重，成为主要害虫之一（图2-1-27）。

一、形态特征

1. 成虫

雄蛾体长6~8mm，翅展16~18mm。头胸部深黄色，复眼半球形，黑色；前翅亦为深黄色，上有2条平行的暗紫褐色斜带；后翅暗褐色，缘毛黄色。

腹部较细瘦，背面暗褐色。雌蛾稍大，体长8~10mm，翅展21~24mm。前翅黄色，其上也有两条断续的暗紫褐色斜带，色泽较淡，粗细不一。后翅淡黄色，近外缘色稍深，缘毛淡黄色。腹部较肥大，略呈纺锤形，背面黄色，稍带褐色。

2.卵

扁球形，直径0.5mm，表面有放射状的纵隆线和横隆线，相交呈许多方格纹。初产时乳白色，以后上面映现紫色环状纹，将孵化时为灰紫色而环状纹成暗紫色（图2-1-28）。

3.幼虫

老熟幼虫体长约20mm，头部黄绿色，胸腿部绿色，背上有3条白色细纵纹，两侧各有1条淡黄色细纵纹。前两对腹足退化，仅有后2对腹足和1对尾足，行动时虫体一屈一伸，很像尺蠖，所以有"青尺蠖"之称。幼虫有假死性，受惊后掉落水中（2-1-29）。

4.蛹

雄蛹长7~9mm，雌蛹长8~10mm；略呈圆锥形。初为绿色，后转褐色；将羽化时蛹体具金黄色光泽。翅上并映现紫褐色纹。雄蛹触角达到或超过中足末端。腹部气门淡褐色，极为显著；腹末有钩刺4对，中央的1对最长（图2-1-28）。

二、发生规律

稻螟蛉每年发生代数不但因地而异，即使同一地区同一年份也常不一致。北方稻区大多1年发生3代，其中以第二代、第三代为害最盛。

成虫趋光性强，尤其是雌蛾，更喜

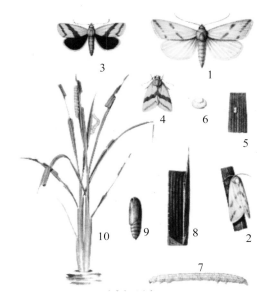

图 2-1-27　稻螟蛉

1.雌蛾；2.雌蛾静止状；3.雄蛾；4.雄蛾静止状；
5.产于稻叶上的卵；6.卵粒放大；7.幼虫；8.叶；
9.蛹；10.稻株被害状

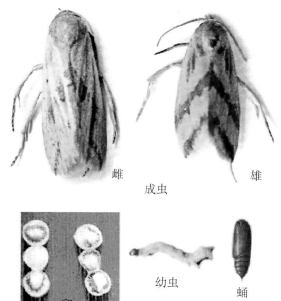

图 2-1-28　稻螟蛉

扑灯火。白天隐伏于稻丛或草丛中，遇惊疾飞，夜晚活动以晚间8:00—9:00最盛。卵多产在稻叶中部，正反面都有，少数产在叶鞘上。卵通常1~2行整齐排列成块，一般为7~8粒，多的达20粒。少有单粒散产的。每头雌蛾平均产卵250粒左右。卵多在清晨孵化，孵化率高。幼虫孵出后，先在叶上爬行，经1h左右即啮食叶肉，仅留叶脉及一层表皮，故在叶片上留下许多白色长条纹。三龄后食量增大，自叶缘蚕食叶片，造成不规则缺刻。幼虫可转株为害，老熟幼虫将近化蛹时，爬至叶端吐丝把稻叶曲折成粽子样三角苞，幼虫即藏身苞内，并伸出头咬断稻叶使苞浮落水面，然后在内结薄茧化蛹。4~7d羽化为成虫。水稻收割前，老熟幼虫化蛹，并以蛹在稻丛中或稻秆、杂草的叶苞和叶鞘间越冬（图2-1-29）。

图 2-1-29　稻螟蛉幼虫为害状

三、防治方法

1. 灯光诱蛾

利用成虫趋光性强，可在无风雨、无月光的夜晚，成虫盛发时点灯诱集。

2. 农业防治

①结合冬季积肥，清除杂草消灭越冬蛹；②搜集漂浮于稻田水面上的蛹苞，集中处理；③对含有越冬蛹的稻草要在羽化成虫前妥善处理掉。

3. 生物防治

释放赤眼蜂可增加田间天敌数量（自然情况下，稻螟蛉就有较高的寄生率），能有效地防治和控制稻螟蛉为害。

4. 药剂防治

可每亩用2%甲维盐乳油50~60g加20%氯虫苯甲酰胺悬浮剂10ml防治。

采用上述药剂喷雾可兼治二化螟、稻纵卷叶螟等其他水稻害虫。

第六节　黏虫

水稻黏虫 *Leucania separata* Walker 属鳞翅目，夜蛾科。异名粟夜盗虫、剃枝虫，俗名五彩虫、麦蚕等。为害特点：幼虫食叶，大发生时可将作物叶片全部食光，造成严重损失。因其群聚性、迁飞性、杂食性、暴食性，成为全国性重要农业害虫（图2-1-30）。

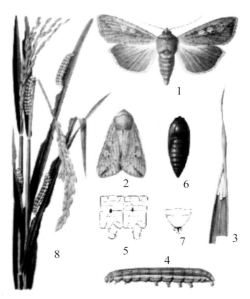

图 2-1-30　黏虫

1.成虫；2.静止状；3.产于枯鞘内的卵；4.幼虫；5.幼虫腹节侧面；6.蛹；7.蛹尾臀棘；8.被害状

一、形态特征

1. 成虫

体长15~17mm，翅展36~40mm。头部与胸部灰褐色，腹部暗褐色。前翅灰黄褐色、黄色或橙色，变化很多；内横线往往只现几个黑点，环纹与肾纹褐黄色，界限不显著，肾纹后端有1白点，其两侧各有1个黑点；外横线为1列黑点；亚缘线自顶角内斜至Mz；缘线为1列黑点。后翅暗褐色，向基部色渐淡（图2-1-31）。

2. 卵

长约0.5mm，半球形，初产白色渐变黄色，有光泽。卵粒单层排列成行。

3. 老熟幼虫

体长38mm，头红褐色，头盖有网纹，额扁，两侧有褐色粗纵纹，略呈八字形，外侧有褐色网纹。体色由淡绿至浓黑，变化甚大（常因食料和环境不同而有变化）；在大发生时背面常呈黑色，腹面淡污色，背中线白色，亚背线与气门上线之间稍带蓝色，气门线与气门下线之间粉红色至灰白色。腹足外侧有黑褐色宽纵带，足的先端有半环式黑褐色趾钩（图2-1-32）。

4. 蛹

长约19mm，红褐色。腹部5~7节背面前缘各有1列齿状点刻，臀棘上有刺4根，中央2根粗大，两侧的细短刺略弯。

图 2-1-31　黏虫成虫静止状　　　　　图 2-1-32　幼虫取食叶片状

二、生活习性

每年发生世代数全国各地不一，从北至南世代数为：东北地区、内蒙古自治区年生2~3代，华北中南部3~4代，江苏省淮河流域4~5代，长江流域5~6代，华南地区6~8代。黏虫属迁飞性害虫，其越冬分界线在北纬33°一带。在北纬33°以北地区任何虫态均不能越冬。北方春季出现的大量成虫系由南方迁飞所致。成虫产卵于叶尖或嫩叶、心叶皱缝间，常使叶片成纵卷。初孵幼虫腹足未全发育，所以行走如尺蠖；初龄幼虫仅能啃食叶肉，使叶片呈现白色斑点；三龄后可蚕食叶片成缺刻，五至六龄幼虫进入暴食期。幼虫共六龄。老熟幼虫在根际表土1~3cm做土室化蛹。成虫昼伏夜出，傍晚开始活动。黄昏时觅食，半夜交尾产卵，黎明时寻找隐蔽场所。成虫对糖醋液趋性强，产卵趋向黄枯叶片。在稻田多把卵产在中上部半枯黄的叶尖上，着卵枯叶纵卷成条状。每个卵块一般20~40粒，成条状或重叠，多者达200~300粒，每雌一生产卵1 000~2 000粒。初孵幼虫有群集性，一龄、二龄幼虫多在麦株基部叶背或分蘖叶背光处为害，三龄后食量大增，五至六龄进入暴食阶段，食光叶片或把穗头咬断，其食量占整个幼虫期90%左右，三龄后的幼虫有假死性，受惊动迅速卷缩坠地，畏光，晴天白昼潜伏在植物根际处土缝中，傍晚后或阴天爬到植株上为害，幼虫发生量大，食料缺乏时，常成群迁移到附近地块继续为害，老熟幼虫入土化蛹（图2-1-33、图2-1-34和图2-1-35）。

图 2-1-33　黏虫为害状

图 2-1-34　黏虫幼为害叶片状

图 2-1-35　水稻抽穗期黏虫幼虫为害状

三、防治方法

1.诱杀成虫

利用成虫多在禾谷类作物叶上产卵习性，在稻田里插稻草把，每亩设60~100个，每5d更换新草把1次，把换下的草把集中烧毁。此外，也可用糖醋盆、太阳能杀虫灯（黑光灯）等诱杀成虫，压低虫口数量（图2-1-36）。

成虫具有较强的趋化性，在蛾子数量上升时起，用糖醋酒液或其他发酵甜酸味的食物配成诱杀剂，每亩放一盆，盆要超出稻株30cm，诱杀剂保持3cm深，蒸发不足3cm深，应补充诱杀剂。每天凌晨捡出蛾子，白日将盆盖好，傍晚开盖。5~7d改换一次诱杀剂，延续16~20d。糖醋酒液的配制是：糖3份，酒1份，醋4份，水2份，调匀后加少量杀虫药剂。也可用具有酸醋味发酵液诱杀成虫。

2.药剂防治

在幼虫低龄期（三龄以下），及时控制其为害。防治黏虫药剂很多，如在卵孵盛期、低龄幼虫期用3%甲维盐微乳剂4~8ml对水15kg防治。

图2-1-36　太阳能杀虫灯

第七节　稻苞虫

稻苞虫成虫又称弄蝶。我国常见稻苞虫有直纹稻苞虫（*Parnara guttata* Bermer et Grey）（图2-1-37）、隐纹稻苞虫（*Pelopidas mathias* Fabricius）（图2-1-38）、小黄斑稻苞虫（*Ampittia nana* Leech）。北方稻区直纹稻苞虫常有发生。

一、形态特征

1.成虫

为褐色蝴蝶，体长16~20mm，头胸部比腹部宽，略带绿色。触角球杆状，末端有钩，翅正面黑褐色，翅底黄褐色，前翅最明显的特征是有7~8个排成半环形的白斑，后翅4个呈"一"字形排列，故又称为"直纹稻弄蝶"，成虫停立时，翅竖于背上，飞翔时呈跳跃状。

2. 卵

半球形，略凹，顶略平，长0.8~0.9mm，卵顶花冠具8~12瓣，卵面具六角形网纹。

3. 幼虫

老熟幼虫体长27~38mm，两端较小中间粗大，略呈纺锤形。头部比胸部大呈黄褐色，体灰绿色。

4. 蛹

长27~28mm，头棕黄色，背浅绿，宽约0.6mm。

图 2-1-37　直纹稻苞虫

1.成虫；2.成虫静止状；3.卵产右叶片上；
4.卵粒放大；5.幼虫；6.叶苞内化蛹状；
7.稻株被害状

图 2-1-38　隐纹稻苞虫

1.成虫；2.卵产在页背面；3.卵粒放大；4.幼虫；5.幼虫头部斑纹；6.蛹；7.被害水稻；小黄斑稻苞虫：8.成虫；9.幼虫头部斑纹

二、发生规律

稻苞虫主要为害水稻叶片。一龄至二龄幼虫多在叶尖或叶边缘把1片叶卷成叶苞，三龄后能把3~13片叶卷成一个虫苞。白天在叶苞内取食叶片，晚上或阴雨天到叶苞外为害，叶片被害后造成缺刻，水稻在抽穗期受害较重。稻苞虫1年发生2~3代，以蛹在杂草中越冬（图2-1-39）。

隐纹稻苞虫成虫

直纹稻苞虫成虫

卵、幼虫、蛹

幼虫虫苞

图 2-1-39　稻苞虫形态图

三、防治方法

可结合防治稻纵卷叶螟兼治。在不能兼治时，可采取以下措施。

1. 农业防治

在冬春成虫羽化前，铲除田边，沟边杂草，以消灭越冬蛹。释放赤眼蜂，兼治稻纵卷叶螟。早施追肥，增施磷钾肥，使秧苗生长健壮，可避免或减少成虫产卵。在幼虫老熟或化蛹期用扫帚梳扫虫苞，梳落虫蛹或人工摘除虫苞。

2. 药剂防治

应在三龄幼虫前，田间受害稻叶开始出现少数叶苞时进行。傍晚用药效果较好。

（1）用杀螟杆菌（含菌量100亿/g）100g/亩对水喷雾。

（2）用16 000IU/mg苏云金芽孢杆菌悬浮剂2 250g/hm^{2}防治。

第二章 同翅目害虫

第一节 稻飞虱

稻飞虱，俗称蟓虫、蚰虫、天蚊等，属同翅目飞虱科。我国共有14属22种，其中北方稻区主要有白背飞虱、灰飞虱和褐飞虱。

三种稻飞虱在北方稻区，经常混合发生，造成程度不同的损失，一般损失5%左右，虫害严重的年份和地区损失达10%以上，甚至有的高达40%。

一、褐飞虱

褐飞虱*Nilaparvata lugens*（Stål）分布较广，北方稻区，如辽宁省盘锦、丹东以南地区都有发生。褐飞虱食性专一，对水稻有明显的嗜食性。除水稻外，还为害小麦、玉米，寄主还有田间的游草。

1. 形态特征（图2-2-1）

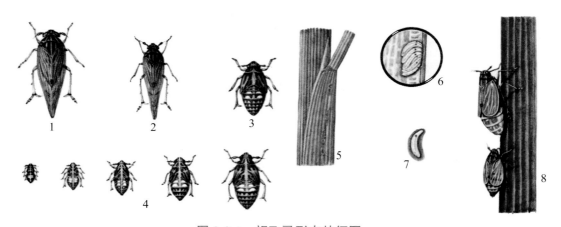

图 2-2-1 褐飞虱形态特征图

1.长翅型雌虫；2.长翅型雄虫；3.若虫；4.五龄若虫特征；
5.卵条特征；6.卵条剖面；7.卵粒放大；8.短翅型成虫

（1）成虫。有长翅型和短翅型两种。①长翅型：雌成虫体长4.5~5mm，暗褐色或淡褐色，前胸背板和小盾板上都有3条纵隆起线；雄虫体长3.6~4.2mm，体色较深，腹末呈喇叭筒状，抱握器灰褐色，端部尖出如指状，不分叉，其余形态与雌虫相似。②短翅型：翅长不超过腹部，雌虫体肥大，长3.5~4mm；雄虫体瘦小，长2~2.5mm，黑褐色，其余同长翅型。

（2）卵。长约0.6mm，微弯曲，前端细瘦，后端粗肥，初前期丝瓜形，中后期弯弓形，初产时乳白色，后渐变为淡黄至锈褐色，并出现红色眼点，卵常排列成串。

（3）若虫。分为5龄，体形近鸡蛋形，头圆，腹末稍尖。

一龄：体长约1.1mm，灰白色，无翅芽；后胸最长，其后缘平直，腹部背面中央有1浅色"T"形斑纹，触角形状与成虫相同，向两侧横出。

二龄：体长约1.5mm，淡褐色，无翅芽；后胸后缘两侧向后延伸，中间向前凹入；腹部第三节背面淡黄色，仍与背线合成"T"斑纹，其他与一龄相同。

三龄：体长约2mm，黄褐色或暗褐色；中后胸两侧均向后延伸成"八"字形翅芽；腹部第三、第四节背上出现1对三角形蜡粉样斑纹。

四龄：体长约2.4mm，体色和腹背斑纹均与三龄相同；翅芽明显，前后翅芽尖端靠近或齐平。

五龄：体长约3mm，体色与斑纹同四龄，前翅芽长度超过后翅芽，翅芽端尖及腹背具有蜡色横条斑。

2. 生活史

（1）虫源。褐飞虱不能在北方稻区越冬，每年虫源都是从南方迁入的，一般迁入始期8月上、中旬，初期迁入的长翅型成虫及所繁殖的若虫为第一代。

（2）产卵。成虫产卵前期，一般短翅型为2~3d，长翅型为3~5d。产卵多在下午。每头雌虫可产卵300~700粒，卵多产于叶鞘肥厚部分，产卵痕初呈长条形裂缝，以后逐渐变为黄褐色条斑。

（3）虫态历期及世代。各虫态，一般随着气温的升高而缩短。成虫寿命15~20d，卵7~10d，若虫12~20d，若虫一龄和五龄较长，一般3~5d，二龄至四龄2~5d。在北方稻区，每年可发生1~2代（图2-2-2）。

图 2-2-2　褐飞虱为害状（一）

褐飞虱短翅型成虫

褐飞虱卵形

长翅型褐飞虱

褐飞虱

短翅型褐飞虱

褐飞虱若虫

图 2-2-2　褐飞虱形态图（二）

3. 生活习性

褐飞虱成虫、若虫都群集在稻丛下部，用刺吸口器刺进水稻茎秆组织内吸食汁液。雌虫产卵还能刺伤组织，被刺后，茎秆上出现许多褐色斑点，稻丛下部变黑褐色，阻碍水稻的生长，以致稻谷实粒减少，千粒重降低。虫口密度高时，常在短期内使水稻干枯致死，稻田成片枯死倒伏。水稻灌浆后，取食穗部，影响谷粒饱满，千粒重降低，秕粒增加，造成严重减产；能传播水稻病毒病，有利于水稻小菌核病的发生。

（1）趋光性和喜湿性。长翅型成虫具有趋光性、喜荫湿，一般都栖息于稻丛下部的叶鞘上取食和产卵，很少到叶片上面活动。

（2）迁飞。褐飞虱有很强的迁飞习性，而且迁飞能力很强，迁飞距离达300~600km。每年都从南向北迁飞，秋季再从北向南回迁。

褐飞虱在田间分布规律是生长嫩绿的田块多于生长不良而稀疏的田块，积水田多于高燥田，田中多于田边，田中尤以窝水处密度最大，常常此处先倒伏。

4. 天敌

褐飞虱卵寄生天敌主要有稻虱缨小蜂、螯蜂、线虫和几种寄生菌（白僵菌）等，一般卵寄生率5%~10%，最高30%。秋季多雨，白僵菌寄生率达20%，最高70%；褐飞虱捕食性天敌主要有稻田蜘蛛、步甲、黑肩绿盲蝽等，是抑制褐飞虱的重要因素。

二、白背飞虱

白背飞虱 *Sogatella furcifera*（Horváth）又称白背稻虱，在北方稻区都有发生，20世纪60年代后期以来，白背飞虱大发生频率增加，为害加重，并有发展趋势。

白背飞虱为害方式与褐飞虱基本相同，同样是成虫、若虫吸汁为害和刺伤稻组织，严重时也能造成死秆倒伏。

白背飞虱除为害水稻外，还能取食游草、白茅、早熟禾、稗草等多种杂草。

1. 形态特征（图 2-2-3 和图 2-2-4）

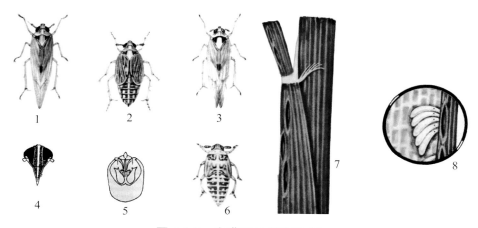

图 2-2-3　白背飞虱形态特征

1.长翅型雌虫；2.短翅型雌虫；3.长翅型雄虫；4.颜面特征；
5.雄性生殖器；6.末龄若虫；7.产卵痕特征；8.卵条剖面

成虫：成虫有长翅型和短翅型两种。长翅型：体长4~5mm，头黄白色，头顶显著突出，前胸背板黄白色，中央有3条不明显隆起线，小盾板中央黄白色；雄虫两侧黑色，雌虫暗茶褐色；前翅半透明，微带乳白色，两翅会合线中央有一黑斑；短翅型：雌虫体长4mm左右，体肥大，翅短，仅及腹部一半，体色灰黄至淡黄色，其余与长翅型同，短翅雄虫很少见。

卵：长约0.8mm，初产时新月形，乳白色，后变尖辣椒形，淡黄色，出现红色眼点，一般7~8粒单行排列成串，卵帽不外露。

若虫：有五龄，体形近橄榄形，头与腹较尖。

一龄：体长1.1mm，腹部灰褐色，各节和中线淡色。

二龄：体长1.3mm，后胸两侧向后延伸，中间向前凹入，腹背灰黑色，第三、第四节腹部淡褐色。

三龄：体长1.7mm，中后胸向后延成"八"字形，翅芽、腹背灰黑色，第三、第四节各嵌1对乳白色三角形斑纹。

四龄：体长2.2mm，翅芽明显，前后翅芽尖端接近或相平，腹背灰黑色，斑纹清楚。

五龄：体长2.9mm，翅芽明显，前翅芽长度超过后翅芽长，腹背灰黑色，斑纹清楚。

2. 生活史

（1）虫源：白背飞虱在北方稻区不能越冬，每年虫源都是从南方迁入的，每年最早迁入是6月中旬到7月中旬。

白背飞虱为害状

（2）交尾产卵：成虫多在中午交配，长短翅间的雌雄虫可以互相复配，一个雄虫一生可与5头雌虫交配，雌虫一生可交配两次以上。雌虫交配后2~6d开始产卵，卵成块产于叶鞘组织内，或产于茎秆、叶片茎部中肋组织内，也产卵于稗草叶鞘内，每块卵有2~23粒，多数5~6粒，最多可达70粒，成单行排列，产卵部位随植株生长而升高。

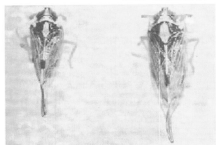

长翅型白背飞虱　　　　　短翅型白背飞虱

（3）虫态历期及世代：白背飞虱生长发育历期因地区和季节不同而有差异。一般随着温度的升高而缩短。成虫期雌虫

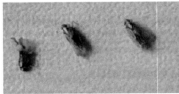

白背飞虱成虫　　　　白背飞虱卵形

图2-2-4　白背飞虱田间生活形态特征

10~20d，最长40d，雄虫15~25d，最长40d，卵期6~12d，若虫期20~25d，一般各龄若虫龄期2~7d，繁殖1代需20~35d，每年可繁殖3~4代。

3. 生活习性

（1）趋光趋绿性。长翅型成虫有趋绿性和趋光习性，其趋光性比灰飞虱强，但不如褐飞虱。

（2）取食特点。成虫多在稻株茎秆和叶片背面活动，其取食部位比褐飞虱、灰飞虱都高。并有部分低龄若虫在幼嫩心叶上取食，受惊动则横爬躲藏或逃走。三龄以前，若虫取食量小，四龄至五龄取食量大。

4. 发生规律

（1）气候。白背飞虱对温度适应性比褐飞虱大，不论在30℃的高温或15℃的较低温度下都能正常生长发育，11~32℃之间都能活动；在成虫迁入期雨量和雨日多，相对湿度高是白背飞虱大发生的气候条件，不但有利于虫源的迁入，而且成虫怀卵率高，怀卵量大，产卵多和卵孵化率高。

（2）品种及生育阶段。同一地区不同品种之间，白背飞虱发生量有明显的差异，抗虫品种与感虫品种的发生量相差常达几倍到几十倍，一般糯稻的发生比籼稻重，杂交稻发生重于常规稻，早熟中熟稻重于晚熟稻。

水稻分蘖期对白背飞虱的发生和繁殖最有利，穗期，特别是蜡熟期和黄熟期不利。白背飞虱的发生量是随着生育向后推移而上升的，后期虫量最大，是前期虫量积累的结果。

（3）栽培措施。多施氮肥可增加植株内蛋白质和氨基酸的含量，这两种物质对飞虱若虫发育和成虫产卵都是必需的营养物质。此外，多施氮肥，使稻丛徒长、茂密、浓绿和茎秆嫩，有利于白背飞虱的迁入和繁殖，因此，多施和偏施氮肥，白背飞虱发生较重，特别是施肥水平高，又长期浸水的，白背飞虱发生最重。稻田不同排灌技术，白背飞虱的发生量差异明显，凡不适时烤田或长期淹水，湿度大的稻田，白背飞虱发生较重。长期淹水、浸水田比分蘖后烤田虫量多7.3倍。密度大增加了田间荫蔽度，提高了白背飞虱小范围生态环境的湿度，一般有利白背飞虱的发生。虫口密度随着水稻种植密度的增加而增加。

（4）天敌。白背飞虱的天敌种类，基本与褐飞虱相同。

三、灰飞虱

灰飞虱 *Laodelphax striatellus*（Fallén）分布极广，北至黑龙江省漠河，在北方稻区都有发生。1958年，天津市大发生，占稻田总面积的64.4%，减产20%~30%，重达50%以上。

灰飞虱为害水稻情况同稻飞虱一样，除为害水稻外，还能为害大麦、小麦，取食看麦娘、游草、稗草、双穗雀稗等，此外，能传播黑条矮缩病、条纹叶枯病。

1. 形态特征（图 2-2-5 和图 2-2-6）

成虫：长翅型体长（连翅），雌虫4.0~4.2mm，雄虫3.5~3.8mm；短翅型雌虫2.5mm左右，雄虫2.3mm。长翅型体色分淡黄色和灰褐色两种；短翅型体型分淡黄色、灰褐色、灰黄色3种。雄虫头部颜面2条纵沟黑色。雌虫小盾板中央浅黄色或黄褐色，两

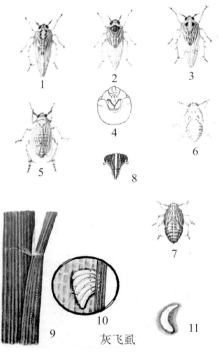

图 2-2-5　灰飞虱形态特征

1.长翅型雌虫；2~3.长翅型雄虫；4.雄性生殖器；
5.短翅型雌虫；6.末龄若虫；7越冬若虫；
8.颜面特征；9.产在叶鞘上的卵条；
10.卵条剖面放大；11.卵粒放大

侧各有1个半月形黄褐色斑纹，雄虫小盾板一般黑色，夏天也有在小盾板隆起线上出现淡黄色粗条纹或斑纹。翅淡灰色，有褐色翅斑。雄虫抱握器不分叉；雌虫生殖节第一处瓣片基部内缘呈锐角突出。

卵：长椭圆形，稍弯曲，香蕉状，长约0.8mm。初产乳白色，半透明，孵化前，在较细一端出现2个红色眼点，每一卵块通常有卵4~6粒，多者10~20粒，卵成簇或双行排列，卵帽微露于卵痕之外，像鱼籽。

若虫：共有5龄。

灰飞虱为害状

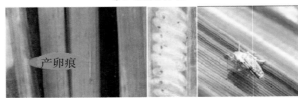

产卵痕

飞虱产卵在叶鞘表皮下卵粒放大　　灰飞虱（短翅型）

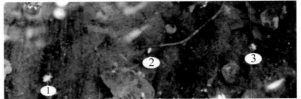

灰飞虱若虫落水状

图 2-2-6　灰飞虱田间为害特征

一龄：体长1.0mm，全体乳白色或豆浆色，胸部各节以后胸最长，前胸、中胸长度几乎相等，胸部背面沿正中两侧有纵行白色部分，腹部蛋黄色（斑纹不明显）。

二龄：体长1.2mm，黄白色，胸部各节背面灰色，正中纵行的白色部分较一龄明显；腹部各节背亦为灰色，唯第七节、第八节背面灰色不甚明显，沿正中有连接腹部各节纵走的乳白线，腹面和足均为黄色、爪黑色。

三龄：体长1.5mm，灰褐色，胸部各节灰色增浓，以前胸为最深，正中线中央白色部分不明显，中后胸后缘稍向前方凹入，中胸呈"八"字形，后胸后缘呈屋脊状；腹部各节背面灰色增深，连接各节的中线变为黄白色，第三节、第四节背面各镶嵌1个淡褐色"八"形条纹,第五节至第八节各有淡色圆斑1~3对,翅芽出现。

四龄:体长2.0mm,体色同上,前翅翅芽达腹部第一节,后翅翅芽达腹部第三节半胸部正中的白色部消失;腹部第九节黄白色的正中线变细,第一节、第二节甚短,第五、第六节最长,腹部和足为黄白色。

五龄:体长2.7mm,体色灰褐增浓,前翅翅芽达腹部第三节,往往超过后翅芽尖端,腹部各节界线明显,尤以第四、五节更为明显,斑纹最清楚。

2. 生活史

(1)虫源。灰飞虱在北方稻区,以若虫在田边杂草丛中、稻根及落叶下越冬,以背风向阳、温暖潮湿处最多。1~2月最冷时,若虫钻入土缝泥块下不动。3月开始活动,4月末5月初开始羽化成成虫,由杂草上开始转移到稻田,开始为害水稻。

(2)产卵。每头雌虫产卵少者几十粒,多者400~500粒,一般100多粒。

(3)历期及世代:在适温范围内,灰飞虱的生长发育历期随气温的升高而缩短,超过适温历期反而延长。一般成虫寿命7~30d,卵5~15d,若虫15~35d,其中一龄3.6~8.8d、二龄2.9~8.8d,三龄2.5~11.1d,四龄2.2~10.1d,五龄3.5~6.8d,完成一代需30~60d,北方稻区1年发生4~5代。

3. 生活习性

(1)趋绿趋光性。成虫有明显的趋绿性,凡早播早插、氮肥多、生长嫩绿茂密的稻田虫口密度高;长翅型具有趋光性,但比褐飞虱弱。

(2)产卵习性。成虫产卵下午较多,卵一般产于寄主植物下部叶鞘内,少数产于叶片中肋以及无效分蘖和稗草、看麦娘茎内,产卵处叶片表面呈短线状的产卵痕,初产时呈水渍状绿色,后变为褐色,卵帽明显,稍露出卵痕。

(3)活动习性。若虫多在稻丛基部活动,水稻生长后期,随组织老化,逐渐向中、上部移动,稍受惊动,即向横爬或后退跳去,越冬若虫耐饥饿力很强,长达50d左右;成虫多聚在离水面6~12cm的稻丛下部栖息和吸取叶汁,抽穗后,也有到水稻中部和穗上为害,耐饥饿力弱,平均只有3.2d;田间长翅型成虫有明显迁飞现象,迁飞高度4~10m。成虫和若虫虽直接为害寄主植物,但很少导致寄主植物枯死,能传播病毒病,造成很大损失。

四、稻飞虱的综合防治措施

防治稻飞虱要以农业防治为基础,保护和利用天敌,加强预测预报,在关键时期对重点田块,要适当施药防治。

1. 农业防治

(1)因地制宜选育抗(耐)稻飞虱品种。

(2)加强水肥管理。施肥要注意氮磷钾肥配合施用,在施用方法上,基肥可适当加重，要早施肥，巧施肥，防止水稻贪青徒长；合理灌溉，浅水勤灌，避免深水漫灌，作好开沟排水，防止长期积水，适时烤田晾田，降低田间湿度，控制无效分蘖，防止倒伏，减轻为害；冬、春铲除田边、沟边杂草、消灭越冬虫源、消灭田间稗草。

（3）保护天敌。减少不必要的用药量和施药次数，选择对天敌毒害较轻的农药，施药时间尽量与天敌发生期错开。

（4）放鸭吃虫，保护青蛙。有条件稻区，在稻飞虱发生期间，放鸭吃虫，同时严禁捕杀青蛙。

2. 药剂防治

防治策略：以治虫保穗为目标，狠治大发生前一代，挑治大发生代，尽量结合兼治其他害虫。

防治适期：二龄、三龄若虫盛发期施药。以下药剂可以选择。

（1）25%噻嗪酮可湿性粉剂，防除范围：灰飞虱、褐飞虱、白背飞虱和黑尾叶蝉。施用方法及用量：在稻飞虱低龄若虫高峰期，50~60g/亩，对水50kg均匀喷雾。

（2）10%吡虫啉可湿性粉剂，防除范围：水稻飞虱、蚜虫。

施用方法及用量：防治水稻飞虱，在低龄若虫高峰期，10~20g/亩，对水50kg，搅匀后喷雾。

（3）5%吡虫啉水面扩散剂

第一，产品特点：扩散速度快、扩散半径大、降低了单位面积的农药用量，使用水面剂扩散型农药，不需要任何喷雾器械，只要滴在水面，从而大大降低农民劳动强度、减少环境污染、降低单位面积的农药用量。

第二，防除范围：白背飞虱、褐飞虱、灰飞虱、稻叶蝉、稻蓟马等刺吸式口器水稻害虫，对水稻条纹叶枯病有良好的预防效果。

第三，施用方法及用量：本品不需要任何器械，只要稻田的水不溢出，在阴雨连绵的天气状况下可照常使用。将本品按每亩用量等距离滴10~20点，就可以自动在全田均匀扩散，达到防治稻飞虱、稻叶蝉、稻蓟马等刺吸式口器害虫的目的。

（4）25%吡蚜酮可湿性粉剂防治稻飞虱。25%噻虫嗪水分散粒剂防治白背飞虱灰飞虱、褐飞虱。也可用40%氯虫·噻虫嗪水分散粒剂防治。

（5）40%噻虫啉悬浮剂每公顷在600~750g之间对稻飞虱的防效两周内达85%~95%。

第二节　稻叶蝉

稻叶蝉是一类刺吸式口器的小型昆虫，成虫和若虫都为害水稻，常群集在稻丛中刺吸水稻汁液。水稻被害后，造成植株衰弱，被害严重时，甚至成片枯死。虫量大发生时，由于大量排泄"蜜露"覆盖稻叶，招致"煤污病"的严重发生，影响水稻正常的光合作用，结果是千粒重降低，水稻减产。同时，还传染病毒，引起水稻病毒病的发生和蔓延。

叶蝉属同翅目，叶蝉科（图2-2-7）。北方常见种有黑尾叶蝉、稻斑叶蝉、小绿叶蝉、二点叶蝉、大青叶蝉等。

黑尾叶蝉*Nephotettix cincticeps*（Uhler）俗称蠓子、蚋虫，属同翅目，叶蝉科，北方稻区部分省份有发生。

黑尾叶蝉食性复杂，能为害水稻、大麦、小麦、粟（谷子）、茭白等作物，还能取食看麦娘、稗、马唐等多种杂草。

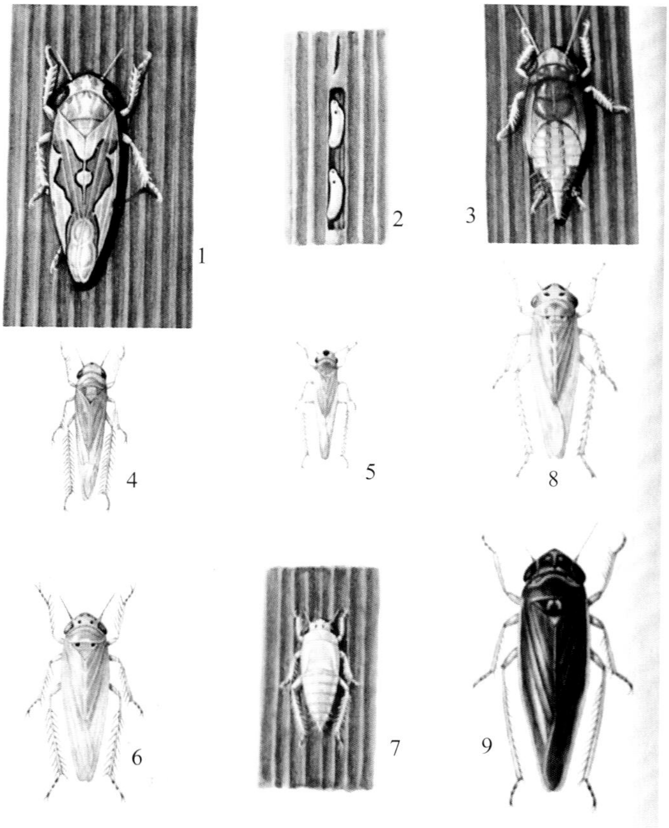

图 2-2-7　稻叶蝉形态特征

电光叶蝉：1.成虫；2.产于稻叶中脉的卵粒；3.若虫
小绿叶蝉：4.成虫　一点叶蝉：5.成虫　二点叶蝉：6.成虫；
7.若虫　四点叶蝉：8.成虫　紫黑叶蝉：9.成虫

一、形态特征

成虫：雄虫体长约4.5mm，雌虫约5.5mm，体黄绿色或鲜黄色，头部弧形，前缘；有一黑色横纹，复眼黑色带绿，单眼绿色。前翅淡黄绿色半透明。雄虫前翅末端1/3为黑色，雌虫翅端淡褐色。雄虫胸、腹部腹面及腹部背面均为黑色；雌虫胸、腹部腹面为淡褐色或淡绿色，腹部背面为灰黑色。

卵：长1~1.2mm，呈长椭圆形，一端略尖，微弯曲，卵粒单行斜列成卵块，初产时白色透明，以后渐变淡黄色，并在略尖的一端出现1对微红色的小眼点，后期眼点扩大，色泽加深呈鲜红到红色，即将孵化时，眼点转为紫红或暗红色。

若虫：形态和成虫相似，无翅，体黄白色至黄绿色，共5龄。

各龄形态变化详如表2-2-1所示。

155

表 2-2-1　黑尾叶蝉各龄若虫特征区别

虫态	体长（mm）	复眼	翅	体态特征
一龄	1.0~1.2	红色	无	(1)形体狭长呈菱； (2)体黄白色，头、胸、腹两侧具有深褐色边纹
二龄	1.8~2.0	红褐色	无	(1)胸节膨大； (2)体黄白色带绿，两侧边纹深褐色； (3)各胸节背面有时出现两个对称褐色斑点
三龄	2.0~2.3	赤褐色	出现翅芽	(1)体淡绿色，两侧边纹棕色，并在第二~八腹节两侧各有 1 个褐斑出现； (2)各胸节背面两个对称褐斑增大，并在第二~八腹节背面沿中线两侧各具有 1 小褐点； (3)头部复眼间有倒"八"字形褐斑
四龄	2.5~2.8	棕色	前翅翅芽延伸至第一腹节，后翅翅芽延伸至第二腹节	(1)体黄绿色，两侧边纹不明显，在第二~八腹节两侧褐斑增大； (2)、(3)与三龄相同； (4)第八腹节背面中央有 1 褐色斑块
五龄	3.5~4.0	棕色	前翅翅芽长达第三腹节，前翅翅芽稍长于后翅芽	体黄绿色，雌虫腹背淡褐色；雄虫腹背黑褐色，两侧边纹基本消失。其余特征同四龄

二、生活史

北方稻区，虫源不清，很可能是从南方稻区迁入的，黑尾叶蝉成虫经过产卵前期后开始陆续产卵，分蘖期卵多产在第二、第三叶的叶鞘或离水面3~7cm的叶鞘内侧，在抽穗至扬花期的水稻，大部分卵产在剑叶基部近第二叶耳处，产卵时雌虫产卵器刺入水稻叶鞘内侧组织产卵，每次产卵1~3块不等。一次产卵最多为几十粒，最少数粒，卵经过10~15d，孵化出若虫取食，经过25~30d生长发育成成虫，又开始产卵，转入下一代，在北方稻区，1年能发生1~3代。

三、生活习性

1. 若虫习性

若虫一般群集稻株下部生活和取食，很少移动，如遇惊扰，即横爬斜行到稻株另一面，或跳落水面，或迁至邻株，以二、三、四龄最活泼。若虫耐饥力不强，若虫不给食，2d内全部死亡。

2. 成虫习性

成虫有较强的趋光性，一般普通灯光就能诱到很多黑尾叶蝉成虫。产卵和为害具有趋绿性，生长旺盛，嫩绿的田块发生较重。

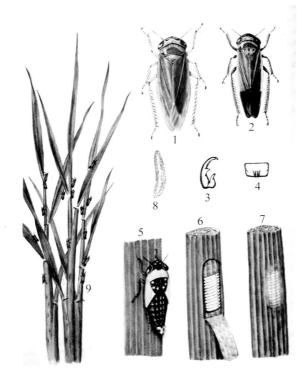

图 2-2-8　黑尾叶蝉

1.雌成虫；2.雄成虫；3.阳具；4.雌虫第七节腹面；5.末龄若虫；
6~7.产于叶鞘中的卵；8.卵粒放大；9.稻株被害状

四、防治方法

1. 农业防治

（1）加强水肥管理，使水稻前期不猛发披叶，中期不脱肥落黄，后期不贪青晚熟，增加抗虫能力。

（2）选育高产抗虫品种。

（3）清除田边杂草，减少虫源过渡为害水稻的桥梁。在冬季、早春和夏收前，结合积肥，铲除田边、沟边、塘边杂草。

2. 人工物理防治

灯光诱杀，灯光诱集在6月下旬到8月末进行，可诱杀大批怀卵雌虫。

3. 药剂防治

（1）防治指标。分蘖盛期，每亩有黑尾叶蝉成、若虫的总虫量15万只以上；分蘖末期至孕穗期每亩超过25万只；孕穗以后每亩超过40万只。

（2）药剂种类和用量。采用25%噻虫嗪水分散粒剂180g/hm²能达到对叶蝉的防治效果。

第三节　蚜虫

学名*Sitobion avenae*（Fabricius）麦长管蚜。属同翅目，蚜科。分布在全国各麦区及部分稻区。除麦长管蚜外，还有二叉蚜*Schizaphis graminum*（Rondani）、禾谷缢管蚜*Rhopalosiphum padi* Linnaeus，均属同翅目，蚜科。

一、为害特点

成虫、若虫刺吸水稻茎叶、嫩穗，不仅影响生长发育，还分泌蜜露引起煤污病，影响光合作用和千粒重，减产20%~30%。

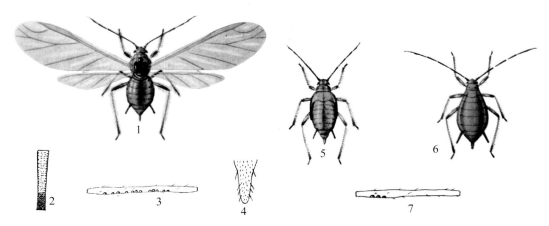

图 2-2-9　稻（麦）长管蚜形态特征

有翅胎生雌蚜：1.成虫；2.腹管；3.触角第三节；4.尾片；5.有翅若蚜

无翅胎尘雌蚜：6.成虫；7.触角第三节

二、形态特征

稻麦长管蚜为多型性昆虫，在其生活史过程中，一般都历经卵、干母、干雌、有翅胎生雌蚜、无翅胎生雌蚜、性蚜等不同型蚜虫。但以无翅和有翅胎生雌蚜发生量最多，出现历期最长，是主要型蚜虫（图2-2-9）。

三、生活习性

麦长管蚜在长江以南以无翅胎生成蚜和若蚜于麦株心叶或叶鞘内侧及早熟禾、看麦娘、狗尾草等杂草上越冬，无明显休眠现象，气温高时，仍见蚜虫在叶面上取食。浙江省越冬蚜于3—4月，气温10℃以上时开始活动和取食及繁殖，在麦株下部或杂草丛中蛰伏的蚜虫迁至麦株上为害，大量繁殖无翅胎生蚜，到5月上旬虫口达到高峰，严重为害小麦和大麦，5月中旬后，小麦、大麦逐渐成熟，蚜虫开始迁至早稻田，早稻进入分蘖阶段，为害较大，并在水稻上繁殖无翅胎生蚜，进入梅雨季节后，虫量开始减少，大多产生有翅胎生蚜迁至河边、山边及稗草、马唐、茭白、玉米、高粱上栖息或取食，此后出现高温干旱，则进入越夏阶段。9—10月天气转凉，杂草开始衰老，这时晚稻正处在旺盛生长阶段，最适麦长管蚜取食为害，因此晚稻常遭受严重为害，大发生时，有些田块，每穗蚜虫数可高达数百头。晚稻黄熟后，虫口下降，大多产生有翅胎生蚜，迁到麦田及杂草上取食或蛰伏越冬。

麦长管蚜性喜阳光，耐潮湿，分布叶片反正面为害，抽穗期集中在穗部为害。遇震惊有坠落习性。麦长管蚜在我国沿海地区有南北往返迁飞现象，随着小麦成熟期向北逐渐推迟，从华南向东北迁飞，9月再南迁黄淮区冬麦田越冬。

蚜虫是间隙性猖獗为害，发生程度与越冬基数、气候条件、栽培制度关系密切。北方稻区贪青晚熟，为害严重，不仅对水稻抽穗灌浆受到影响，还由于分泌蜜露，使穗部粒粒产生煤污病，使稻谷质量和产量下降（图2-2-10）。

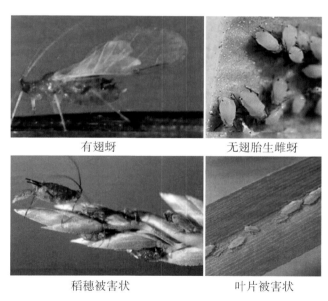

有翅蚜　　　　　　　　　　　无翅胎生雌蚜

稻穗被害状　　　　　　　　　叶片被害状

图 2-2-10　水稻蚜虫为害状

四、防治方法

（1）注意清除田间、地边杂草，尤其夏秋两季除草，对减轻晚稻蚜虫为害具有重要作用。

（2）加强稻田管理，使水稻及时抽穗、扬花、灌浆，提早成熟，可减轻蚜害。

（3）水稻有蚜株率达10%~15%，每株有蚜虫5头以上时，及时采用10%吡虫啉可湿性粉剂20g/亩或25%吡蚜酮可湿性粉剂20g/亩，对水30kg喷雾。

第三章　双翅目害虫

第一节　稻小潜叶蝇

稻小潜叶蝇*Hydrellia griseola*（Fallén）双翅目水蝇科。别名：稻潜叶蝇、稻螳螂蝇、大麦水蝇、麦水蝇、稻毛眼水蝇。

稻小潜叶蝇以幼虫潜入叶片内部，取食叶肉，残留两层表皮，使叶片呈现白条斑，对水稻前期发育为害较大。稻小潜叶蝇可为害水稻、大麦、小麦、燕麦等作物以及看麦娘、游草、菖蒲、海荆三棱、甜茅和稗草等杂草（图2-3-1）。

一、形态特征

1. 成虫

为青灰色到灰黑色小蝇，有绿色金属光泽，体长2~3mm。复眼黑褐色，单眼3个。触角黑色，末端扁而椭圆，粗长的触角芒一侧有5根呈栉齿状排列的刚毛5根。前翅淡黑色透明，Sc脉与R脉分离，后翅退化为黄白色平衡棒。足灰黑色，中、后足跗节第一节基部黄褐色。

2. 卵

乳白色，长柱形，卵粒上有细纵纹，多散产于平状水面的叶面近叶尖部。

3. 幼虫

圆桶形，稍扁平，乳白色至乳黄色，尾端呈截断状，有2个黑褐色气门凸起。

4. 蛹

长约3.6mm，褐色至黄褐色，尾端也有2个黑褐色气门凸起（图2-3-3）。

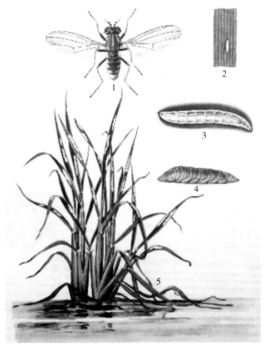

图 2-3-1　稻小潜叶蝇
1.成虫；2.产于稻叶上的卵；
3.幼虫；4.蛹；5.水稻被害状

二、发生规律

1. 生活史和习性

在东北地区1年发生4~5代，以成虫在水沟边杂草上越冬。在华北地区1年发生5~6代，以老熟幼虫在杂草内和叶鞘内，部分以蛹在叶内或地表越冬。在黑龙江省海林地区越冬成虫从4月末开始活动；第一代发生期是在5月上旬到6月中旬，主要是在稻田附近的灌排水渠内的杂草上或秧苗上繁殖；第二代发生于6月上旬至7月上旬，主要为害直播稻田的稻苗；7月中旬到9月中旬又转回到灌排水渠内的杂草上繁殖第三代、第四代；9月下旬至10月上旬羽化为成虫越冬。河北省越冬成虫于4月中旬开始活动，盛期在5月下旬；第一代卵盛期在5月上中旬，第一代幼虫盛期在5月中下旬，在秧田为害；第二代卵盛期在6月上旬，第二代幼虫盛期为

图 2-3-2　水稻潜叶蝇为害状

6月中旬，在稻田为害，以后世代不在稻田为害，转移到稻田附近水沟禾本科杂草上生活，有明显的世代重叠现象（图2-3-2）。

成虫日出夜息，无风天气活动转盛，气温高时，活动高峰在早晚；气温低时，活动高峰在中午。有强的趋化性，对糖醋液趋性明显。成虫喜低温，在旬平均气温4.7~8.8℃时，越冬成虫开始活动，在11~13℃时活动最盛。成虫羽化当日即可交尾，交尾后半天开始产卵，第二天产卵最多，第三天就很少，成虫在饥饿状态寿命为4d。每天产卵多次，每次产3~5粒，每片稻叶落卵一般3~10粒。在田水深灌的情况下，卵产于下垂或半伏水面叶片的尖部，因此受害较重；反之，田水浅灌，卵则产在叶片基部，受害则轻。卵期平均4.5d。幼虫孵化后2h内即以锐利的口钩咬破稻叶面，侵入叶内；随着虫龄增大，7~10d潜道加长到2.5cm左右，并在潜道内化蛹。幼虫期10~12d，蛹期10d。

在小麦上为害，成虫喜在幼嫩叶片和荫蔽的部位产卵，多散产于叶腋间。幼虫一生主要在叶鞘内蛀食。

2. 发生与环境的关系

气候：稻小潜叶蝇对低温适应性强，气温在5℃左右成虫就可活动，交尾和产卵；日最高温度在8℃以上时各虫态均可发育；气温在11~13℃时成虫活动最活跃。水下1cm水温10℃以上时，卵、幼虫、蛹可在近水面的杂草新叶片上寄生。据河北省唐海县调查，4月下旬到5月上旬积温低于304℃时秧田潜叶蝇发生严重，5月下旬到6月上旬积温低于430℃时本田潜叶蝇则大发生。但高温限制该虫在水稻上继续为害，并迁到沟间水

草上生活。

栽培制度与管理：该虫只能为害幼嫩叶片，不能为害分蘖后的老叶，故幼小潜叶蝇发生轻重与栽培制度关系密切。播种早，插秧早的受害重。据河北省唐海县植保站调查，4月1—5日播种的被害株率在80%以上，有成片死苗现象；4月10—15日播种的，被害株率在30%以下，无成片死亡现象。5月25日前后插秧的被害株率达70%~80%。而6月5日以后插秧的被害株率在40%以下。

成虫　　　　　　卵

幼虫　　　　　　蛹

图2-3-3　稻小潜叶蝇生活史

水层深浅是影响该虫发生轻重的一个重要因素，长期泡深水的秧苗，叶片多平伏于水面，着卵多，有利于卵孵化及幼虫转株，且不利于水稻生长，受害重。附近杂草多的稻田，发生多，为害重。

三、防治方法

1. 种子处理

拌种或浸种，拌种处理要求在种子催芽露白后用吡呀酮有效成分0.5g，高含量吡虫啉有效成分1g或噻嗪酮有效成分3g，先与少量细土或谷糠拌匀，再均匀拌1kg种子（以干种子计重）即可播种；浸种浓度为10%吡虫啉可湿性粉剂300~400倍液或高含量吡虫啉按相应浓度稀释，可有效预防此虫的发生与为害。

2. 秧苗带药下田

水稻秧苗抛、插秧前1~2d每亩用10%吡虫啉可湿性粉剂30g对水喷雾，对稻小潜叶蝇具有很好的预防作用。

3. 排水晒田

若潜叶蝇发生严重时可排水晒田使幼虫缺水死亡。

第二节　稻秆蝇

稻秆蝇*Chlorops oryzae* Matsumura，双翅目，秆蝇科，又名稻秆潜蝇。

寄主植物有水稻、冬小麦、大麦、游草、稗、看麦娘等。水稻从苗期到孕穗期均可受害，以幼虫钻入稻茎内为害心叶、生长点或幼穗。心叶被害，叶片展开时出现若干条纵向裂缝。生长点被害则表现为分蘖增多，植株矮化，抽穗延迟。幼穗被害则穗形扭曲，形成花白穗，甚至白穗，抽穗后直立不弯，对产量影响颇大（图2-3-4）。

一、形态特征

1. 成虫

体长2.3~3.0mm。体鲜黄色。头胸等宽，头部有钻石形黑色大斑。触角3节，第三节黑色膨大呈圆板形；触角芒黄褐色，约等于触角的全长。胸部背面有3条黑色粗大直斑，两侧有短细黑纵斑。腹部背面各节连接处有黑褐色横带。第一节背面两侧各有1个黑褐色小斑点（图2-3-5）。

2. 卵

长椭圆形，长约0.8mm，白色，孵化前呈淡黄色。上有纵列细凹纹。

3. 幼虫

体长6mm左右，略呈纺锤形，体乳白色，体壁强韧有光泽，尾端分两叉，各叉尖端开有气孔。

4. 蛹

形似幼虫。初孵乳白色，后为淡黄褐色，羽化前呈黄褐色。

二、发生规律

1. 生活史和习性

稻秆蝇1年发生3代，以幼虫在看麦娘、游草、大看麦娘、冬小麦等植株内越冬。此虫无明显的休眠，越冬代成虫飞至秧田和本田产卵，幼虫孵化后为害心叶。第一代成虫产卵于本田稻株上，幼虫为害心叶或幼穗。第二代成虫产卵于越冬寄主上，幼虫孵化后钻入心叶过冬，由于幼虫的取食，越冬寄主也显出被害状。

成虫多在上午羽化，以上午7:00—10:00最盛。雌雄均可重复交尾3~4次，多在中午前后。第二代成虫产卵前期较长，长达20余d。第一天产卵量很少，次日开始大量产

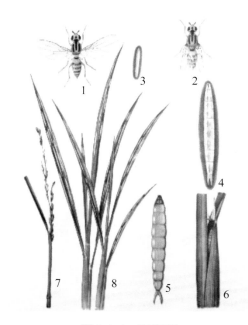

图 2-3-4　稻秆蝇

1-2.成虫；3.卵；4.幼虫；5.蛹；
6.在稻叶鞘内的蛹；7~8.被害状

卵，以下午3:00—4:00产卵最多，早晚一般不产卵。成虫喜在叶色浓绿稻田产卵。卵多散产于稻叶背面和叶鞘上，一般1叶1卵。雌虫多于雄虫。幼虫多在早晨4:00—6:00孵化，初孵幼虫借助于露水向下移动而侵入稻茎，露水干后幼虫就不能侵入。一般1株1虫，未发现转株为害现象。幼虫历期，不同世代有较大的差异。夏季高温，幼虫滞育，历期延长，为害减轻。第二

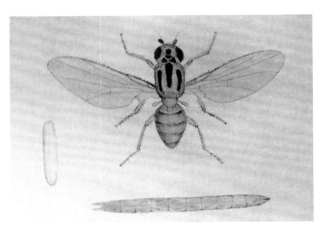

图2-3-5　稻秆蝇成虫、卵、幼虫

代幼虫一般取食幼穗后才能化蛹。幼虫老熟后，大多爬至植株上部，在剑叶和第二叶叶鞘内叶枕处化蛹，个别在叶耳上或稻穗内化蛹。第一代幼虫一般能顺利化蛹，第二、第三代部分幼虫，在水稻抽穗后因无食料被逼外爬，不能化蛹。

2. 发生与环境的关系

气候条件对稻秆蝇发生程度影响很大。卵的孵化和幼虫的侵入，与降雨和湿度密切相关，卵期雨水多，湿度大，孵化率高，反之孵化率低。6月中下旬至7月初，雨日多，幼虫钻入率高；高温干旱，钻入率则低。多露、阳光不足和潮湿环境，田水温度低，适宜其生活，为害就重。冬暖夏凉有利于稻秆蝇的发生。冬季温暖越冬幼虫存活多，次年发生量就大。夏季凉爽适于稻秆蝇生活，若气温高于35℃，则幼虫生长发育受阻，历期显著延长，不利于发生。

水稻品种间受害程度有明显的差异，主要表现为蛀入稻茎的初龄幼虫在耐虫品种上死亡率高。

氮肥过多，叶色浓绿的稻田，成虫喜欢产卵，受害就重。不同播植期和长势的水稻受害程度也不同，早播、早插田、长势健壮的常发生多，受害重、迟栽的则较轻。

三、防治方法

1. 除草预防

越冬幼虫化蛹羽化前，及时清除看麦娘等禾本科杂草，以消灭越冬幼虫，减少次年发生基数，避免过多施用氮肥。根据本地实际，选用抗虫耐虫品种。

2. 药剂防治

采取"狠治一代，挑治二代，巧治秧田"的防治策略，因第一代幼虫为害重，发生较为整齐，盛孵期明显，利于防治。

（1）防治适期和防治指标。成虫以盛发期，幼虫以卵孵盛期为防治适期。防治指

标：成虫盛发期，秧田平均每平方米有虫3.5~4.5头，本田每100丛有虫1~2头；产卵盛期末，秧田平均每株秧苗有卵0.1粒，本田平均每丛有卵2粒。

（2）药剂处方。亩用4.2%高氯·甲维盐微乳剂60~70ml，或2%甲氨基阿维菌素苯甲酸盐微乳剂6~8ml任选其中一种药剂，对水60kg，均匀喷雾于秧苗上，可兼治二化螟幼虫。注意药剂防治时，田间应保持2~3cm深的水层可提高防治效果。

3. 生物防治法

50亿核多角体病毒悬浮液750倍液，每20ml对水15kg，先以少量水将所需药剂调成母液，再按相应浓度稀释，均匀喷洒。

第三节　稻水蝇

稻水蝇（*Ephydra macellaria* Egger）属双翅目水蝇科。

该虫咬食初生根及次生根，造成水稻秧苗发育不良或漂秧死亡。稻水蝇寄主有芦苇草、三棱草、稗草、野生稻、马唐、狗尾草、节节草和莎草等禾本科杂草。稻水蝇是盐碱地水稻幼苗期重大害虫，以幼虫为害蛀食刚露白的稻种，造成烂种，咬食水稻初生根和次生根，吸取汁液和营养，造成漂秧。另外幼虫化蛹后夹在稻根上严重影响水稻的正常发育。

一、分布与为害

1954年，在新疆维吾尔自治区有报道，对水稻为害。此后，在宁夏回族自治区、河北省及辽宁省有不同程度发生。特别是在水直播田和插后缓苗差，深水管理田块发生为害严重。幼虫蛀食水田稻种，密度大时1m²有幼虫500多头，造成水稻缺苗。幼虫咬断幼苗根部，造成水稻漂秧。幼虫化蛹时，多夹在稻根及茎叶上，阻碍秧苗正常生长发育（图2-3-6）。

二、形态特征

1. 成虫

体长约6mm（至翅端），复眼红褐色至黑褐色，有眼缘毛，头顶上有金绿色光泽。触角芒基部羽毛状，但端部无毛。胸部背面有紫蓝色光泽，平衡棒及3对胸足均为黄色，腹部蓝灰色无光泽。

2. 卵

乳白色，长0.5~0.7mm。

3. 幼虫（蝇蛆）

末龄幼虫长达12mm（连呼吸管），土灰色，共11节。头尖，内藏有黑色口钩1对。

第四节至第十一节腹面，均有突起伪足1对，其末端有较整齐的小爪3排，前排大，后排小。末端呼吸管分成叉状。

4. 蛹

淡褐色，长约10mm（连呼吸管）。前端尖而扁，并向背面翘起，成蝇即由此羽化而出。化蛹时由第九节与第十一节的伪足合成环状。从而固定在水稻根系或其他漂浮物上。其他各节伪足均萎缩不见，仅留下小爪的痕迹。

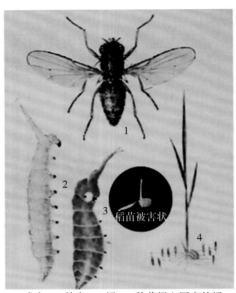

稻水蝇蛹荚在稻叶上

稻水蝇蛹荚

1.成虫；2.幼虫；3.蛹；4.秧苗根上固定的蛹

图2-3-6 稻水蝇

三、发生规律

1. 生活史

稻水蝇以成虫在大土块缝隙、埂边盐结皮下及杂草的落叶层下越冬。第二年4月初当气温升高到14~15℃时，成虫多先在稻田边碱区和死水坑水面上活动，取食腐殖质为生。秧田进水后，越冬代成虫就在稻田杂物和漂浮物上产卵，幼虫先取食腐殖质后危害水稻。水稻露白和立针期是主要受害时期，到水稻分蘖时水稻根系扎稳地中，植株发育健壮，不再受害，其又在稻田边杂草上繁殖。

2. 主要习性

稻水蝇成虫有很强的趋光性，用波长365nm，或3 650Å[*]黑光灯可大量诱集稻水蝇成虫，成虫喜欢集栖于水面脏泡沫层上、污水面上活动，凡有死水聚集的地方都有成虫活动。气温升高时尤其活跃，互相追逐交尾，取食水面上漂浮的腐败有机物并在漂浮物上产卵。水面漂浮物多的地方招引和聚集的成虫就多，产卵多，幼虫密度也大。由于漂浮

---

* Å 为长度单位，1Å=10^{-10}m，或 =0.1nm

物常被风吹到田边地埂处，所以幼虫及蛹多分布于稻田地边、地角中，在死水坑、排碱渠、盐碱重稻田发生多，常常地边受害重，防治及时也是关键。

3. 发生与环境的关系

温度与发生的关系。稻水蝇的发生与温度之间关系密切，稻水蝇各虫态发育起点温度为：成虫9.3℃，卵10℃，幼虫12.7℃，蛹12.4℃。全代所需有效积温为302.4℃。

不同土壤酸碱度的影响。在土壤盐碱化程度高，在死水坑、排碱渠、盐碱重稻田稻水蝇发生多，稻水蝇喜好盐碱，且只生活在pH值7.5~9的水中，在pH值大于9的环境中无法生存。

平地质量的影响。稻水蝇的发生、为害程度与耕作水平有很大的影响，地块平整，发生轻，反之，为害重。

四、防治方法

早春水稻地进水前对稻田边死水坑、排碱渠进行防治，消灭早期滋生场所。

每亩用70%吡虫啉水分散粒剂8~10g，于稻水蝇初发期叶面对水喷洒；为害较重时采用10%吡虫啉可湿性粉剂2 500倍液防治，常规防治1~2遍。喷雾前先将田水降到1~2cm深，喷后12d再恢复水层，可提高药效。

第四节　稻摇蚊

稻摇蚊*Chironomus oryzae* Matsumura，双翅目、摇蚊科。其中，北方稻区主要有大红摇蚊、小型有巢摇蚊和小型无巢摇蚊，为害最多。由于前期气温偏低，秧苗插后缓苗期延长，在铁岭市昌图县造成稻摇纹大发生（图2-3-7）。

背摇蚊（*Chironomus dorsalis* Meigen）北方稻区未见报道，本节从略。

一、形态特征

20世纪70年代常有发生，特别是水育苗田发生严重。另据湖北省农业科学院植物保护研究所《水稻害虫及其天敌图册》记载，为害水稻的摇蚊还有偏瘦摇蚊（*Chironomus dystenus* Kieffer）。

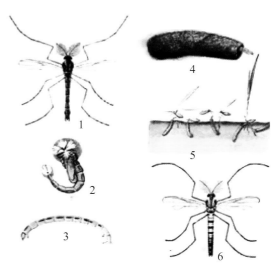

图 2-3-7　稻摇蚊形态特征

瘦摇蚊：1.成虫；2.蛹；3.幼虫；
4.幼虫在泥巢中；5.摇蚊在田间为害状
背摇蚊：6.雄成虫

1. 成虫

像蚊子，身体黄绿色，复眼漆黑色，胸背有3条黑色纵纹（小型有巢摇蚊无黑色条纹），各腹节背面有暗黑色斑纹。雌虫身体短粗，长约2.5mm，腹端较钝圆，触角丝状，共6节；雄虫细长，3mm左右，腹端尖细，触角羽毛状，有12节。

2. 卵

乳白色，包在透明胶囊内，呈细长的束带状。

3. 幼虫

老熟幼虫体长5mm，血赤色，胸部第一节和末节有肉质突起，用腐殖泥土做成柔软圆筒状筒巢，幼虫在筒巢内栖息。

4. 蛹

黄色，胸部较粗，尾端有长毛。

二、生活习性

以成虫在草丛中或以蛹在土壤中越冬。成虫于傍晚或无风的阴天在稻田附近的道旁约330cm高空中成群飞舞，飞舞时以雄虫为多，雌虫则在草丛中栖息，成虫喜食花蜜及蚜虫的分泌物，有趋光性。成虫喜选择黑土、草炭土产卵，卵期4~6d。初孵幼虫先在胶囊内取食胶质，3~4d后破囊而出，食苔藓或刚发芽的种子、幼芽、幼根。幼虫稍大开始做筒巢。遇惊动从巢中逸出，在水中作"S"形游动，并常放弃回巢，另做新巢。一年发生3代，幼虫期春秋两季20~30d，夏季15~20d。幼虫在地势低洼，经常积水的稻田及新开荒的稻田最易发生（图2-3-8）。

幼虫经12~14d化蛹，羽化前裸蛹游在水面，不久成虫推开蛹壳爬出，踏在脱皮上，数分钟后即振翅飞去，也有常带蛹皮起飞的。

三、虫情检查

根据各地经验，5月中旬在稻田选几十个点，每点用铁锹挖少量表土，掺混在一起，放在盘子里，水面淹及泥土，经半小时后，如发现盘内有幼虫漂浮在水面，即定为防治对象田。

四、防治方法

1. 农业防治

（1）整地要平、要细，适时插秧，促进水稻根系发育，分蘖早生快发。

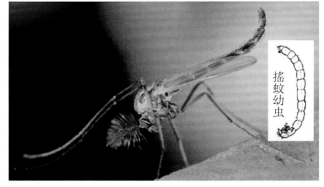

图 2-3-8　稻摇蚊成虫静止状

（2）清除杂草，消灭成虫越冬场所。

（3）发现幼虫为害时，排水晾田可以使幼虫干死。排水晒田2~3d，可抑制稻摇蚊的为害。改水育秧为旱育秧，能够减轻稻摇蚊的为害。

2. 化学防治

将硫酸铜按100~200g/亩的用量标准，计算出各畦用药量，分装到布袋里，放于进水口处，随灌溉水流入稻田里，既治虫又可防青苔。

苏云金芽孢杆菌以色列变种（简称B.t.i）在国内外水处理系统中已被成功地用来杀灭摇蚊幼虫。

对摇蚊的防治的其他方法：

（1）除了利用捕食性天敌的捕食以外，也可在稻田中养鱼、养蛙等，而且这些方法都能达到很好的控制效果。稻田通过灌溉成为一个临时性的湿地环境和水库，为鱼类和其他水生动物提供了栖息的场所。有研究表明，热带地区的当地鱼种可以有效地控制包括稻田摇蚊在内的一些昆虫的大发生。在稻田中养殖美国青蛙（Ranagrylio），也有很好的控制效果。已有研究表明，稻蛙共生区的中性昆虫（摇蚊、蚊、蝇、弹尾虫等）少于对照稻田，稻田养蛙对稻田中的中性昆虫能起到一定的控制作用。

（2）根据摇蚊成虫趋光性较强的特点，诱杀和控制摇蚊种群数量是一种有效的方法。利用紫外线对摇蚊卵的杀灭作用明显，在25W的紫外灯下照射1h以上，便可杀灭虫卵。

第五节　稻瘿蚊

稻瘿蚊*Pachydiplosis oryzae*（Wood-Mason）属双翅目、瘿蚊科。国外分布于南亚、东南亚各国。国内分布于广东省、广西壮族自治区、海南省、福建省、云南省、江西省、湖南省、贵州省等省区。寄主有水稻、普通野生稻和游草、李氏禾等。稻瘿蚊以幼虫在水稻秧苗期和分蘖期侵入生长点为害，造成生长点不能发育。秧苗受害初期无症状，中期基部膨大成大肚秧，后期愈合的叶鞘成管状伸出，成为"标葱"。稻瘿蚊在20世纪70年代以后逐步蔓延到平原稻区。20世纪80年代以来已成为华南、西南稻区中晚稻的重要害虫。

一、形态特征

1. 成虫

雌虫体长约4mm，雄虫体长约3mm。雌虫淡红色，密布细毛。复眼黑色。触角黄色，15节，鞭节呈串珠状，第3~14节的基部呈圆桶形，中央稍凹隘，上有两圈刚毛，端部呈细而短的柄状。前翅翅脉稀少，径脉仅存1支（R1），自翅基伸展至前缘中央附近；中脉2支（M1+2和M3+4），肘脉1支（Cu1），其基段与M3+4合并。腹部末端有1对瓣状片。雄虫的触角比雌虫长，15节，第三节至第十四节呈葫芦形，每节中央明显收缩，似两节，其上方膨大部有2圈刚毛，下方膨大部有1圈刚毛，并有环状丝。腹部末端向上弯曲，1对抱握器明显。

2. 卵

卵长0.43mm。长椭圆形，表面光滑。初产时乳白色，后期变紫色。

3. 幼虫

似纺锤形。老熟幼虫体长3.2mm。头部两侧有1对很短的触角，13节，第二节腹面中央有1红褐色的叉状骨。

4. 蛹

雌蛹长4.5mm。橙红色，后足伸至第

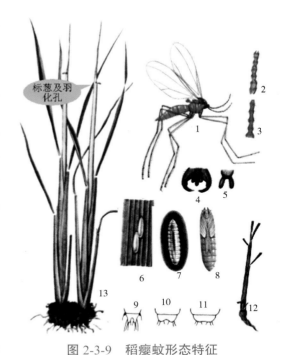

图 2-3-9　稻瘿蚊形态特征

1.成虫；2.雄虫触角；3.雌虫触角；4.雄虫尾
　节；5.雌虫尾节；6.卵粒；7.幼虫；8.蛹；
　9~11.一至三龄幼虫腹部末节特征；12.幼虫
　为害水稻生长点；13.水稻被害状

五腹节。雄虫长3.6mm，浅橙色，后足伸至第七腹节。头部有颈刺1对，刺端分叉，一长一短；前胸背面前缘亦具背刺1对（图2-3-9）。

二、发生规律

1. 生活史和习性

稻瘿蚊以一龄幼虫在李氏禾、野生稻中越冬，在云南省南部和海南岛还可以在再生稻、落谷自生稻苗中越冬。该虫1年发生6~8代，在广东省南部和海南岛可发生9~11代。第2代以后世代重叠，很难分清代次，但各代成虫盛发期明显。例如，在广东省博罗县，成虫盛发期第1代为4月上旬至5月中旬，第2代为5月上旬至6月上旬，第3代为5月下旬至7月下旬，第4代为6月下旬至7月下旬，第5代为7月下旬至8月下旬，第6代为8月中旬至9月中旬，第7代为9月中旬至10月中旬，第8代为10月中下旬。稻瘿蚊第1、第2代发生数量少，为害早稻轻，第3代数量激增，为害中稻和单季晚稻秧田，第4代至第6代数量多，为害迟中稻和晚稻，第6代一部分和第7代迁入越冬寄主。在第3代至第6代中，每个世代均有可能造成严重为害（图2-3-10）。

2. 稻瘿蚊成虫夜间羽化

雄成虫羽化后不久即可飞翔寻偶交配，一生可交配3~8次，交配后多于次晨死亡，平均寿命12h。雌成虫一生仅交配1次，第二天晚上在稻株上分散产卵，平均寿命36h。每雌产卵160粒，可对66株稻苗产卵，卵散产于近水面的嫩叶背面，少数产在叶鞘上，每处1~3粒。卵期在主害代（三至六代）均为3d。雌成虫有趋光性，且大多是已交配未产卵的雌虫，因此，幼虫灯下出现的高峰日就是稻田产卵高峰日。成虫飞翔转移力弱，在水稻生长期，距虫源田25m范围内虫口密度大，百丛标葱数达147根，而在水稻生育后期，成虫飞翔扩散距离可达10~15km。

3. 卵在夜间孵化

初卵幼虫必须借助叶面湿润条件才能蠕动向下爬行，经叶鞘或叶舌边缘侵入稻茎，然后沿叶鞘内壁下行至基部，再侵入生长点取食为害，整个过程需2~3d。只有侵入生长点的幼虫才能正常发育。从成虫产卵至水稻症状出现所需时间为12~15d，此时，幼虫处于二龄中、后期，水稻生长点已被完全破坏，葱管形成，心叶缩短，分蘖增加，茎基部膨大。当产卵后17~21d时，幼虫老熟化蛹，这时葱管才抽出。幼虫期14~18d，其中一龄5~7d，二龄4~5d，三龄3~4d，预蛹2d。幼虫为害秧苗造成的产量损失较小，为害分蘖期造成的产量损失较大，是前者的2倍（图2-3-10）。

4. 蛹羽化特性

蛹开始羽化前，从葱管基部扭动蛹体上升至葱管顶端，用额刺刺一羽化孔，然后钻出羽化。蛹期5~7d。

稻瘿蚊成虫	成虫静止状
生长点被害成虫瘿	秧苗心叶被害成枯心苗

图 2-3-10　稻瘿蚊为害状

三、发生与环境条件的关系

1. 气候

稻瘿蚊喜高湿不耐干旱。当雨量大、雨日多、湿度高、气温偏低，是有利于成虫产卵、卵孵化和初卵幼虫爬行入侵，导致发生量大、害重。在广西壮族自治区，当6月中旬至8月上旬雨量超过530mm，雨日超过42d，温湿系数大于3的年份，稻瘿蚊发生重，而其他年份则发生轻。

2. 栽培制度

稻瘿蚊主要在水稻秧苗期和分蘖期为害，因此，在双季连作区或单季中、晚稻很少的稻区发生轻，而在单双季混栽区、单季中晚稻区、稻—稻—麦区和稻—稻—稻区，由于存在中间桥梁田，导致逐代发生加重。

3. 品种

目前我国栽培的当家品种大多数为感虫品种，仅有少数农家品种表现出抗性。据广西农学院研究，在13 037个品种中，有4个为高抗级品种，有15个为抗级品种。这19个品种均系广西农家晚稻品种，抗性机制为抗生性。抗感品种之间在产卵量、初卵幼虫侵入率上有明显差异，前者死亡率高，化蛹率3%，后者化蛹率可达100%。

稻瘿蚊目前已存在不同的生物型。国外已报道的生物型有7个，即中国型、泰国型、印尼型、印度R型、Ap型、O型和斯里兰卡型。我国已发现4个生物型，即中国 I 型、II 型、III 型和IV 型，其中分布最广的是 II 型。

4. 天敌

稻瘿蚊的天敌有寄生于卵和幼虫的黄柄黑蜂和单胚黑蜂 *Platygaster* sp.，外寄生于幼虫和蛹的斑腹金小蜂、稻瘿蚊长距旋小蜂 *Neanastatus cinctiventris* Girault 和东方长距旋小蜂 *N. orientalis* Girault 等，其中以黄柄黑蜂为优势种，寄生率可达60%以上。由于有天敌存在跟随现象，上述5种天敌对当代稻瘿蚊控制作用较差，而对下一代的发生有一定的控制作用。

四、防治方法

1. 农业防治

铲除越冬寄主李氏禾、野生稻、再生稻等以减少越冬虫源，在虫源附近种植抗虫品种；晚稻秧田和中稻秧田要连片种植，以利用药防治；采用双季连作，适期播插避过成虫产卵期。

2. 药剂防治

5%吡虫啉乳油拌种11ml/10kg用于防治旱秧田稻瘿蚊，或用60%吡虫啉拌种悬浮剂200~400ml/100kg、70%噻虫嗪拌种悬浮剂100~300ml/100kg。插秧后用20%氯虫苯甲酰胺悬浮剂10ml/667m²防治。

第四章　鞘翅目害虫

第一节　稻负泥虫

稻负泥虫*Oulema oryzae*（Kuwayama），鞘翅目，叶甲科，又名稻叶甲，俗称背屎虫、抱屎虫、红头虫等。在北方稻区，主要分布在东北三省。

稻负泥虫主要以幼虫为害水稻，沿叶脉啃食叶肉，造成许多白色纵痕，严重时，稻叶焦枯破裂，影响水稻生长发育，造成减产。稻负泥虫除为害水稻外，还为害茭白、谷子、游草、芦苇、碱草和双穗雀稗等多种杂草。

一、形态特征

1.成虫

体长4~4.5mm，头部黑色，前胸背板黄褐色到红褐色，鞘翅青蓝色，有金属光泽，每一鞘翅上各有10条纵行刻点，足黄色至黄褐色，体腹面黑色。

2.卵

长约0.7mm，长椭圆形，初产时淡黄色，渐变暗绿或灰褐色，将孵化时为黑绿色。

3.幼虫

初孵化幼虫头红色，体淡黄色，老熟幼虫，长4~6mm，头小，黑褐色，腹背明显隆起，幼虫孵化不久，便将灰黄色至黑绿色的粪便堆积在体背上。

图 2-4-1　负泥虫

1.成虫；2.蛹的腹面；3.成虫交配状；4.产于稻叶上的卵；5.幼虫及期被害状；6.幼虫放大；7.茧；8.稻株被害状

4.蛹

长约4.5mm，鲜黄色，外包白色蜡絮状茧，茧长5~6mm（图2-4-1）。

二、生活史

稻负泥虫以成虫在背风向阳的山坡、田埂、沟边、塘边的禾本科杂草间或根际土内越冬。春天越冬成虫，先群集在禾本科杂草上取食，水稻插秧前后，5月末6月初，从杂草上迁到水田上（秧田、直播田和插秧田），取食后，交尾产卵，卵产在叶片上，以正面为多，卵块状，通常成两行排列，卵块有2~13粒卵。雌虫一生可产卵多次，每次可产数粒至10余粒。产卵期平均18d。卵经10d孵化。幼虫孵化出后，即开始为害水稻，幼虫经15d左右长成，做茧化蛹，蛹经10d左右羽化成成虫，迁出水稻田，迁到越冬场所休眠越冬。据各地饲养观察，稻负泥虫卵期为7~10d，幼虫期10~20d，蛹期9~15d，预蛹期2~4d，成虫寿命长达340d左右（图2-4-2、图2-4-3和图2-4-4）。

图 2-4-2　稻负泥虫为害叶片状

图 2-4-3　稻负泥虫成虫

图 2-4-4　稻负泥虫为害状

稻负泥虫山区隐蔽场所多，对成虫越冬有利，故发生较平地重；冬春温暖，成虫出现早；如遇阴雨连绵，特别是夜晚下雨，更有利为害。

三、防治措施

1. 农业及人工防治

（1）冬春结合积肥，铲除田边，路旁、沟塘边等处杂草，消灭越冬成虫。

（2）在幼虫期，于早晨露水未干前，用笤帚扫除此虫。

2. 药剂防治

（1）70%吡虫啉水分散粒剂稀释6 000~7 500倍液喷雾。

（2）氯氰菊酯等菊酯类药剂，一般3 000倍液喷雾。

第二节 稻象甲

稻象甲*Echinocnemus squameus* Billberg，异名为*E. bipunctatus* Roelofs，鞘翅目，象虫科。

稻象甲除为害水稻外，还为害陆稻、稗、李氏禾等，成虫偶食麦类、玉米、油菜、瓜类、甘蓝、番茄等。成虫和幼虫均为害水稻，成虫害叶，幼虫害根，以后者较重。成虫钻食稻苗茎部，心叶抽出呈横排圆孔，重时叶片折断。幼虫为害幼嫩须根，稻株叶尖发黄，生长停滞甚至全枯死。

一、形态特征

1. 成虫

体长5~5.5mm，灰黑色，被有灰褐色鳞片。每一鞘翅上具10条细纵沟，内方3条色较深，在2~3条细纵沟之间。纵向全长的1/3处，有1长方形白色小斑。

2. 卵

椭圆形，长约0.9mm。初产时乳白色，后变深黄色，半透明，有光泽。

3. 幼虫

老熟幼虫长8~9mm。多棱皱，无足，头部褐色，体乳白色，有黄褐色短毛。

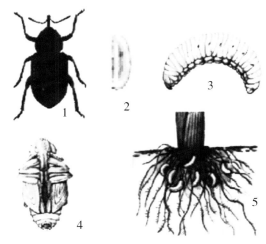

图 2-4-5 稻象甲形态特征

1.成虫；2.卵粒放大；3.幼虫；4.蛹；5.根部为害状

4. 蛹

体长约5mm，初乳白色，后变灰色，末节有肉刺1对（图2-4-5）。

二、发生规律

1. 生活史和习性

稻象甲每年发生1代，以幼虫在土下3~7cm土窝、土缝内，以及杂草根际处越冬，部分以成虫在田边杂草及落叶、树皮下或在稻株间及稻茎内越冬。5—6月间，越冬成虫开始活动，越冬幼虫相继化蛹、羽化为成虫出来活动。一般插秧后1周为成虫盛发期。成虫进入秧田和本田为害、产卵，孵化的幼虫为害稻根，6月下旬至7月出现羽化的成虫（图2-4-6和图2-4-7）。

图 2-4-6　稻象甲为害叶片造成孔洞　　图 2-4-7　稻象甲为害叶片状

成虫在早晚活动，白天潜伏于水稻基部、杂草丛和土缝等处。有趋光性、伪死性，喜食甜物。在离水面3cm左右基部叶鞘上咬个小孔，产卵其中。幼虫孵化后沿稻株潜入土中，通常聚居于上下3cm多处，有幼虫数十头或更多。老熟幼虫在稻根附近3~6cm处做土窝化蛹。成虫羽化后暂蛰伏于土窝内经过一段时间才外出活动。

2. 发生与环境的关系

稻象甲的发生与气候条件有密切关系。春暖多雨，有利于幼虫化蛹和蛹的羽化，成虫发生多，为害重。分蘖期间多雨，对成虫产卵有利，受害亦重。

土壤含水量与稻水象甲的发生数量、为害程度关系密切。旱秧田重于水秧田，沙质土壤漏水田发生较重。幼虫没有适于水中呼吸的器官，故长期受水淹浸，不利于幼虫成活。

三、防治方法

1. 农业防治

铲除田边、田埂处杂草，消灭越冬虫源。春季泡田时，多耕多耙，使越冬的虫体浮于水面，然后将浮出的成虫和幼虫与浪渣一起捞出处理掉。

2. 诱杀成虫

在稻象甲重发区，于成虫盛发期点灯可诱杀部分成虫。利用糖水草把诱杀成虫也有较好的效果。方法是：将稻草扎成约33cm长草把，洒上少许糖醋液和杀虫剂，插于稻田四周，每亩放置20个左右。

3. 药剂防治

药剂防治的重点是控制成虫为害，药剂配方要长短效相结合。
用40%氰戊菊酯乳油150ml，对水600kg喷雾，防治效果在95%以上。

第三节　稻水象甲

稻水象甲 *Lissorhoptrus oryzophilus* Kuschel，鞘翅目，象甲科，小象甲亚科，象甲属。稻水象甲原产于美国东部的原野和山林，以禾本科、莎草科等植物为食，1800年在美国密西西比河首次发现，现在日本、多米尼加、加拿大、墨西哥、古巴、哥伦比亚、圭亚那、韩国、朝鲜和中国等均有发生。

稻水象甲主要为害水稻，寄主植物有禾本科、莎草科、眼子菜科、泽泻科、香蒲科、鸭跖草科和灯心科等7科56种。

成虫和幼虫均能为害。成虫啃食稻叶，沿叶脉方向取食叶肉，取食顺序是从叶基部到尖部，残存一层表皮，形成与叶脉平行的白条斑。白条斑两端圆滑，长短不一，最长不超过3cm，宽约0.5mm。大部分从叶片正面啃食，极少数从叶片反面啃食。幼虫钻食新根，造成秧苗缓秧慢，为害严重的，稻秧轻轻一拔即起，甚至造成漂秧（图2-4-8和图2-4-9）。

图 2-4-8　稻水象甲成虫为害水稻叶片状

图 2-4-9　稻水象甲成虫为害状

一、形态特征

1. 成虫

长2.6~3.8mm，宽1.15~1.75mm，灰褐色。喙约与前胸背板等长，稍弯，扁圆桶形。触角鞭节6亚节，末亚节膨大，基半部表面光滑，端半部表面密布毛状感觉器。前胸背板宽1.1倍于长，中央最宽，眼叶明显。不见小盾片。鞘翅侧缘平行，长1.5倍于宽，宽1.5倍于前胸背板，肩斜，行纹细，行间宽并被至少3行鳞片，鞘翅端半部行间上有瘤突。中足胫节两侧各具1排游泳毛。雌虫后足胫节有前锐突和锐突，锐突长而尖，雄虫仅具短粗的两叉形锐突。在孤雌生殖的普通型稻水象甲前胸背板上有一广口瓶状的黑斑，鞘翅上亦有一不规则的黑斑。

2. 幼虫

体白色，头黄褐色，无足，2~7腹节背面各有一对向前伸的钩状气门，四龄幼虫长约10mm。

3. 卵

约0.8mm×0.2mm，圆柱型，两端圆。成虫性成熟后开始产卵。卵产于水稻叶鞘组织内，每处常有数粒至数十粒，呈纵向排列。产卵处常现褐色点状斑痕。据Grigarick（1965）研究，93%的卵产于淹水的茎基部，5.5%在水面的上部，1.5%在根部。

4. 蛹

蛹长约3mm，白色，在稻根部的土茧中。老熟幼虫先在寄主根系上做土茧，然后在茧中化蛹。土茧黏附于根上，灰色，不正球形，直径约5mm。蛹白色，复眼红褐色，大小和形态近似成虫（图2-4-10和图2-4-11）。

图 2-4-10　稻水象甲为害禾本科杂草及越冬场所

二、发生规律

1. 生活史

稻水象甲以1年发生1代为主，极少量的能发生2代。以成虫在稻田周围的林带、山丘树叶杂草下、沟渠埝埂、道路两侧等土壤内过冬，其中以杂草根部数量居多。

气温10℃左右时，越冬成虫开始活动，4月10日左右在越冬场所的杂草上可见到为害状。4月20日左右开始向秧田转移，5月10日后为害加重。玉米出苗时，先为害玉米，后转移到秧田。水稻插秧后第二天就可见到成虫。本田为害盛期在5月下旬至6月上中旬，即插秧后的7~15d。卵盛期在5月下旬至6月上中旬，末期在6月下旬，产卵期持续30~60d。

幼虫始发期5月下旬，盛期在6月中旬到7月上旬，末期在7月下旬，幼虫经过4龄，约1个月开始化蛹。

蛹发生盛期在6月上旬至8月上旬，末期为9月底。成虫始发期为6月下旬，盛期为7月中旬至8月中旬。

卵期5~11d，多数7~8d，幼虫期在26d以上，蛹期8d以上，成虫期为1年零1个月左右。

2. 习性

3月底、4月初越冬代成虫出蛰活动后，在越冬场所附近取食白茅、芦苇等杂草，秧苗出土后，便迁入秧田取食产卵。在本田，尤其喜食缓苗期稻苗，以白天取食为主。新一代成虫羽化后，主要取食下部的叶片，尤其是近水面的叶片。产卵以白天为主，每头成虫可产卵50~100粒。主要产在水面以下叶鞘的靠近中脉的组织内，以近地面的第二片为多；当稻根露出泥面且在水中，多数卵落在根内。

成虫在气温20℃以上时，有迁飞习性。每天从下午4:00开始，晚上7:00—9:00达到高峰，晚上11:00后减弱。全年有两次迁飞过程：一是越冬代成虫的迁飞，从5月初开始，盛期在5月下旬至6月上中旬，高峰期在5月底。第二次是新一代成虫的迁飞，从7月上旬末期始到8月下旬止，盛期在7月中旬至8月中旬，高峰期在7月中下旬。

对光有较强的趋性，尤其是新一代成虫，对黑光灯、白炽灯、日光灯及其混合光源都有趋性。一盏黑光灯日诱成虫可达13万头之多。

越冬代成虫昼夜活动，仅在大风、低温时下潜不动。新一代成虫白天多潜入水面以下在根部附近活动，傍晚迁飞前爬至稻尖待飞。

成虫具有群居性，在越冬场所更为明显，一个土窝内有越冬成虫十几头至百余头，多的达二百余头。雌成虫具有抱对性，即一对雌虫常常抱在一起。

越冬代成虫有喜水性，能在水面漂游、水中游泳和沉没到水底活动，而新一代成虫越冬时却转移到干燥的沟边、山丘、林带处，表现出背水性（图2-4-11）。

成虫喜食幼嫩叶片，表现出喜嫩性，还具有假死性、耐饥饿、耐窒息。

3. 传播

稻水象甲可随稻谷、稻草、芦苇、稻壳和稻秧作人为地远距离传播。可依靠自身飞翔作近距离转移，同时因其虫体小还可以借助河水，甚至海水随水漂移而作长短距离的传播。

三、化学防治

1. 稻水象甲的防治

要分3个阶段连续实施。

（1）第一阶段。防治越冬场所和秧田的越冬代成虫。4月底至5月上旬越冬成虫大都已出土活动，在越冬场所的杂草上取食。但大部分本田尚未插秧，越冬成虫未扩散转移，虫量集中，面积较小，可压低稻田发生基数，减轻对水稻初期为害。

水稻秧田揭膜后，越冬代成虫向秧田迁移，并取食危害和产卵。起秧前7天左右施药防治，可防治秧田越冬代成虫，并降低本田发生基数。

（2）第二阶段。防治本田越冬代成虫和新一代幼虫。搞好这一阶段的防治可有效控制对缓秧期和分蘖期水稻的为害。插秧后7~10d，附近越冬场所的成虫大部

稻水象甲幼虫根部危害状

稻水象甲幼虫在根部化蛹

稻水象甲成虫为害叶片状

稻水象甲幼虫及茧蛹

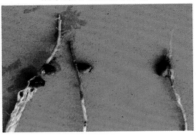

稻水象甲茧蛹附着根部状

图2-4-11　稻水象甲生活史

分迁移到新插秧的稻田，并先集中在边缘4~5行为害，应抓住这一尚未在全田扩散之前的有利时机突击防治，可有效地防治本田越冬代成虫。施药期要掌握在插秧后7~10d为宜，太早了成虫尚未迁移到本田，太晚了成虫已在田间扩散，防效都不好。

（3）第三阶段。防治本田新一代成虫。稻水象甲的成虫和幼虫都可为害水稻，而幼虫对产量的影响更大。当每穴有幼虫5头时便可造成产量损失，每穴有幼虫10头以上时一般减产20%左右，每穴有幼虫20头以上时会大幅度减产，最高减产70%左右。水稻受幼虫为害后，株高降低，分蘖减少，造成减产，故要注意本田幼虫的防治。防治适期为插秧后3周左右，即幼虫为害之前。

2. 防治策略

消灭越冬成虫应在4月下旬至5月上旬，在秧田和田边杂草丛生，稻水象甲越冬场所施药。在水稻插秧3周左右幼虫为害之前施药，消灭根际幼虫为害。7月中旬，新一代成虫发生期进行叶面喷洒药剂，消灭越冬虫口基数，减轻下年为害及防止向周边传播扩散。

7月中下旬进入新一代成虫盛发期，该虫不仅当年造成为害，而且还是第二年发生的虫源。做好新一代成虫的药剂防治还可以大幅度压低越冬基数，减轻来年初期的为害，并有效地减少向外传播扩散。防治时期为7月10日至8月10日，喷药时间应在下午5:00—8:00进行。

在水稻插秧3周左右幼虫为害之前施药，消灭根际幼虫为害。7月中旬新一代成虫发生期进行叶面喷洒药剂，消灭越冬虫口基数，减轻下年为害及向周边传播扩散。

3. 药剂防治

（1）在水稻插秧返青后，亩用25%的噻虫嗪水分散粒剂2~4g，对水45kg，对稻苗进行喷雾，在防治稻水象甲的同时，兼治稻飞虱、二化螟、稻纵卷叶螟和负泥虫等其他害虫。

（2）40%氯虫苯甲酰胺·噻虫嗪水分散粒剂，对稻水象甲的防效在有效成分为48~60g/hm²较好，严重时可加大量至有效成分60~90g/hm²。

第五章　其他常见害虫

第一节　稻椿象

稻椿象在我国主要分布于南方稻区，尤以广东省、广西壮族自治区、云南省等地发生普遍，部分地区受害严重。

该虫除取食为害水稻外，尚可食害小麦、玉米、豆类以及取食多种禾本科杂草。水稻主要在抽穗后未成熟的穗部受害，造成秕谷或不实粒，直接影响产量（图2-5-1）。

斑须椿成虫

稻黑腹椿成虫

稻蛛缘椿成虫

稻棘缘椿成虫交尾

图 2-5-1　稻椿象

一、稻绿椿（*Nezara viridula* Linnaeus）

稻绿椿，别名稻青椿、绿椿、青椿象，半翅目、椿科。稻绿椿分布很广，为世界性昆虫。我国东北、西北、华北、华中、西南、华东、华南等地区均有发生。该虫食性广，除为害水稻外，还食害豆类、小麦、高粱、玉米、芝麻、柑橘等多种作物。当水稻抽穗后，成虫、若虫群集于穗部，刺伤花器或吸食谷粒浆液，造成空粒或不实粒，严重为害时，空粒率达10%以上。

1. 形态特征（图 2-5-2）

成虫体长雄12~14mm，雌12.5~15.5mm。全体青绿色，体背色较浓而腹面色略淡，复眼黑色，单眼暗红，触角第四节、第五节末端黑色，小盾片基部有3个横列的小黄白

点；前翅膜区无色透明。黄肩型和点绿型
个体的区别：前者在两复眼间之前以及前
盾片两侧角间之前的前侧区，均为黄色，
其余部分为青绿色；后者体背黄色，小盾
片前半部有3个横列绿点，基部亦有3个小
绿点，端部的1个小绿点与前翅革片的1小
绿点排成1列。

卵圆形，顶端有卵盖，卵盖周缘有白
色小刺突。初产黄白色，中期黄赤，后期
红褐色。

若虫共5龄。1龄若虫体长1.1~1.4mm，
黄褐色；前中胸背板有1大型橙黄色圆
斑，第1腹节、2腹节背面两侧有长形白
斑1个，第5腹节、6腹节背面靠中央两侧
各有1黄色斑点。2龄体长1.9~2.1mm，黑

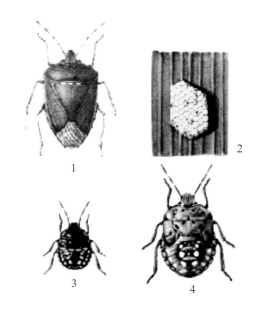

图 2-5-2 稻绿蝽
1.成虫；2.卵块；3.初龄若虫；4.末龄若虫

褐色，前、中胸背板两侧各出现1椭圆形黄斑，第5腹节、第6腹节的4个黄斑比1龄的黄
斑细。3龄体长4.0~4.2mm，第1腹节、第2腹节背面有2个近圆形白斑，第3腹节至腹末
节，背面两侧各出现6个圆形的白斑，中胸背板后缘出现翅芽。4龄体长5.2~6.0mm，色
泽变化大，有的个体全黑褐色，有的中胸背板青绿色，头部出现"⊥"形的粗大黑纹，
黑纹两侧黄色，这是该龄特有的特征。翅芽和小盾片比3龄伸长。5龄体长7.4~10mm，
前胸背板4个黑点排成1列，前后翅芽明显，前翅芽中央和内侧各有1小点，小盾片有4个
小黑点排列成梯形，第3腹节背面中央有2个横列的长型粉红色斑，第3、第4腹节背面正
中央各有1个近棱形粉红色大斑。

2. 生活史和习性

稻绿蝽在浙江省1年发生1代，广东省可发生3~4代，田间各世代发生比较齐一。各
虫态历期视气温而异，在温度26~28℃时，成虫产卵前期为5~6d；卵期5~7d；若虫期
21~25d，1世代历期31~36d。以成虫群集于田埂松土下或田埂杂草根部小土窝内越冬，
越冬成虫翌年3月至4月初陆续飞出，到附近的早稻、玉米、花生、豆类、芝麻等作物上
产卵，第1代若虫在这些作物上为害，当早稻抽穗扬花至乳熟期，出现第1代成虫及第2
代若虫集中为害稻穗，到水稻转入黄熟后，绿蝽又转移到花生、芝麻、豆类等作物上继
续为害，并成为为害晚稻的虫源。晚稻收获后，气温下降，即以成虫越冬。

稻绿蝽食性虽杂，但喜集于作物开花和结实初期为害，成虫多在白天交配，晚间产
卵，卵多产于叶背。齐整地排列成2~6行，1行卵块共有卵30~70粒，若虫孵化后，先群

集于卵壳附近，到2龄后逐渐分散，除太阳猛烈气温高时移至稻株基部外，均集中为害作物的穗部。

二、黑腹蝽*Eusarcoris ventralis*（Westwood）

黑腹蝽，亦称广二星蝽。半翅目，蝽科。

1. 形态特征（图2-5-3）

成虫体长5~6.3mm，体暗褐色，身体长度大于宽度。触角基部3节黄褐色，末端两节暗褐色。头部黑色，中侧片等长。前盾片两侧角稍凸出，不尖，眉状印黑色，小盾片宽大，末端圆，长达腹中部，基角各有一白色近圆形小点，有时不显著，腹面黑色。卵黑褐色圆桶形，卵盖边缘有一圈白色刺列，卵盖上面有一黑色圈，腰部有两个黑色圈。初孵若虫头胸部黑色，腹部灰黄褐色，边缘有半圆形黑斑，臭腺孔周围有黑斑。末龄若虫体黄褐色，小盾片上有明显两个白点。

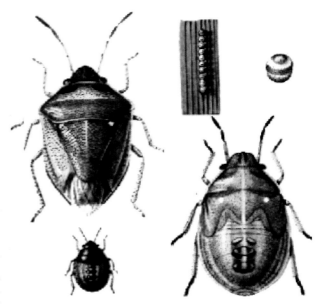

图 2-5-3　黑腹蝽

1.成虫；2.产在叶片上的卵；3.卵粒放大；
4.初孵若虫；5.末龄幼虫

2. 分布

全国各地均有分布。

3. 生活习性

取食水稻，也为害玉米、高粱、豆类。以成虫在杂草丛中越冬。

三、防治方法

1. 减少越冬虫源

冬春期间清除田边附近杂草，有利于减少翌年的虫源。

2. 药剂防治

适期在二、三龄若虫盛期，对达到防治指标（水稻百蔸虫量8.7~12.5头），且水稻离收获期1个月以上、虫口密度较大的田块，可用10%吡虫啉可湿性粉剂1 500倍液，亩用药液50~60kg均匀喷雾，15d后再防治一次。

第二节 稻蓟马

缨翅目昆虫通称蓟马，体长0.5~14mm，多数微小，头部下口式，口器锉吸式。翅脉只有2条纵脉，能飞，但不常飞，属渐变态昆虫。有大翅型、短翅型和无翅型。卵生或卵胎生，偶有孤雌生殖。常见有蓟马科、纹蓟马科、管蓟马科。

为害水稻的蓟马主要有：稻蓟马*Thrips orszae* Williams（图2-5-4和图2-5-5）；稻管蓟马 *Haplothrips aculeatus*（Fabricius）又名乐谷蓟马（图2-5-6）；花蓟马*Frankliniella intonsa*（Trybom），又名台湾蓟马，均属缨翅目。稻管蓟马，属管蓟马科，另两种属蓟马科。

图 2-5-4　稻蓟马　　　　图 2-5-5　稻蓟马产在稻叶的卵　　　　图 2-5-6　稻管蓟马

稻蓟马成虫和一龄、二龄若虫用口器刮破稻苗嫩叶表皮，锉吸汁液，使被害叶出现乳白色斑点，叶尖卷缩。严重时，叶片纵卷变黄乃至焦枯。穗期转入颖壳内，危害子房，造成秕粒。秧田受害严重时，全田秧苗枯黄发红，状同火烧；本田受害严重时，影响植株返青和分蘖，稻田坐兜，生长受阻。稻蓟马除为害水稻外，还为害小麦，也偶见为害玉米、谷子等，并取食禾本科杂草。

一、形态特征（图2-5-7）

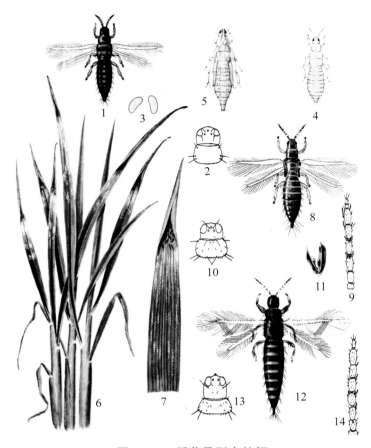

图 2-5-7　稻蓟马形态特征

稻蓟马　1.成虫；2.头胸部背面；3.卵粒放大；4.若虫；5.蛹；6~7.水稻被害状
花蓟马　8.成虫；9.触角放大；10.头胸部背面；11.稻粒被害状
稻管蓟马　12.成虫；13.头胸部背面；14.触头放大

1.成虫

体长1~1.3mm，雌略大于雄。初羽化时体色为褐色。1~2d后，为深褐色至黑色；头部近方形，触角鞭状7节，第六节至第七节与体色同，其余各节均黄褐色。复眼黑色，两复眼间有3个单眼，呈三角形排列；前胸背板发达，后缘有鬃4根；翅2对紧贴体脊，前翅较后翅大，缨毛细长，翅脉明显，上脉鬃（不连续）7根，端鬃3根；腹部锥形10节，雌虫第八节至第九节有锯齿状产卵器。

2.卵

长约0.2mm，宽约0.1mm，肾脏形，微黄色，半透明，孵化前可透见红色眼点（图2-5-5）。

3. 若虫

若虫期共4龄。初孵化时体长0.3~0.5mm，白色透明。触角念珠状，第四节特别膨大，有3个横隔膜，复眼红色，腹部可透见肠道内容物。3龄若虫体长0.8~1.2mm，触角分向两边；翅芽始现，腹部显著膨大。4龄若虫体长0.8~1.3mm，淡褐色；触角向后翻、在头部与前胸背面，可见单眼3个；翅芽伸长达腹部第5节、第7节。

二、生活习性

1. 年生活史

稻蓟马生活周期短，发生代数多，世代重叠，因此，田间发生世代较难划分。

世代历期随着季节温度高低而异。福建沙县春、秋季1世代需15~18d，夏季世代历期最短，只需10d左右，冬季世代时最长，需时约40d。

2. 性比及孤雌生殖

在田间，稻蓟马盛发期的雌虫占成虫数的比例一般可达90%以上，雄虫数量很少。但在广东省冬季雄虫比例上升，雌雄比约为1：1。

稻蓟马除两性生殖外，还能孤雌生殖，在19℃、25℃和35℃等温度下，孤雌均能产卵，其后代也能正常发育，但雄虫比例增多，或全为雄虫。

3. 习性

成虫白天多隐藏在纵卷的叶尖、叶脉或心叶内，早晨、黄昏或阴天多在叶上活动，爬行迅速，能飞，能随气流扩散。雌虫产卵前期1~3d，产卵时把产卵器插入稻叶表皮下，散产于脉间的叶肉内。据室内观察，成虫初期每昼夜产卵7~8粒，多的13~14粒，后期逐渐减少，终卵前几天，仅产卵3~4粒。雌虫有明显趋嫩绿稻苗产卵的习性。若虫多在晚上7:00—9:00孵出，头部先伸出卵壳，左右摇摆，虫体不断伸缩，3~5min离开卵壳，活泼地在叶片上爬行，数分钟后即能取食。若虫多聚集于叶耳、叶舌处，尤喜在卷叶状心叶内取食，当叶片展开后，3、4龄若虫（前蛹和蛹）多集中在叶尖部分，叶尖纵卷变黄。

稻蓟马以为害稻叶为主，但也为害稻花。为害稻穗，都以早稻穗期较晚稻穗期重。以盛花期侵入的虫数较多，次为初花期或谢花期，灌浆期最少，以成虫侵害为主。

三、防治方法

1. 铲除杂草，消灭虫源

冬后至早秋出苗前，铲除田埂、沟边、塘边杂草，消灭过冬虫口，以减少秧田和早栽本田的发生量。

2. 合理运用栽培技术

培育和移栽壮秧，因地制宜不用或少用小苗秧和嫩秧。植期整齐，以减少或防止稻蓟马的辗转危害；本田在栽秧前施足基肥、面层肥，栽后加强肥水管理，促使苗"早生快发"，植株壮健，缩短受害危险期。

3. 合理使用化学农药

（1）防治指标。秧苗四叶期后每百株有虫200头以上，或4叶期后有卵300~500粒或叶尖初卷率达5%~10%。本田分蘖期百株有虫300头以上或有卵500~700粒，或叶尖初卷率达10%左右，则列为防治对象田。

（2）适期施药。有研究表明用30%噻虫嗪拌种用悬浮剂1~3ml/kg拌种处理对防治稻蓟马的效果明显，且持效性好，同时在一定程度上能提升秧苗的出苗率、成苗率，并且处理后的秧苗株高、茎基宽及地上部分鲜重有明显增加。药后20d，1~3ml/kg的制剂用量对稻蓟马的防治效果在90%以上，药后30d防治效果仍在80%以上。

在叶尖受害初卷期，可每亩用2.5%吡虫啉可湿性粉剂100g对水50kg喷雾，或用5%啶虫脒可湿性粉剂30g对水15kg喷雾，或用6%乙基多杀菌素悬浮乳剂10~20ml/亩以1 000倍液喷雾。

第三节　中华稻蝗

中华稻蝗 *Oxya chinensis*（Thunberg），俗称蚂蚱，属直翅目，丝角蝗科。

中华稻蝗分布很广，几乎遍及所有北方稻区，以前发生很轻，只零星为害。但1980年后逐年加重，上升为水稻主要害虫之一。中华稻蝗除为害水稻外，还为害玉米、高粱、黍、麦类、甘薯、马铃薯、亚麻、棉花、豆类以及芦苇、蒿草、茅草等多种杂草。

中华稻蝗成虫、若虫吃食叶片，轻者叶片成缺刻，重者全部叶片被吃光，仅留叶脉。水稻抽穗后可咬断小枝梗，造成白穗，水稻乳熟时可直接吃食乳熟谷粒，造成秕粒，水稻黄熟时，则可弹落稻谷，影响产量（图2-5-8和图2-5-9）。

蝗蛹为害状

图 2-5-8　蝗虫成虫为害状　　　　图 2-5-9　中华稻蝗为害水稻状

一、形态特征

图 2-5-10 中华稻蝗

1-2.若虫；3.成虫；4.卵囊及卵粒；5.雄虫肛上板；6.雌虫下生殖
板腹面；7.水稻被害状；小稻蝗 8.成虫；9.雄虫肛上板

1. 成虫

雌虫体长30~37mm，体色为绿色或黄绿色，头胸部从复眼后方始，前胸背板两侧各有一条明显的黑色纵带直达前胸背板后缘，复眼突出，灰褐色，触角丝状24~26节，前翅黄褐色，后翅浅黄色，翅长超过腹部末达后足胫节前部；腹部8节，后足胫节有8~11对小刺，雄虫尾部呈圆形，雌虫尾部有两对明显的产卵瓣，前胸背中线呈凹形。

2. 卵

卵块褐色呈囊状，长11~18mm，宽7~9mm，卵囊前端平截，后端圆，中部略弯，卵块中有卵30粒左右，多的可达50粒以上，初产卵乳白色，以后变淡黄，卵粒长4~5mm，宽1mm，卵在卵囊内排列成上下两行，不整齐，卵粒间有胶质粘连，卵块可浮在水上。

3. 若虫

卵孵化出的若虫，经5次脱皮共6龄（图2-5-10）。

二、发生规律

1. 生活史

我国北方稻区一年发生一代，以卵在田埂或田边荒地土中越冬。越冬卵因受土质、地势、植被、温湿度的影响，其卵孵化期拖得较长，一般5月末6月初开始孵化，将延续到7月中旬。由于卵孵化期不整齐以及食料、环境因子的影响，各龄若虫的龄期亦有长有短，参差不齐，1龄若虫从6月上旬至7月中旬，2龄若虫从6月中旬至8月上旬，3龄若虫从6月下旬至8月中旬，4龄若虫从7月上旬至8月下旬，5龄若虫从7月下旬至9月上旬。成虫8月中旬开始羽化，一直到10月中旬才大批死亡。从1龄到羽化需65~80d，成虫期长达40~60d。

刚从卵粒孵化出的1龄若虫，经5min后，马上跳跃活动，群居在田埂草丛中取食活动，活动范围很小，一般不到稻株上，不易被人发现。几天后，有的脱皮为2龄，逐渐取食活动于田埂和田埂附近稻株之间。3龄后跳跃能力加强，逐渐向田内运动，4龄后扩散到田内取食。到成虫时，逐渐集中到田埂草丛中和附近的稻株上取食、交尾、产卵直到冻死。中华稻蝗集中田埂附近为害时间为70~80d，分散到田内为害30~40d。

成虫羽化后10~25d，开始交尾，一生可交尾多次，每头雌虫产卵1~3块。雌虫产卵多选择背风向阳、土壤湿度适中、杂草较多、土壤坚实的地方。一般在水田多产于条田渠道两侧田埂的中上部。产卵处规律是：低洼处较高燥处多，有草地较无草地多，丛草处较稀草处多，向阳地较背阴地多，沙质土较黏质土多。

2. 发生与环境的关系

与温湿度的关系。温湿度主要影响卵的孵化和成活。卵的孵化，只有在气温稳定通过16℃，5cm地温稳定通过19℃时，才能在土中孵化出若虫；土壤湿度，首先影响卵的成活率，当土壤含水量低于15%、30%左右和高于40%时，卵的成活率分别为74.8%、90.5%和54.5%。原因是土壤湿度过小，不能满足卵孵化所需的水分，使之干瘪死亡，当土壤湿度过大，造成卵块腐烂死亡。卵孵化最适土壤湿度（含水量）为25%~30%，卵孵化得早而快，反之过低或过高都晚而慢。

与天敌的关系。稻蝗卵的天敌有蚂蚁、金针虫成虫等，若虫天敌有蛙类、鸭子、燕子等，能一定程度控制稻蝗的发生与为害。

三、防治措施

1. 农业防治

秋季和春季，结合整修条田坝埂，播种大豆，铲除田埂3cm深草皮，晒干或沤肥，以杀死蝗卵；结合春耕整平地，打捞稻田浮渣，深埋或烧掉，以消毁卵块。

2. 生物防治

稻田放鸭、保护青蛙，以捕食稻蝗。

3. 药剂防治

（1）预测预报。每年6月，稻蝗卵刚孵化时，深入田间，取点调查水田坝埂和干渠上的卵块密度、成活率、孵化率、发育进度，根据卵块若虫密度和防治指标以及发育进度，进行发生程度预报。

（2）防治指标。卵块，每平方米坝埂20块以上，稻蝗每平方米水稻田有5头以上。

（3）防治适期。稻蝗3龄前若虫，绝大多数没有分散，都集中在坝埂和靠近坝埂的3垄水稻上活动为害，这是防治稻蝗最有利时机，因稻蝗发育不整齐，前后拖的时间较长，因此，打药防治两次。第一次打药防治在稻蝗卵孵化达70%时，第二次在卵孵化末期。

（4）防治方法。沿田坝埂用喷雾器或喷粉器专喷坝埂杂草和靠近坝埂的3垄水稻。

（5）药剂。可参照防治稻水象甲用药，因地制宜选用。

当蝗虫进入稻田后，喷洒乳油类杀虫剂如5%高效氯氰菊酯，每亩用药25~30ml，既有胃毒作用又有触杀作用，而且药液喷在稻叶上不易挥发。但有文献表明高效氯氰菊酯对中华稻蝗的毒性较弱，但可以使害虫迅速出现中毒现象。

第四节　蝼蛄

我国共有4种，属直翅目蝼蛄科，即单刺蝼蛄（华北蝼蛄）*Gryllotalpa unispina* Saussure、东方蝼蛄（非洲蝼蛄）*Gryllotalpa africana* Palisot de Beauvois、普通蝼蛄 *Gryllotalpa gryllotalpa* Linne.、台湾蝼蛄*Gryllotalpa formosana* Shiraki。

一、形态特征

1. 单刺蝼蛄（*Gryllotalpa unispina* Saussure）**也称华北蝼蛄**（图2-5-11）。

（1）成虫。身体比较粗大，体长36~56mm，前胸7~11mm。体色比非洲蝼蛄浅，呈黄褐色，腹部颜色显得更浅些。全身密布细毛。从背面看，头呈卵圆形，位于椭圆形的复眼下方，复眼略向两侧突出。前胸背板特别发达呈盾形，中央是1个凹陷不明显的暗红色心脏形坑斑。前翅鳞片状，黄褐色长14~16mm，覆盖住腹部1/3。前足特化为开掘足，前足腿节内侧外缘缺刻明显，后足胫节背面内侧有棘1个或消失。腹部末端近圆桶形。

（2）卵。椭圆形，比非洲蝼蛄卵小，初产时，长1.6~1.8mm，宽0.9~1.3mm，以后逐渐肥大。卵孵化前，长2.0~2.8mm，宽1.5~1.7mm。卵色较浅，初产时，乳白或黄白色，有光泽，以后变黄褐色，孵化前呈暗灰色。

（3）若虫。初孵化的若虫，头胸特别细，腹部很肥大，行动迟缓。全身乳白色，复眼浅红色，孵化半小时候，腹部颜色由乳白变浅黄，再变土黄，蜕1次皮后，变为浅黄褐色，以后每蜕一次皮，颜色就加深一些。5龄至6龄以后与成虫体色基本相似。初龄体长3.6~4.0mm，末龄若虫体长36~40mm。若虫共分13龄。

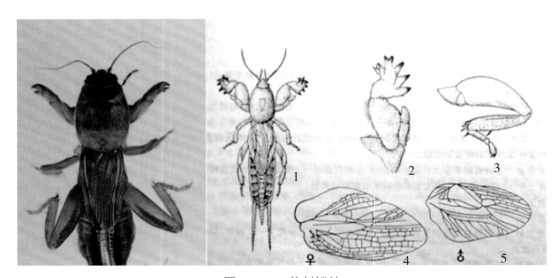

图 2-5-11　单刺蝼蛄

1.成虫；2.前足放大；3.后足放大；4~5.雌雄前翅放大

2. 东方蝼蛄（*Gryllotalpa orientalis* Burmeister）**也称非洲蝼蛄**（图 2-5-12）

（1）成虫。体较细瘦短小，体长30~35mm，前胸阔6~8mm，体色较深呈灰褐色。腹部颜色较其他部位浅些。全身密布同样的细毛。头圆锥形，触角丝状。前胸背板从背面看呈卵圆形，中央具1个凹陷明显的暗红色长心脏形坑斑，长4~5mm。前翅鳞片状，灰褐色，长12mm左右，能覆盖腹部的1/2。前足特化为开掘足，前足腿节内侧外缘缺刻不明显。后足腿节背面内侧有棘3~4个。腹部末端近纺锤形。

（2）卵。椭圆形，初产下时长1.58~2.88mm，宽1.0~1.56mm，卵孵化前长3.0~4.0mm，宽1.8~2.0mm。卵色较深，初产时，为乳白色，有光泽，以后变灰黄或黄褐色，孵化前呈暗褐色或暗紫色。

（3）若虫。初孵化的若虫，头胸特别细，腹部很肥大，行动迟缓。全身乳白色，腹部漆红，或棕色，半天以后，从腹部到头、胸、足开始逐渐变成浅灰褐色。2龄、3龄以后若虫，体色接近成虫，初龄若虫体长4mm左右；末龄若虫体长24~28mm。若虫共分6龄。

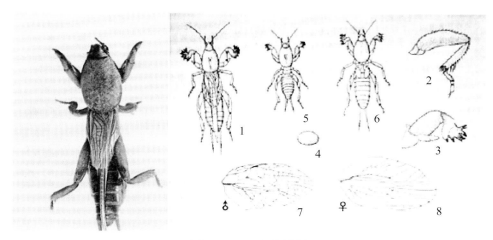

图 2-5-12　东方蝼蛄

1.成虫；2.后足；3.前足；4.卵；5.1龄幼虫；6.2龄幼虫；7.雄成虫前翅；8.雌成虫前翅

3. 普通蝼蛄（*Gryllotalpa gryllotalpa* Linne.）

成虫：外部形态与华北蝼蛄很相似。身体比较粗壮肥大，体长35~50mm。不同处在于普通蝼蛄后足胫节背侧内缘棘4~5根。

4. 台湾蝼蛄（*Gryllotalpa formosana* Shiraki）

成虫：体长25~30mm，小于华北蝼蛄和非洲蝼蛄，故亦称小蝼蛄。头、胸部及触角为浅灰褐色，腹部背面浅灰色，身体腹面呈淡黄色。翅浅灰色，后翅短不及腹部末端，但长于前翅。单眼椭圆形，复眼显著分离。腹部末节背面两侧，各生1对刚毛，刚毛末端交叉。

雌雄性鉴别。鉴别蝼蛄雌、雄，在测报、防治和研究工作上，都有重要意义。蝼蛄的雌、雄性鉴别，主要依据前翅翅脉和腹末端的外生殖器，而以前翅翅脉鉴别为最准确、方便。且不受时间约束；外生殖器鉴别，必须是在活蝼蛄或刚死的新鲜虫体时进行，一旦虫体开始变腐，即不易鉴别。在这里只介绍以前翅翅脉鉴别蝼蛄雌、雄的方法。

雄性前翅。位于前翅后缘（内缘）近中部靠里一些的区域上，Cu2脉明显成角状弯折并与A脉愈合成粗大坚硬的音锉。

雌性前翅。位于前翅后缘Cu2脉与A脉，不呈角状弯折，亦不愈合成音锉状。

二、生活史和习性

1. 生活史

华北蝼蛄，在山西省等省区完成1个世代，需3年左右，其中卵期17d左右，若虫期730d左右，成虫期1年以上。

非洲蝼蛄，在我国南方1年完成1个世代。据江苏省徐州地区农科所观察：在徐州地区是两年完成1个世代。在华北、西北、东北需两年完成1个世代。

台湾蝼蛄是1年完成1个世代。

2. 习性

几种蝼蛄均是昼伏夜出，晚9:00—11:00为活动取食高峰。其主要习性有以下6个方面。

（1）群集性。初孵化的若虫有群集性，怕光、怕风、怕水。非洲蝼蛄孵化后3~6d群集一起，以后分散为害；华北蝼蛄孵化后群集的时间比非洲蝼蛄还长些。台湾蝼蛄初孵化的若虫先在卵室内群集生活5~11d后，开始潜入土中为害。

（2）趋光性。具强烈的趋光性，在40W交流黑光灯下，可诱到大量非洲蝼蛄，而且雌性多于雄性。故可用灯光诱杀。华北蝼蛄因身体笨重，飞翔力弱诱量小，但在气温16.2℃以上，10cm地温13.5℃以上，相对湿度在43%以上，风力在三级以下的环境条件下，均可诱到华北蝼蛄。

（3）趋化性。蝼蛄对香、甜等物质特别嗜好，对煮至半熟的谷子、稗子、炒香的豆饼、麦麸等很喜好。因此可做毒饵来进行诱杀。

（4）趋粪性。蝼蛄对马粪等未腐烂有机物质，也具有趋性。所以在堆积马粪、粪坑及有机质丰富的地方蝼蛄就多，可用鲜马粪进行诱杀。

（5）喜湿性。俗话说："蝼蛄跑湿不跑干"蝼蛄喜欢在潮湿的土中生活，非洲蝼蛄比华北蝼蛄更喜湿。所以它总是栖息在沿河两岸、渠道两旁、菜园地内的低洼地、水浇地和稻田坝埂等处；而在盐碱低湿地，则是华北蝼蛄栖息场所。

（6）产卵习性。非洲蝼蛄，多在沿河、池埂、沟渠附近产卵。产卵前雌虫在5~20cm深处做窝，窝中仅有1个长椭圆形卵室，窝口用杂草堵塞，既能隐蔽，又能通气，且便于若虫破草而出。产卵量平均为30粒左右，雌虫产完卵后就离开产窝。华北蝼蛄，对产卵地点有严格的选择性。多在轻盐碱地内的缺苗断垄、无植被覆盖的高燥向阳、地埂畦堰附近或路边、渠边和松软油渍状土壤里。卵窝处土壤的pH值约为7.5，土壤湿度（10~15cm）为18%左右，产卵是在土中洞内，它预先挖好的卵室内进行的。台湾蝼蛄卵室多在30cm土层中，每一卵室平均有卵15粒，每头雌虫平均产卵53粒左右。

三、防治方法

改变环境是消灭蝼蛄的根本方法。改良盐碱地，并把人工歼灭与药剂防治结合起来。

1. 农业防治措施

（1）结合农田基本建设，改变农业生态条件，直接消灭地边、沟旁、田埂等处蝼蛄窝巢。

（2）耕翻土地，压低越冬虫量。在华北、东北等地实行春秋翻地耕作制，同时，受日晒、霜冻、天敌啄食，对压低虫口密度大有好处。

（3）施用腐熟农肥，改善土壤通透性能，促进作物根系发育，幼苗生长旺盛，提高抗虫能力。

（4）灯光诱杀，蝼蛄具有强烈趋光性可在历年发生严重地块设置黑光灯诱杀。

2. 化学防治

毒饵法：可用麸皮、米糠等做毒饵，先煮成半熟，待稍晾干后可用10%吡虫啉可湿性粉剂1 500倍液拌炒香的麦麸撒施，进行诱杀撒施在苗床表面，分几处堆施即可。

也可在作物直播或定植前，每亩用3%顺式氯氰菊酯乳油120ml，对水50kg，均匀喷布于地表，经一段时间后灌水（喷药后12h内浇水不影响药效）。

第五节　鳃蚯蚓

水稻鳃蚯蚓，学名*Branchiura sowerbyi* Beddard，属环形动物门，贫毛纲，原始贫毛目。俗称红砂虫、鼓泥虫。分布在全国各地。

寄主为水稻及各种蔬菜。北方稻区水直播田或刚插秧苗为害较重。

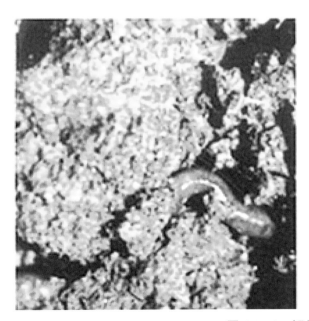

图 2-5-13　鳃蚯蚓

一、为害特点

在稻田或水生蔬菜田的泥土中取食腐殖质，虽然不直接为害稻苗，但由于身体鳃部在泥土中翻动，常把种子翻埋土下，不再发芽，或致幼苗倒伏，造成缺苗断垄。

二、形态特征（图2-5-13）

成虫体长50~80mm，红色至红褐色，体节多于120个，在身体后部60~70节背腹正中线上，生有细长的丝状鳃，身体前部埋在土壤中，后部有鳃的部分则伸出土外，呈波形摆动，进行呼吸，遇有惊扰时缩入土中。

三、生活习性

在低洼、腐殖质多的烂泥田及过水田发生多，常20~30头群居，多时可达100头以上，烂泥层浅的沙土地发生少，早春地表10cm处气温达12℃时开始活动，逐渐转向地表。20℃时最活跃。当土温达到21℃，土壤相对湿度高于50%时，尤其是春季地表温度高于深层土温时，湿度大，蚯蚓则上升到地表活动和繁殖，部分鳃毛伸出泥外，作波状摆动，在24h内能排出粪泥20~30次，这时对幼苗容易造成伤害。鳃蚯蚓在秧田或直播本田取食土壤中腐殖质，由于身体鳃部在泥土中摆动，使稻谷不能立针、扎根，引起烂种、烂芽、倒苗和漂秧，造成秧苗扎根不牢而烂秧。以低洼积水烂泥田，腐殖质多的水田发生较多。当气温11℃时开始发生，15~20℃活动最盛。气温低于15℃秧苗扎根不利，有利于鳃蚯引发生，为害严重；气温在15℃以上，秧苗扎根顺利，发生为害较轻。

四、防治方法

1. 农业防治

对于鳃蚯蚓为害严重的田块、死苗率在45%以上的稻田，要施足量充分腐熟的有机肥，实行间歇浇水。有条件的农户可实行水旱轮作。

针对鳃蚯蚓、红线虫的生活规律，我们采用了两条相应的防治措施：有机肥经充分腐熟后再施入稻田；在稻田管理上实行间歇灌水，干湿交替的水层管现措施。重发生田可实行水旱轮作或稻田养鱼防治。在秧苗期，如发现有鳃蚯蚓为害，可用茶枯粉拌细土撒施，每公顷稻田用茶枯粉75~150kg。

稻田鳃蚯蚓的防治必须建立在合理轮作，高标准的灌排体系的基础上，以农业防治为主，化学防治为辅，力争控早治小。

（1）适期处理绿肥。绿肥处理一般在4月中旬始花期为宜，确保处理至栽插有10d以上的沤水腐熟时间，同时要将部分绿肥搬田，每亩留草不超过1 500kg，防止土壤过度偏酸或H_2S中毒，加重危害。

（2）施用腐熟的有机肥。对麦茬田基施的粪肥，饼肥一定要腐熟，以降低土壤的酸度。必要时可亩用35kg左右的熟石灰调节酸度，同时要耙平田面，防止积水。

（3）对连茬受害田采用中苗移栽。中苗移栽根系发达，抗逆性强，栽后受害轻，因此连茬受害田宜栽插5~6叶的中苗。

（4）开好丰产沟，健全田间水系，避免田间长期积水，在已发生为害田块，可利用丰产沟迅速排水软蹲，透气促根，抑制鳃蚯蚓活动，造成有利于水稻扎根发苗的环境。

（5）稻田养鸭（稻鸭共作）是控制稻田鳃蚯蚓种群数量和减轻其为害程度的一项重要措施，该措施的功效在于，既环保，又能提高稻米的品质。5月底至6月初，投放鸭苗15~20只/亩进行圈养。

2. 药剂防治

防治地下害虫的药剂，如辛硫磷等药剂对鳃蚯蚓都有很好的防治效果，但因为生产绿色无公害食品标准要求，不被采用。很多专家学者都在研究新的防治方法，不久将会推广应用。

据报到，用高效氯氟氰菊酯防治鳃蚯蚓取得很好效果，可试用。

第三篇 水稻田杂草

杂草生物学 识别杂草是为了防除和治理，要达到这一目的，杂草识别出来之后必须进一步掌握其生物学特性，这样才能有的放矢地采取有效治理措施，避免盲目性。

在杂草生物学中，与杂草治理关系密切的主要是繁殖特性、休眠萌发特性和生长发育特性，这也是治理杂草的三道关口。了解繁殖特性有助于采取适当措施减少繁殖体的数量，了解生长发育特性有助于在杂草生育的薄弱环节采取防除措施，减少杂草与作物的竞争，施用除草剂灭草的最佳时期，既可杀死块茎萌发的植株，也可杀死种子萌发的实生苗。对杂草生物学特性掌握越深入，防除杂草和利用杂草的办法就越多。

水田杂草防除 目前用于稻田的除草剂的品类很多，但是现有的很多药品多为非绿色食品用药，目前生产绿色食品中可用的除草剂有2甲4氯、氨氯吡啶酸、丙炔氟草胺、草铵膦、草甘膦、敌草隆、噁草酮、二甲戊灵、二氯吡啶酸、二氯喹啉酸、氟唑磺隆、禾草丹、禾草敌、禾草灵、环嗪酮、磺草酮、甲草胺、精吡氟禾草灵、精喹禾灵、绿麦隆、氯氟吡氧乙酸（异辛酯）、麦草畏、咪唑喹啉酸、灭草松、氰氟草酯、炔草酯、乳氟禾草灵、噻吩磺隆、双氟磺草胺、甜菜安、甜菜宁、西玛津、烯草酮、烯禾啶、硝磺草酮、野麦畏、乙草胺、乙氧氟草醚、异丙甲草胺、异丙隆、莠灭净、唑草酮和仲丁灵。

第一章 水田杂草生物学

第一节 禾本科杂草

一、稗 *Echinochloa crusgalli*（L.）Beauv.

稗，俗称稗子，禾本科一年生挺水和田埂杂草（图3-1-1）。

图 3-1-1 水稻田常见稗草

1. 形态特征

植株丛生，高50~130cm，茎直立或基部倾斜，有时膝曲，光滑无毛。叶片条状披针形，长10~30cm，宽5~20mm，边缘粗糙变厚，中脉宽，白色；无叶耳叶舌；叶鞘宽松抱茎。花序圆锥状，疏松，常带紫色，长9~20cm，具1~2级分枝，粗糙；小穗密集排列于穗轴的一侧，单生或组成不规则的簇；每小穗含两花，下花不育，外稃7脉，先端延伸成芒，内稃薄膜质与外稃等长，上花为结实花，外稃椭圆形，长2.5~3mm，熟后变硬，包卷内稃成坚硬谷粒，光亮平滑，先端具小尖，第一颖卵状三角形，包卷在小穗基都，长为小穗的1/3~1/2，第二颖与小穗等长。

2. 生物学特性

（1）繁殖。以种子繁殖，自花授粉。由于营养、光照和植株密度的不同，每株可产种子2 000~40 000粒。种子可借风和鸟传播，常混在作物种子中人为进行长距离传播。

（2）休眠与萌发。新收的种子先天休眠，发芽率只有0.3%~1.4%，贮藏4个月和8个月，分别提高到19%和44%。11月初埋在不同深度的种子，2个月后仅发芽4.7%，6~7个月后发芽25.4%。打破休眠最有效的方法是去掉种子外面的果皮；冻融交替4d；湿种子放在49℃下5h；用丙酮液浸20min，在浓硫酸中浸8min或水浸4d。用0.2%硝酸钾浸种也可提高发芽率。休眠种子埋在5℃淹水的土壤内可打破休眠。总之，先天休眠可用冬季低温、春季变温和泡田打破。

发芽要求的温度范围很广，最适温度是5~30℃的变温。发芽速度受温度影响明显，在仲夏高温条件下仅需5d便发芽，而在早春和秋末相对温度较低的条件下发芽需11~12d。

发芽的pH值范围是4.7~8.3，而以中性最宜。

发芽的土壤湿度以70%~90%最好，湿度过大不仅延迟了发芽，而且还减慢根和茎的伸长。在室温下干贮6~8年的种子生活力不减退。种子埋在淹水土中30个月发芽率不减，而在正常土壤条件下埋10cm和20cm深30个月后生活力有一定丧失。埋土13年的种子还有3%生活力，埋土15年的种子生活力丧失。埋到20cm深的种子保持发芽力时间长于埋深10cm的。种子在沙壤土中发芽比壤土快。0~15cm土层都可萌发，但1~2cm深出苗数量多，最深出苗深度为10cm。表层种子虽能萌发，但由于湿度缺乏，成活很少。在饱水土壤中，发芽率很低，即使是0.5~2cm深度也降低发芽率。

（3）生长发育。形态学上可分胚期、营养期和生殖期3个阶段。营养期产生大量分蘖，进入生殖期时，分蘖的节间伸长，生长点转入花序原基。由营养生长转入生殖生长的日期，部分取决于出苗期，晚出苗的比早出苗的生活史短些。根系在通气条件好的土壤中可向下扩展到116cm，向侧面扩展直径106cm。

植物体可积累可观的营养成分，造成作物减产。磷的含量比吸收土壤磷较多的洋葱和马铃薯还高。早期生长的稗草中氮的含量比水稻低，到成熟时接近。

稗是C_4植物，也是短日照植物，但是适于在广泛的光周期范围内开花，因而分布范围很广。在8h和13h光周期下通过开花阶段很快，开花时株高仅70cm；在16h长光照下开花很晚，开花时株高已达150cm。在长日照下产生巨大的花序和大量种子，在短日照下花序小，种子产量也少。

光质影响其生长发育，蓝光比白光和红光明显降低稗草的高度和重量，但不降低每株的分蘖数和穗数。稗对遮荫很敏感，充分阳光下每株分蘖数和穗数总是比严重遮荫下大。生长速度、叶面积和净吸收率也随光强和温度的增加而增加。湿润土壤中植株开花早于干燥土壤生长的植株，但成熟期不受影响。在干燥土壤上每株产量、高度和分蘖数降低（图3-1-2）。

图 3-1-2　水稻秧苗稗草为害状

物候期：5月中旬开始出苗，5月下旬为出苗高峰。种子吸水后24h内出现初生根，48h内出现第一叶，接着中胚轴和第一节间伸长。胚芽鞘和胚芽出土之后5d，中胚轴和第一节间产生不定根，胚芽鞘节产生冠根，再经3周，新叶、分蘖和不定根旺盛产生，然后枝端开始伸长，分蘖上花序原基生育，节间向上伸长。出苗后40d抽穗，抽穗后20d种子成熟。

分布于全国，多生于田野湿地，路旁。

稻稗*Echinochloa oryzicola*（Vasing.）Ohwi禾本科一年生草本。茎秆直立，高30~90cm。叶片披针形，边缘有极细锯齿，中脉不明显，基部较宽，稍抱茎；叶片疏松抱茎；叶片与叶鞘交接处丛生白毛。圆锥花序穗状；小穗有芒或无芒。颖果卵形、黄绿色、有芒（图3-1-3）。

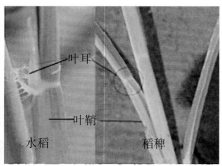

图 3-1-3　稻稗与水稻的形态区分

长芒稗*Echinochloa crusgalli*（L.）Beauv. var. *caudata*（Roshev.）Kitagawa，与稗的主要区别在于外稃具3~5mm的长芒，芒和小穗常带紫红色（图3-1-4）。

图 3-1-4　长芒稗

光头稗（芒稷）*Echinochloa colonum*（L.）Link.禾本科一年生。秆基部可分枝，高10~40cm。叶片条形或条状披针形，宽3~8cm，叶舌缺。圆锥花序狭，直立，分枝单纯，上举或紧贴主轴，以略与分枝长度相等或较短的距离生于主轴上；小穗长2~2.5mm，紧密排列于穗轴的一侧，有短硬毛，无芒，含2小花仅第二小花结实；第一颖长为小穗的1/2，具3(5)脉；第二颖与第一颖外稃相似，都有7条脉及小尖头；第二外稃革质，有小尖头，边缘卷抱内稃（图3-1-5）。

无芒稗*Echinochloa crusgalli*（L.）Beauv. var. *mitis*（Pursh）Peterm.，禾本科一年生。秆丛生，直立或倾斜，绿色或带赤色，高90~120cm。叶片条形或披针形，无毛，叶缘粗糙变厚；叶鞘光滑无毛；叶舌痕锐三角形。圆锥花序尖塔形或披针形，枝腋间常有细长毛；小穗卵形，长3~4mm，无芒；种子边熟边落（图3-1-6）。

图 3-1-5　光头稗　　　　图 3-1-6　无芒稗

二、假稻Gramineae Leersia

禾本科，假稻属，多年生草本，分为稻李氏禾与秕壳草两大类。

（一）稻李氏禾*Leersia oryzoides*（L.）*Swartz* var. *japonica* Hack，为多年生横匍地表生杂草。

据我国现有资料介绍，稻李氏禾仅发生在河边、溪旁及林下，很少危及农田。另据报道，日本稻李氏禾近年在北海道地区和日本北部的水田发生较多，尤其在休耕田大量群生。加之连年使用同种或类似除草剂，导致稻李氏禾有增加的趋势，但在我国稻田杂草研究方面未见报道。

1. 植物学特性

稻李氏禾属禾本科稻族李氏禾属，为多年生草本植物，具横走的匍枝，高70~150cm（有时可达175cm），具须根。茎圆柱形，光滑，直径3mm左右，具7~10节，节间长5~13cm，节部密生刺毛，叶鞘开缝重合，有倒刺毛、苗期呈红紫色。叶线形宽10~15mm，叶背面沿主脉生有刺毛，叶缘亦具刺毛。圆锥花序直立，长17~21cm，宽8~10cm，第一次枝梗20个左右，排列于穗轴周围，下部轮生，中、上部互生或对生，长4~10cm；第二次枝梗具棱角，长1~2cm，于第二次枝梗上着生小穗，小穗长9cm，每小穗生一小花；内外稃等长，革质，外稃具刺毛；内稃3脉，外稃5脉，雄蕊3枚，花药长1.5~1.8cm，黄色；子房长0.5cm，花柱长1.5cm，柱头羽毛状。颖果椭圆形，长5mm，宽2mm，有刺毛，每穗有颖果400~500粒，千粒重0.9g。

2. 生物学特性

（1）种子发芽特性。稻李氏禾种子的发芽与温度、水分及覆土深度密切相关。

第一，温度：稻李氏禾种子发芽所需温度略高于水稻。室内发芽试验，在20℃左右条件下，稻李氏禾比水稻发芽时间晚2~3d，在直播稻田比水稻晚发生4~5d。

第二，水分：盆栽试验结果，稻李氏禾种子发芽所需的水分条件为干干湿湿，它与水稻及稗草发芽条件相同，而饱和及深水对种子发芽不利。

稻李氏禾出苗后耐旱力比水稻弱。据试验，土壤含水量31.9%时，稻李氏禾生长受到阻碍而水稻生长正常；在土壤含水量24.7%时，稻李氏禾死亡，而水稻仅叶片枯黄。

第三，覆土深度：试验研究表明，稻李氏禾种子在发芽时需要浅覆土或不覆土。如在饱和水分条件下，不覆土发芽率为67.5%，覆土2cm发芽率为51%，4cm为25.5%，6cm为11%，覆土越深，出苗率越低。

（2）生长发育规律。稻李氏禾的发生主要取决于稻田整地、灌水、播种等农事操作时间。直播稻一般在5月中旬灌溉、整地、播种，稻李氏禾根茎则在5月末，当年生种子则在6月初发生，6月10日左右进入1.5~2叶期；插秧田发生与直播稻田相似。稻李氏禾发生初期生长比较缓慢，但随着气温的上升，生长速度加快。直播田多年生植株在6

月10日左右，当年生植株在7月上旬与水稻株高等平；插秧田多年生植株在7月中旬，当年生植株在8月上旬与水稻等平，此后稻李氏禾的株高一直高出水稻，齐穗时比水稻高出20~40cm（图3-1-7）。

稻李氏禾杂草具有顽强的生命力，可以靠根茎及种子繁殖。种子发生的植株当年可产生2~3个分蘖，多达5~6个；而由根茎发生的植株有20~30个分蘖，多者达100多个。稻李氏禾抽穗期在8月20日左右，每个穗结400~500粒种子，种子在9月上旬成熟，水稻收割前全部落光。种子可借风力或随水漂入稻田，其中有部分种子在当年发芽。

以种子繁殖的当年生稻李氏禾由于密度较大，是为害水稻生长发育的主要群落。药剂可亩用380g/L噁草酮悬浮剂50ml，为提高防效，可加施禾草敌或二氯喹啉酸。

图 3-1-7 稻李氏禾

（二）秕壳草*Leersia sayanuka* Ohwi，禾本科，假稻属，多年生挺水杂草。

1. 形态特征

植株高50~100cm，茎粗3~5cm，有微细倒刺，极粗糙，茎节上有毛环，茎基部平卧，节上生根。叶条状披针形，长8~30cm，宽5~10cm；叶舌膜质，衣领状；叶鞘具小倒刺，粗糙。花序圆锥状，大而舒展，长达20cm，基部往往包在最上部的叶鞘内，分枝纤细，粗糙，长10cm。其上还可再分枝，分枝下部1/3~1/2无小穗；小穗仅具1花，无颖，稻壳状；花外稃脊上和两侧都有刺毛，内稃具3脉；雄蕊3枚，稀2枚。果为颖果（图3-1-8）。

2. 生物学特性

图 3-1-8 秕壳草

（1）繁殖。种子、根状茎、平卧茎都可繁殖。有些地区主要以种子繁殖，但营养器官的繁殖不容忽视，单节地下茎和平卧茎就可生长为新株。

（2）休眠和萌发。种子有休眠，在胚乳和芒中存在着非水溶性的萌发抑制物质。室温下贮藏可打破种子休眠，但发芽率降低。变温可打破休眠。在8~14℃和20~39℃的变温条件下发芽率最高，土壤中种子春天之所以发芽占优势，与冬、春之间田间温度变化有密切关系。秕壳草最适发芽温度是28℃，大部分种子壳可3d内萌发。氧气浓度5%~30%有利于萌发，但1%以下浓度具有抑制发芽的作用。故水稻出苗时减少田间水分可为秕壳草种子造成一种氧气充足的环境，从而有利于发芽。在土壤表面或浅土层越冬的种子发芽率最高。随埋土和水层深度的加大发芽率逐渐降低，深达20cm以后停止发芽。

（3）生长发育。保持水层有利于秕壳草生长，春季和初夏地上枝生长占优势，以后是地下匍匐茎占优势。晚秋匍匐茎贮藏同化物质为来年春天的早期生长提供了营养。匈牙利试验结果表明水稻播种时每平方米田间有8个以上匍匐茎活芽，就可使水稻密度和产量降低10%。

3. 对治理措施的反应

可用禾草敌防除秕壳草，水稻移栽后3d采用药肥法，每公顷施用90.9%禾草敌乳油4500ml搭配其他对应除草剂如二氯喹啉酸等拌同量化肥一同撒施。施药时保持田水层5~7cm，保持到水稻封垄，对秕壳草的防除效果可达90%以上。

氰氟草酯是一种禾本科除草剂，对水稻的安全性比较高，但是只能作茎叶处理，芽前处理无效，其对各种稗草高效，对大龄稗草也有高效：育秧田在稗草1.5~2叶期施药，亩用10%乳油40~50ml；直播田、移栽田、抛秧田，在稗草2~4叶期施药，亩用10%乳油50~60ml，对水30~40kg，茎叶喷雾(不能采用毒土法或毒肥法施药)。施药时，土表水层应小于1cm或排干(保持土壤水分饱和状态)，旱育秧田或旱直播田的田间持水量饱和可使杂草生长旺盛，从而获得最佳药效。施药后24~48h灌水，防止新的杂草萌发。

三、野稻（鬼稻）*Oryza meyeriana*（Zoll. et Mor. ex Steud.）Baill. subsp. *granulata*（Nees et Arn. ex Watt）Tateoka

禾本科稻属多年生水生草本。秆高约70cm，基部具鳞芽。叶舌膜质，长1~2cm；叶片披针形，宽达18cm。圆锥花序简单，几呈总状，长约10cm；小穗矩圆形，两侧压扁，长5~6.5cm，含3小花，下方2小花退化只剩极小的外稃附于一两性小花之下；颖明显退化，在小穗柄顶端呈半月状的痕迹；退化外稃长0.5~1.2cm；两性小花外稃无芒，背部有小瘤点，内稃具3脉；雄芯6枚（图3-1-9）。

图 3-1-9　野稻（鬼稻）

分布于我国广东省、云南省；印度、印度支那半岛、印度尼西亚也有分布。生在海岸沙滩及林边。

四、杂草稻 *Oryva satiua* Linnaeus

杂草稻禾本科稻属，分布于广东省、湖南省、江苏省以及东北等水稻产区。

杂草稻，又称野稻、杂稻、再生稻，农民称之为大青棵，具有杂草特性的水稻。其外部形态和水稻极为相似，但在田间具有更旺盛的生长能力，植株一般比较高大。

杂草稻野性十足，比栽培稻早发芽、早分蘖、早抽穗、早成熟，一旦在稻田中安家落户，就会拼命与栽培稻争夺阳光、养分、水分和生长空间。

杂草稻还很"聪明"，它的重要特性就是落粒性强，边成熟边落粒，为的就是躲过人类的收割，并在下一年继续生根发芽。而且其种子休眠时间最长可达10年，只要温度湿度适宜，它就会破土萌发生生不息。同时，它在进化过程中还不断模仿栽培稻的特征，如高度、颜色等，甚至将来某一天我们可能很难用肉眼分辨杂草稻与栽培稻。

目前，专家还没有完全弄清楚杂草稻的来源，但已知的有4个方面：一是由野生稻逐渐演化而来；二是野生稻与栽培稻自然杂交产生；三是地理亲缘关系较远的籼稻与粳稻杂交导致性状分离；四是"返祖现象"促使人工栽培稻突然"找回"祖先野生稻的某些特性（图3-1-10和图3-1-11）。

种子种壳黑色、黄色或白色无芒、有芒或长芒

易落粒

种子可休眠>5年

图 3-1-10　杂草稻穗粒　　　　　　　　图 3-1-11　杂草稻

1. 分布与为害

杂草稻目前已是全球性草害，在东南亚的一些国家，杂草稻已经造成水稻减产10%~50%；在南美，受杂草稻影响的田块不能继续种水稻，某些地区杂草稻已成为比稗草和千金子为害更严重的杂草；而在我国，广东省、湖南省、江苏省、东北等水稻主产区，杂草稻的发生也越来越普遍。辽宁省、江苏省为重灾区，发生量大，为害最严重，有的田块甚至颗粒无收。全国水稻播种面积中杂草稻实际发生面积占约20%，防除之后的发生面积仍有10%，导致损失5%乃至绝产，平均损失在10%左右。只要有水稻栽培的地方都有杂草稻。因其对水稻产量和品质的为害性极大，已引起联合国粮农组织和世界各国的高度关注。

杂草稻混杂到栽培稻中后还会导致稻米品质下降，影响稻谷的市场价格。如江苏种植水稻大多为粳稻品种，混杂籼型杂草稻后，由于杂草稻粒细长、米碎，而且大多为红色，从而严重影响稻米品质。一般只能卖给饲料加工厂作原料。

杂草稻古已有之，为何近年来发生和为害愈演愈烈？专家分析认为原因有二：一是我国近年来直播水稻面积越来越多，稻田没有经过深翻和灌水，导致杂草稻年复一年扩张蔓延。二是农村大量劳动力进城后，稻田机械化耕作越来越普遍，田间管理也越来越粗放，未能在杂草稻生长初期清除。

2. 防除技术

有稻农说，杂草稻与栽培稻如同一对双胞胎，没有一双火眼金睛确实很难辨别，而稻种出苗后，又没有有效防除杂草稻的除草剂，最有效的防除方法是在分蘖期进行人工拔除，但很耗时，效率又低。虽然现在各国对杂草稻还没有完全根除的办法，但是专家认为，建立立体的科学防控体系可以有效控制杂草稻的发生和为害。

（1）加大科学研究力度，国家相关部门应高度重视杂草稻的为害，并研究其发生机理、防控策略。

（2）改进栽培方式，破坏杂草稻的生存条件，可以将直播水稻改为移栽种植，旋耕种植改为耕翻种植，或采用水旱轮作等方式。

（3）控制种源，切断其传播途径、人工拔除、使用除草剂及深翻压埋。

五、双稃草 *Diplachne fusca*（L.）Beauv.

禾本科一年生挺水田埂杂草。

1. 形态特征

植株丛生，高40~90cm，平滑无毛，叶条形，常内卷，宽1.5~5cm，长20~40cm，叶鞘长于节间；叶舌膜质透明，舌状。花序圆锥状，长15~30cm，有许多细分枝，分枝长7~15cm，向上收拢；小穗排列于分枝的一侧，长6~13cm，宽约2cm，内5~10朵小花，颖膜质，小穗轴疏生短毛；小花外稃具3脉，长4~5cm，顶端有2(4)齿。中脉延伸的芒从齿间伸出，长1cm，侧脉下部1/4以下均有柔毛，内稃稍比外稃短。颖果扁平，长1.6~1.8cm（图3-1-12）。

2. 生物学特性

（1）繁殖。以种子繁殖，每个分蘖可产种子2 000~3 000粒，每株可产种子近万粒。

（2）休眠与萌发。种子有休眠，新收种子休眠期可达数年。层积方法不能打破休眠，但贮藏期间空气干燥休眠可逐渐被打破，其后熟期至少1年。去掉稃片可增加发芽率和发芽速度。浸种可明显增加发芽率，但20℃下浸种时，干后发芽能力降低，而10℃下浸种干后增加发芽率。在蒸馏水或1%氯化钙溶液中浸泡的种子移到盐度从0~210mol/L盐水中（压力=0~1.0MPa），最后发芽百分数无明显差别。但是往盐水中加入氯化钙则增加了最后发芽率。用浓盐水（400mol/L）浸种，发芽率降低20%。盐分降低发芽率主要是渗透效应。就抑制发芽看硫酸盐溶液比氯化物溶液大，钠盐溶液比钾盐溶液大。

（3）生长发育和生态作用。有高度耐碱能力，在pH值9.8条件下可良好生长。据实验，在装有20kg盐土的盆中，6个月双稃草产生11 000个海绵根，总长

图3-1-12　双稃草

2.56km，表面积为902cm²。种植双稃草的盐碱土，30个月以后，土表（0~15cm）pH值10.4降到8.4，同时根的活动改善了土壤透性，盐从表面移到底层，因此双稃草可用来改良盐碱土。印度开发盐碱地就用双稃草作先锋植物，生长1~2年后，进行水稻、小麦轮作。

双稃草根内有大量固氮杆菌，每克干重有1×10^8个杆菌。盆栽实验表明，双稃草固氮细菌可固定大气氮47%~70%。

3. 对治理措施的反应

割除可明显降低植株生活力和产量，因其减少贮藏碳水化合物的含量，不利再生。

六、芦苇*Phragmites communis* Trin.

禾本科多年生挺水杂草。

1. 形态特征

茎秆高1.5~2.5m，直径2~10mm，地下具强壮的匍匐根状茎。叶鞘宽松，叶舌为毛环状，长1.5mm；叶片扁平，长15~45cm，宽1~3.5cm。花序为羽毛状圆锥花序，稍下垂，长15~40cm，浅褐色或淡紫色，具多花，分枝细，上升；小穗长10~18cm，具4~7花，小花比小穗轴上的毛短；第一颖长2.5~5cm，第二颖长5.7cm，稃片薄，具3脉，密被柔毛，脉末端为齿，中齿延伸为直芒；谷粒细，深褐色（图3-1-13）。

2. 生物学特性

（1）繁殖。主要以根茎繁殖和传播。虽然每株可产种子数千至万粒，但种子繁殖很有限。芦苇根茎粗壮发达，产生大量的须根和芽，深可达100cm以上，在10~30cm的土壤中组成根茎层。根茎因鱼、哺乳动物和湍流作用出土后可以飘浮传播。

（2）休眠和萌发。根茎在4—7月随时萌发，再生力强。种子萌发条件要求严格。种子在5cm水中甚至不能萌发，而植株可在100cm深水中生长和传播。其实，种子在自然界是否萌发产生新株值得怀疑，据报道，即使在实验室条件下，也只有少数种子萌发。

（3）生长发育。芦苇发育出的不定根，位于土里的根长而粗，不分枝；在水里的细而多分枝，长20~30cm。匍匐根状茎可达20m长，生活2~3年。密集的株丛，地下部分包括根茎、根和茎基，约占整个生物量的80%。

生长速度和地上株的最后高度与芽的宽度有关，芽决定了茎基部的直径。在芽发生的高峰期，激烈地竞争，营养小株可能受损害。株的大小取决于营养的供应和水位，水位太低时，枝重降低。芦苇对水稻的竞争主要在水中而不是土壤里。

3. 对治理措施的反应

夏季芦苇割除后，残茎和切断的根茎被水淹没时能很快腐烂死亡。秋翻秋耙可把根茎切断翻到土表，干燥死亡。

图 3-1-13　芦苇

第二节　莎草科杂草

一、扁秆藨草 *Scirpus planiculmis* Fr. Schmldt

莎草科多年生挺水杂草。

1. 形态特征

秆单一，高50~90cm，三棱柱形，光滑，地下具坚韧的匍匐根状茎和块茎，黑褐色。块茎梨形或球形，长1~2cm，宽1~1.5cm，幼嫩时为淡黄色。叶条形扁平，长20~50cm，宽2~5cm，具长叶鞘，有多数秆生叶；叶状苞片1~3枚，长于花序；花序具1~3个短的辐射枝，每枝具1~3个小穗或无辐射枝，小穗聚成头状，每秆具小穗1~6枚（盐碱地上常为1枚）；小穗卵形，长1~1.5cm，宽4~7cm，黄褐色或锈褐色，具多花；鳞片卵状披针形，长6~7cm，顶端微凹或撕裂状，中脉尖端延伸为短芒，下位刚毛2~4条，具倒刺；雄蕊3，柱头2。小坚果倒卵形，扁平或中部微凹，淡棕色，有光泽（图3-1-14）。

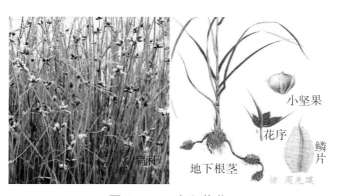

图 3-1-14　扁秆藨草

211

2. 生物学特性

（1）繁殖。种子和块茎均可繁殖，以块茎繁殖为主。

有利于种子产生的条件是较低的温度（23.7℃以下）和较长的日照（14h以上）温度高、日照短不能抽穗结实或生育日数延长。早出土的块茎萌发株可生地上茎40枝，每个地上枝结实100粒左右，总种子量可达4 000粒。种子萌发的实生苗结实少。

块茎数量很大，是主要繁殖器官。块茎形成要求的条件不严格，在13.3~27℃温度和11~14.5h光照下均能正常发生。据报道，严重发生时，每平方米含1 340个块茎，每亩达89万个。

无论产生种子还是产生块茎都受遮荫影响，每天给予一半光照时不能抽穗结实，块茎数量也大大减少。

（2）休眠与萌发。块茎和种子都有某种程度休眠。块茎休眠可在5℃下放置30d被打破，如放置在20℃下，即使经过125d也只打破少数休眠。块茎萌发温度，最低为5~10℃，最适为20~40℃，最高为45℃；要求土壤湿度最大持水量的80%。发芽临界深度无水田为10~15cm，淹水田为15~20cm，但10cm以下发芽百分率低。块茎萌发期较长，从4月下旬到7月上旬陆续萌发，以5月为集中。块茎寿命相当长，风干6年后仍可良好发芽。

种子有明显休眠现象，在20~30℃室温下，当年采的种子不萌发，但是在南方早出苗的植株（包括萌生苗和实生苗），种子有15.5%~28%的发芽力，可在当年萌发产生第二代。种子萌发温度为18~24℃。通常有两个发芽高峰：第一次是6月上、中旬，比早萌发的块茎晚1个月，出苗较集中；第二次是9月，萌发深度为1~3cm土层，5cm以下不萌发。

（3）生长发育。种子萌发的植株，第一期萌发的，全生育期为43~50d，其中灌浆成熟期为11d，当地上株抽茎时地下块茎已发育成熟并有发芽能力；第二期萌发的，当年只进行营养生长，形成越冬块茎，不开花结实，块茎生育期为25~32d。

块茎萌发的植株，泡田后最早出苗（5月初），不久茎基部腋芽萌发，在土中生长出水平的根状茎，其顶端形成二级地上枝，三叶期的地上枝，切断根茎后可以生存。二级枝又可发出1~3个根状茎，根状茎顶端再生新株和新根状茎，生长季平均每3.5d就可长出1新株，一个生长季早期出苗的1株根状茎总长可达4~5m，以母株为中心扩展直径达1.5~2m。4月上旬出土的植株到9月上旬可产生5 363株地上株，5月上旬出苗的到9月上旬繁殖3 041株，这些植株秋季均形成新的块茎。由于生长季节陆续出苗，所以从5月下旬到9月上旬都陆续有植株开花。早期出苗植株开花盛期是6—7月，结实和落粒期为7月中旬到8月上旬。8月下旬至9月上旬植株枯黄。

二、蔗草 *Scirpus triqueter* L.

　鳞片　　小坚果

　花

植株下部　　植株上部
　　　　　及花序

图 3-1-15　蔗草

莎草科，根茎多年生挺水杂草（图3-1-15）。

1. 形态特征

秆三棱形，单生，高30~100cm，多秆聚生成片；地下具匍匐根状茎，淡红色或紫红色，甚长，相连成网。秆基部具2~3个空叶鞘，无叶片，叶鞘脉具隆起横格，最上部叶鞘具一小形叶片，鞘口部膜质，与叶舌联合成管状。长侧枝聚伞花序简单，具2~6不等长的辐射枝，长者可达5cm；花序基部具1直立苞叶，如同茎的延长部分，使花序呈假侧生；花序每个辐射枝顶端具1~5个小穗，有时无辐射枝，小穗叶聚成头状；小穗鳞片螺旋状排列，密生多花；子房基部具下位刚毛2~4条，与小坚果近等长。小坚果扁，双凸状或平凸状，褐色，有光泽。

2. 生物学特性

（1）繁殖。以种子和根状茎繁殖。每条地上枝可结种子400粒左右，严重发生区每平方米面积上常有百余条地上枝，可产种子40 000多粒。

春季根状茎新萌发的1株蔗草，可从基部两侧各产生1个横走根状茎，每个根状茎生长3节后、顶端膨大，向下生根，向上产生新株；新株基部又向二侧产生横走茎。生长3节后又向下生根向上出苗，如此繁殖下去，形成庞大的根茎网。一个生长季可形成地上株3 254个，根茎数百条，越冬芽数千个。

（2）休眠与萌发。种子有休眠，种皮坚硬，透水透气性很差。冬季低温可打破休眠，于5月末开始萌发。越冬根状茎有短期休眠，第二年4月末萌生新株。当年新产生的根茎无休眠，可随时萌发。

（3）生长发育。种子萌发株7月末开始出穗，8月上、中旬开花。随着温度的降低和日照长度的缩短，后期产生的植株不能开花结实，只能形成根状茎越冬。春季1株实生苗。全生长季可产生2 000余条地上株。

由根茎萌发的植株6月下旬开始抽穗，7月上旬始花。开花时间为上午9:00至下午1:00。8—9月种子陆续成熟，营养向地下茎迅速转移。10月植株自上而下逐渐枯黄死亡，根茎进入休眠。

麋草对水稻的最大为害是增加无效分蘖，减产严重。

三、萤蔺*Scirpus juncoides* Roxb.

莎草科，多年生挺水杂草（图3-1-16）。

1.形态特征

茎秆圆柱形丛生，株高20~70cm，地下具多数须根和短的根状茎。植株无叶，秆基都具2~3个叶鞘。花序具3~5小穗聚成头状，无辐射枝，有苞叶1枚，似秆之延长，直立，长3~15cm。小穗假侧生；小穗卵形或长圆状卵形，长4~17mm，宽3.5~4mm，棕色或淡棕色，具多数小花；鳞片宽卵形或卵形。顶端骤缩成短尖，近似纸质，背面中肋绿色，两侧棕色或深棕色；下位刚毛5~6条，具倒刺，枝头2枚，极少3枚，小坚果阔倒卵形或倒卵形，平凸状。成熟后黑褐色，有光泽。

图 3-1-16 萤蔺

2.生物学特性

（1）繁殖。以种子和地下越冬芽繁殖。具多实性，每个小穗约产生30粒种子。一簇萤蔺可产1 000余粒种子。小穗基部种子先熟，同一小穗上种子成熟度差异很大。种子小而轻，可借水的流动传播蔓延。

（2）休眠与萌发。种子有休眠。室内风干贮栽的种子第二年几乎都不萌发，低温埋土可打破休眠。种子发芽最低温度10℃，最高温度45℃，最适温度35℃左右，不需变温条件，在有光条件下发芽良好。发芽要求土壤湿润，干田状态下不会萌发。发芽深度大多在地表下0.5~1cm，最深3cm。种子在翻土后5~10d就出苗，但生长缓慢，特别是在低温条件下。

越冬芽萌发要求温度10℃以上，在干田状态下也能萌发。越冬芽萌发的植株比种子萌发的生活力强，但越冬常被翻地埋入土中，萌发受到抑制（10cm土深不会出芽），故萌发率只有2%~3%。

（3）生长发育。适生于向阳富含腐殖质的水田，常群生出现优势，在饱水湿地也可良好生长。早期由种子产生的苗生长缓慢，特别在低温条件下，出苗后40~50d现蕾，现蕾1个月左右种子成熟，晚出苗的，出苗后1个月即可形成种子。一般5—6月出苗，7—8月开花，8—9月成熟。萤蔺竞争力强，发生早和生长密的田块（1m^{2}干重169~377g），水稻减产可达30%~60%。割后可再生，气候允许，也能结实。

四、针蔺（透明鳞荸荠）*Eleocharis pellucida* Presl

莎草科，一年生（图3-1-17）。

茎秆丛生，高30~50cm，茎秆细弱，近圆柱状，中空，有横隔，基部有两个叶鞘。穗状花序顶生笔头状、由多数小花组成。小坚果倒卵形两面凸，黄褐色或棕色。幼苗第一片真叶不育，长仅0.8mm；第二片真叶呈线形，叶片横剖面近肾形或椭圆形，其中有2个大气腔。

图 3-1-17　针蔺

五、日照飘拂草*Fimbristylis miliacea*（L.）Vahl.

莎草科，一年生挺水杂草（图3-1-18）。

1. 形态特征

植株丛生，具须根。茎秆细弱，高40~60cm，四棱，稍扁平。叶条形，挺实，长20~40cm，宽1.5~2.5cm，基生叶长为茎秆的一半，有1~3个无叶片的叶鞘；叶状苞片短于花序。花序松散扩展，具3~6辐射枝，着生许多小穗；小穗球形或卵圆形，长

2.5~4mm，宽1.5~2mm，淡红褐色，下面的鳞片早落，雌蕊3柱头，少数花为2柱头；雄蕊1~2个，花药黄色；花下鳞片卵形，褐色，长约1mm，螺旋状排列，膜质，中肋绿色。种子（小坚果）白色，浅黄色，长不及鳞片的一半，具三棱和细小瘤，中部以上宽。

图 3-1-18　日照飘拂草

2. 生物学特性

（1）繁殖。用种子繁殖。种子产量很大，每株可产数千粒种子，据报道有的植株可产10 000粒种子。在热带可全年开花结实。

（2）种子的休眠和萌发。种子通常无休眠期，条件适合就可萌发，生长季均可见其幼苗。在某些地方稍有休眠，但只要放到干燥处就可打破休眠，4周后萌发，日本在实验室和田间对其萌发进行了研究，发现早播的水稻中该草的幼苗最多，正常播种的水稻，该草幼苗数为早播的20%，晚播水稻田只有少量幼苗，但所有栽培季节都出苗，这给化学除草造成困难。一次施药使晚期出苗的得不到防除，它们既可与水稻竞争，又可产生种子，其他杂草被除草剂防除后，该草可能进行更有效地竞争。

在较为干燥的土壤中该草出苗数为淹水土壤的2倍。因此，灌溉水不足可能是该草大发生的信号。水稻田保持水分可抑制其萌发。

这种草可被牛吃，种子经过牛的消化道大部分不被消化，而在牛粪便周围萌发，故有的地方称其为水牛粪草。

（3）生长发育。多生长在黏壤土上。对根系生长的研究表明，其根系发育比水稻根的扩展要快得多。它的根旺盛地向各个方向生长，长到水稻根系中间，甚至把水稻根包围起来，与其激烈地竞争营养，有时穿透并进入水稻根内。因此，对水稻是很有害的。随着除草剂应用的进展，这种草将会成为水稻田中的重要杂草。此外，该草还是水稻纹枯病的寄主，可使水稻罹病。

水管理对日照飘拂草在杂草群落中的数量有很大影响。在持续淹水条件下，该草占群落优势种的21%，而在饱和水和干湿交替条件下，分别占群落优势种的42%和

41.5%，增加了1倍。

六、牛毛毡 *Eleocharis acicularis* （L.）Roem. et Schult.

莎草科，多年生浸水和湿生杂草（图3-1-19）。

1. 形态特征

植株细密丛生，状如毛毡，地下具纤细的匍匐根状茎。秆高3~12cm，具槽，无叶片，只有叶鞘。叶鞘较长，淡红褐色，顶端近斜截形。秆端着生1个小穗，小穗卵状或披针形，1~3cm，具2~4朵小花；雄蕊3枚，雌蕊柱头3，下位刚毛4条，长为小坚果的1~2倍，小坚果狭，纺锤状倒卵形，不明显三棱形，表面有网纹。

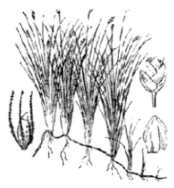

图 3-1-19　牛毛毡

2. 生物学特性

（1）繁殖。以种子和地下匍匐枝繁殖。种子产生数量很大，每平方米可达数万粒。地下根状茎也密如蛛网，是重要繁殖器官。

（2）休眠与萌发。种子有休眠，越冬后休眠可被打破。据研究，上年种子第二年春发芽率90%。萌发最低温度12℃，最适温度22~25℃。最适萌发深度为0.2~0.4cm土层，1cm以下土层不萌发。适宜萌发和出苗水层不超过3cm，6cm水层明显降低出苗率。

越冬根茎每节都能萌发出新株，切断后萌发减少。隔年生根状茎，每节丛生8~12株，新根状茎每节丛生1~3株，节处可发新根茎4~6条。

（3）生长发育。根茎和越冬芽5~6月返青，6—7月开花，7—8月成熟，种子边熟边落。

温度对牛毛毡的生长速度影响很大，平均气温16.9℃，出苗和分蘖各需15d，24.8℃时出苗需5d，分蘖需10d，27.8℃时出苗和分蘖分别需4d和10d。适宜分蘖温度为25℃左右。

水层深度也影响生育速度。3cm以下水层单株分蘖高峰出现较早，分蘖数量高，每

丛开花结实数也最多，6cm深水层生长缓慢不能开花结实。

生长发育需要充足的阳光，但在遮荫逐渐增大到52%时也能良好生长，每平方米密度为113株时24d覆盖度便达70%。过分遮荫不能正常生长，水稻郁闭后牛毛毡逐渐发黄衰老，停止开花结实，陆续死亡。

该草覆盖地面，影响土温，夺走了大量养分，强烈抑制水稻生长，可减产10%~35%。此外，该草还是水稻铁甲虫的寄主。

七、水莎草 *Juncellus serotinus*（Rottb.）Clarke

莎草科，多年生挺水杂草（图3-1-20）。

1. 形态特征

茎秆单生，粗壮，三棱形，高35~90cm；地下具细长的匍匐根状茎，其顶端膨大形成牛角状块茎（藕状茎）。叶条形，扁平，短于茎秆，宽5~10cm，下面中肋明显，上部边缘稍粗糙。苞叶3枚，叶状，平展，比花序长。长侧枝聚伞花序很大，具7~10个不等长辐射枝，每枝具1~3个穗状花序，每个穗状花序有5~14个小穗，小穗长圆状披针形，较膨胀，长8~20cm，宽约3cm；鳞片阔卵形，红褐色，中脉绿色，有白色膜质边缘；雄蕊3个，花药紫红色。小坚果阔倒卵形，扁平，中部微凹，比鳞片短，茶褐色，柱头2。千粒重仅250~300mg，甚轻。

图 3-1-20　水莎草

2. 生物学特性

（1）繁殖。主要以藕状茎繁殖，田间实生苗仅占5%以下。藕状茎平均长4.5cm，鲜重0.55g。具3~5节，有顶芽和侧芽。完整的藕状茎顶芽萌发，侧芽不萌发，但被耕作切断后，侧芽也萌发。萌发植株产生白色地下匍匐茎，其顶端又形成新的藕状茎，此藕状茎还可萌发成新株，再形成根状茎和藕状茎。一个地上株可形成6~10个藕状茎，7月中旬以前形成的藕状茎主要分布在地下3~10cm土层内，7月下旬陆续萌发出新株。同时不断形成新藕状茎。成为越冬器官，分布在3~30cm土层内，以5~7cm处最多，30cm以下未见分布。1平方米可形成500~1 000个藕状茎，出苗越早藕状茎越多，早出苗的一个藕状茎可产生151~214个新株，形成946~1 237个新藕状茎。短日照可促进藕状茎形成。

种子也可繁殖，当年只形成营养株和越冬芽。

（2）休眠与萌发。上年的藕状茎只有较短的休眠期，寿命在2年以内，当年新产生的藕状茎不休眠。发芽温度最低为8℃，最适为30~35℃，最高42℃。此外发芽还需充足的氧气供应，这同其他水生杂草不同。在无水条件下出苗深度10~15cm。出苗的土壤湿度为10%~45%，以15%~30%为宜，湿度15%出苗率明显下降，5%湿度不能出苗。在干土中可从15cm深土层中发芽，0~5cm土层出苗最快。水深也影响出苗，一般出苗水层为5~10cm，超过20cm不出苗，藕状茎具较强的耐干旱能力，失去75%~80%水分仍能出苗，失水15%~25%时不影响出苗，失水80%以上时才丧失发芽力。

种子有休眠，种皮坚硬，不易发芽，上年种子即使在20%氢氧化钠溶液中浸6h，也只有60%发芽率，不经处理的不萌发。

（3）生长发育。5月中、下旬越冬的藕状茎开始萌发，幼苗长出3~4叶时地下茎开始生长，5~6叶期开始第一次分株，8~9叶期开始第二次分株，如条件适合可在10月中旬以前分株5~7次，扩展范围可达1~1.5m。株高出苗后3个月超过水稻。最早出苗的6月至7月上旬为营养期，7月中旬到8月上旬开花，9月上、中旬结实成熟脱落，10月中旬枯黄。在生长季藕状茎可不断发生新株，水稻割后仍会有新株出现。

稻田中水莎草发生数量，通常每平方米20~50株，有的可达60~120株，严重的竟达270~413株。一般使水稻减产25%~35%，严重发生的田块水稻减产可达50%~70%，甚至颗粒无收。

3. 对治理措施的反应

深耕或在浅水中翻地，可使藕状茎埋在泥水土中，藕状茎缺乏氧气不能发芽，最后死亡腐烂。另外，耕地可切断藕状茎，减少贮藏养分，降低再生能力；秋翻使藕状茎暴露地面，会促其死亡，减少下一年的发生量。也可采用水层控制方法抑制出苗。

八、异型莎草 *Cyperus difformis* L.

莎草科，一年生挺水杂草（图3-1-21）。

1. 形态特征

植株丛生，高10~75cm。茎秆三棱状，稍有翼，光滑，直径1~3cm。根淡

图3-1-21　异型莎草

红色，须根状。叶条形，光滑或顶端稍粗糙，宽2~5mm，常为株高的2/3，数目少，有的退化成叶鞘；叶鞘筒状，封闭，下部叶鞘黄色至褐色。长侧枝聚伞花序具辐射枝1~5个，花序下有叶状苞片2~3枚，其中1枚几乎是直立的，长达25cm；小穗数目多，在枝头密集聚成头状，小穗条形或条状椭圆形，扁平稍膨，长2.5~8mm，宽1~1.25mm，具10~30朵花；鳞片2列对生，密接，初为污绿色或浅黑色，后变苍白黄色或具白色边缘，绿色中肋；雄蕊1~2枚，雌蕊3柱头。小坚果椭圆形至卵形，具3棱，长6cm黄色或黄褐色。千粒重约0.02g。

2. 生物学特性

（1）繁殖。主要以种子繁殖，每株可产种子数10 000粒，最多可达110 000粒。种子小，可借风、水传播。种子全部存在于地表层20cm。

（2）休眠与萌发。新种子60%能萌发，休眠易解除。发芽要求淹水和饱水条件，淹水条件下发芽最好。湿润和干旱下不能萌发。发芽深度为0.5cm，1cm以下不发芽，深层种子可保持数年发芽能力。

埋种实验表明，异型莎草发芽要求有光，在土表的种子很易发芽，而埋土的种子只有在见光时才萌发，不过见光后马上开始萌发并不诱导休眠。

（3）生长发育。异型莎草在黏土和氮肥充足的条件下每公顷可产生极高的鲜重产量。据报道，6月完成营养生长的植株，在8月便产生出新一代杂草。这样短的生活史，对100多天才完成生活史的水稻来说有特殊的竞争能力。异型莎草对遮阳非常敏感，喜光性强。在低温下生长不好，出苗后每长1叶需积温93℃，平均气温10℃时4d长1叶。

九、碎米莎草Cyperus iria L.

莎草科，一年生挺水杂草（图3-1-22）。

1. 形态特征

植株丛生，高20~60cm。茎秆三棱状，光滑，直径1~2.5mm；根为须根，淡黄红色。叶条状披针形或条形，数目较多，均短于秆，宽3~6mm，顶部边缘有些粗糙；叶鞘膜质，包围茎秆基部。长侧枝聚伞花序具5~8个不等长的辐射枝，长可达12cm，基部具3~5枚叶状总苞，下部总苞比花序长；小穗长5~13mm，宽1.5~2mm，黄色，直伸，较密，含

图 3-1-22　碎米莎草

6~24花；柱头3枚，鳞片宽倒卵形，长1~1.5mm，顶端微缺，具极短的小尖，小尖不超出鳞片。小坚果倒卵状椭圆形，具3棱，褐色。

2. 生物学特性

（1）繁殖。用种子繁殖，较大植株可产4 000~5 000粒种子。

（2）休眠与萌发。新种子发芽率40%，种子只有很短的后熟期。贮在黑暗、低温条件下或淹水的土壤中，种子可进入二次休眠。发芽要求有光，但埋在旱田土壤的种子在变温20~35℃黑暗条件下，发芽率提高。发芽温度为15~40℃，在20~30℃的变温条件下，发芽率最高。在土壤表面可发芽，1cm以下土层有少数出苗。

（3）生长发育。插秧后15~45d出苗最多。试验表明，碎米莎草对水稻的竞争力仅次于稗草。对淹水有较强的忍耐力，在90cm水深下4d，生长不受影响。

3. 对治理措施的反应

多种除草剂都可防治碎米莎草。如72%异丙甲草胺乳油1.5~3.0L/hm²，对水200~260L喷洒；灭草松2.1kg或4.2kg/hm²防治。

十、香附子

香附子，原名"莎草"。学名：*Rhizoma Cyperi*（*Nutgrass Galingale* Rhizome），别名：香头草、回头青、雀头香、雷公头、香附米、三棱草根和苦羌头（图3-1-23）。

多年生草本。有匍匐根状茎细长，部分肥厚成纺锤形。

香附为莎草科植物莎草的根茎。生于山坡草地、耕地、路旁水边潮湿处。分布于华东、中南、西

图 3-1-23　香附子

南及辽宁省、河北省、山西省、陕西省、甘肃省和台湾省等地。春季、秋季采挖根茎，用火燎去须根，晒干入药。

香附根茎呈纺锤形，长2~3.5cm，直径0.5~1cm。表面棕褐色或黑褐色，有不规则纵皱纹，并有明显而隆起的环节6~10个。节上有众多未除尽的暗棕色毛须及须根痕，有细密纵脊纹。质坚硬，经蒸煮者断面角质样，棕黄色或棕红色；生晒者断面粉性，类白色，内皮层环明显，中柱色较深，点状维管束散在，气香，味微苦。入药以个大、质坚实，色棕褐，香气浓者为佳。

十一、聚穗莎草（球穗莎草）*Cyperus glomeratus* L.

莎草科，一年生草本（图 3-1-24）。

秆丛生或散生，钝三棱形，直立，高50~100cm，粗壮。叶短于秆，边缘粗糙；叶鞘淡褐色或红棕色，松弛，脉间具横隔。苞片叶状，3~4枚，长于花序；长侧枝聚伞花序复出，有3~8条长短不等的辐射枝；多数小穗密集成短圆形或

图 3-1-24　聚穗莎草

卵圆形的穗状花序，无总花梗；小穗条状披针形或条形，稍扁，有8~12朵花；小穗轴具狭翅；鳞片膜质，矩圆形状披针形，棕红色或黄棕色。小坚果狭矩圆状三棱形，黑灰色，具网纹。

十二、水葱*Scirpus tabernaemontani* Gmel.

莎草科，多年生草本（图 3-1-25）。

匍匐根状茎粗壮。秆单生，直立，高1~2m，圆柱形，平滑。茎基部具叶鞘，通常3~4个，仅最上部的1~2枚延伸成叶片状；叶片条形。苞片1，为秆的延长，条形，短于花序；长侧枝聚伞花序，具长短不等的4~13个或更多的辐射枝，每枝

图 3-1-25　水葱

有1~3个小穗；矩圆形或卵形，有多数花；鳞片椭圆形或宽卵形，边缘细裂成纤毛状，棕色或紫褐色；下位刚毛6条，有倒刺。小坚果倒卵形或椭圆形，黑褐色，平滑。

第三节　萍类杂草

一、青萍（浮萍）*Lemna minor* L.

浮萍科，一年生浮水小草本（图3-1-26）。

叶状体对称，倒卵形椭圆形或近圆形，肉质，两面隆凸，绿色，有1条长2~4cm的细根，生根处叶面凹。花单性，雌雄同株，生于叶状体边缘开裂处，无花被，内有1雌花和2雄花。果实近陀螺状。

图 3-1-26　浮萍为害状

二、四叶萍（田字萍）*Marsilea quadrifolia* L.

萍科，多年生水生或湿生草本（图3-1-27）。

根茎细长，横生泥中，或生于泥面，长8~75cm，节上生一长柄，节下须根数条。叶柄长5~20cm，小叶4枚，倒三角形，无毛，夜闭日张。叶柄基部生有单一或分叉的短柄，顶部着生孢子果；矩圆状肾形，生于叶柄基部，幼时有密毛，果内生6~20个孢子囊。孢子囊有大小两种，但其他形状相同。

沼生或湿生，对水稻生长直接为害，其根茎密布泥中缠绕水稻基部，夺取养分，又是水稻害虫的中间寄主。

图 3-1-27　四叶萍

三、槐叶萍 *Salvinia natans*（L.）All.

蕨类，槐叶萍科浮水杂草（图3-1-28）。

1. 形态特征

植株酷似槐树叶漂浮水面。茎长约3~10cm，犹如槐叶总叶柄，其上密被褐色短毛。叶3列，2列浮水叶甚似槐叶小叶片，矩形、椭圆形或卵形，较厚，表面绿色，密被乳头状突起，背面灰褐色，密被短粗毛，长8~12mm，宽5~6mm，全缘。顶部钝圆，基部圆形或略呈心形，有短柄，中脉明显，有15~20对羽状侧脉；1列沉水叶细裂成须状假根，悬垂水中，密生粗毛。子囊果近圆形，具粗短毛，葡萄粒状簇生于须状假根（沉水叶）的基部，每个须状假根基部有4~8个，其中较小的为大孢子囊果，内含少数大孢子囊，每个大孢子囊具1个大孢子，稍大的为小孢子囊果，内含多量小孢子囊，每个小孢子囊有64个小孢子。大小孢子囊果同株或异株。

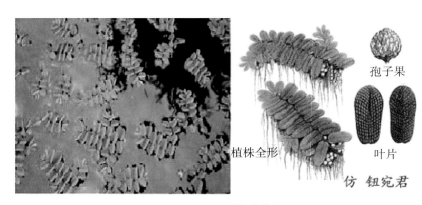

植株全形　孢子果　叶片

仿　钮宛君

图 3-1-28　槐叶萍

2. 生物学特性

（1）繁殖。以孢子繁殖，也可以营养器官断体繁殖。

子囊果成熟后脱离母体，沉入水底。第二年春季，孢子囊自于囊果中散出，浮于水面，放出大、小孢子。大孢子产生绿色雌配子体，上生颈卵器；小孢子产生无叶绿素的雄配子体，上生精子器。精子成熟后借水游至颈卵器与卵结合发育成胚，再发育成新株。槐叶萍可大量产生孢子。营养器官断体繁殖能力非常强，是生长季节大量蔓延的原因。

（2）生长发育。槐叶萍有很强的吸NO_3^-能力。在NO_3^-浓度为0~300mg/dm³溶液中放30min，吸NO_3^-量随浓度的加大而提高；在300mg/dm³溶液中NO_3^-被吸收96.86%；在300~600mg/dm³范围内，超过1~5h，吸收量降低，但是NO_3^-浓度为600mg/dm³的吸收随时间延长由16.1%增加到38.66%。

7—9月是发生高峰期，部分遮荫比开放生境有较高的生物量，日干物质生产率为0.4~1.16g/m²。氧气耗尽时可致死。pH值4.6~6.0及NaCl浓度大时受害。

3. 对治理措施的反应

（1）化防。用有效剂量为10g/dm³的2，4-D喷雾，72h后植株出现枯斑随后腐烂。

（2）打捞。这是最经济的方法。捞取时间应在秋季孢子囊果未产生或未落时进行。

第四节　绿藻类杂草

一、水绵 Spirogyra communis（Hass.）Kutz.

星接藻科，水生绿藻植物（图3-1-29）。

丝状体分枝，偶尔产生假根状分枝，常形成碧绿或黄绿色的漂浮藻团，浮在水面或沉在水底，细胞外壁胶化，用手触摸之有黏滑感。营养细胞宽19~22μm，长64~128μm。细胞横壁平直。配子囊圆柱形。接合孢子椭圆形，两端略尖。中胞壁平滑，成熟时黄色。

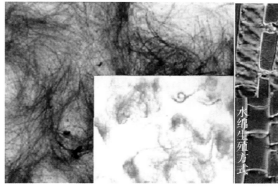

图 3-1-29　水绵

繁殖时可由丝状体断再生，也可进行接合生殖，由孢子萌发成新的个体。

常生于水田及沟溪中，分布全国各地。

二、金鱼藻 Ceratophyllum demersum L.

金鱼藻科，多年生沉水杂草（图3-1-30）。

1. 形态特征

茎细弱，多分枝，茎长可达数米，节间1~3cm。叶每节5~10枚轮生，叶质硬脆，长14cm，无柄，1~2回叉状分枝，裂片丝状，一侧有细刺齿，先端具两个短刺尖。花极小，单性同株，单生于叶腋，无梗或梗短，每个花

图 3-1-30　金鱼藻

周围有9~12个深裂的小苞片，无真正花被；雌花子房小，花柱和柱头均为柱状；雄花具10~16枚雄蕊，花药白色肥大，无花丝。瘦果黑色，长4~5mm，具3个长刺，顶刺长11~12mm，软，2个基部刺稍短，果实内含1枚种子。

2. 生物学特性

（1）繁殖。种子、新枝以及休眠茎端均可繁殖。6—7月开花结实。雄花成熟后，雄蕊脱离母体，花药末端的小浮体使其上升到水面。在水面花药开裂散出花粉。花粉比重大于水，故慢慢下沉到下面雌蕊柱头上授粉受精，这个过程只能在静水中进行。果实成熟后马上下沉停留在泥底，并有坚硬耐久的包被，可在退水的泥土中找到。

强风、强水流、动物或水暴涨暴落都可将植株折成多段，每一段可形成新株。

秋天，当日照变短，温度降低时，侧枝顶端停止生长，叶密集成叶簇，色变深绿，角质增多，并含大量淀粉。这种休眠茎端便是特殊的营养繁殖体。此时植株变脆，茎端脱落沉于水底。第二年春季到来，温度升高，日照变长时，休眠茎端萌发成新株。

（2）休眠与萌发。种子在泥中萌发，向上生长，有的可达水表面。种子萌发时胚根不伸长，也不形成不定根，故植株无根，而以长到泥浆中的叶状枝固定自己。基部侧枝发育出很细的全裂叶，似白色细线，被称为"根状枝"，这些枝也能吸收营养。

（3）生长发育。金鱼藻一生均生长在水面以下，即使雌花柱头也保持沉水状态。每株含水分88%，不木质化，气腔占植株的1/3。糖含量在仲夏达到最大值2%~4%，淀粉含量在生长早期强烈增加，到仲夏稳定下来。金鱼藻当年产生的茎可活到翌年的6—7月。

强烈阳光和强烈动荡的水可使金鱼藻死亡。水pH值要求7.6~8.8，有时在pH值为7.1~9.2的水中也可找到。终生要求平稳的温度、阳光和营养，金鱼藻对结冰很敏感，在冰内只能生活几天。水中有较多悬浮物时，因透入光线严重减少，金鱼藻也不易生存，但水变清后又能恢复生长。在2%~3%的光线下生长缓慢，5%~10%光线下能迅速生长。要求相当于日光中的20%以下的红光，因此用遮阳法防治无效。金鱼藻是一种喜氮杂草，1年中至少要求有部分时间水中有较高的无机氮。对富氮化污染水有去氮作用。在NO_3^-浓度为300mg/dm³情况下，半小时可吸收和积累其中96.86%的氮。

3. 金鱼藻对治理措施的反应

草鱼*Ctenopharyngodon idella*可取食金鱼藻，常用于水草的生物防治。

*Hirsehmanniella candacrena*等9种线虫是金鱼藻的病原。病状是组织失绿、茎变形最后全株死亡。

金鱼藻从不与黑藻一起生长，黑藻对其有植物化学抑制作用。

三、穗花狐尾藻 *Myriophyllum spicatum* L.

小二仙草科，多年生沉水杂草（图3-1-31）。

1. 形态特征

根状茎细，生于泥土中。茎圆，带红色，细而长，可达1~2m，多分枝，往往形成较大株系。每节轮生4~6枚叶，叶无柄或柄短，细丝状羽状全裂，全叶轮廓为椭圆形，全长2~2.5cm，裂片15对左右，长1~1.5cm。花序穗状，生于枝端，露出水面，长38cm，轮生多花（每节4朵）；花两性或单性而雌雄同株同序，雌花在下雄花在上；花无柄，生于苞片胶腋内；苞片有两种，大苞片卵形至条形，全缘，小苞片近圆形，边缘有细齿；雌花萼筒短，管状花瓣4枚，近匙形，甚小，早落；子房4室，下位，无花柱，柱头刺球状4裂反卷；雄花萼筒钟形，顶端4深裂，花瓣4近舟形，早落；雄蕊8枚，花丝短，花药淡黄色。果球形，直径1.5~3mm，具4条纵裂隙。可形成4个分果。

2. 生物学特性

（1）繁殖。由种子、植株断段和根茎繁殖。风媒花，在水面以上授粉。每株可产种子千粒。在营养丰富环境下生长的种群，每株雌花和结实数都多于养分贫瘠环境的种群。

（2）休眠与萌发。种子有休眠。营养丰富条件下生长的种子发芽率高于贫瘠条件下的种子。光影响发芽。新形成的种子在湿滤纸上做发芽试验，分别给予白光（700nm），红光（725nm）、绿光（520nm）、蓝光（445nm）和黑暗，光强为4.5mE/(m²·s)。红光下萌发97%，蓝光明显抑制发芽，黑暗下几乎无种子萌发。在50cm湖水下，光强4.5mE/(m²·s)发芽率明显降低，但在光强90mE/(m²·s)下发芽率增高。说明种子萌发受光强极端增加和减小的抑制。

（3）生长发育及生态作用。5月出苗，6—7月为繁茂期，7—8月开花，9—10月成熟。

6月穗花狐尾藻含P最高0.53%，N含量为3.62%，Ca含量为1.3%~6%；春季蛋白质含量最高32.18%~33.8%，碳水化合物含量为9.82%~30.5%，可捞取作饲料。

在含有1mmol/L或大于此浓度脱落酸的溶液中培养穗花狐尾藻，沉水叶在解剖、形态上都具有气生叶的特征，包括气孔发育，叶和表皮细胞长度减小，角质化增强，说明内生脱落酸对两栖杂草的气生叶发育起着普遍的调节作用。

穗花狐尾藻的浸出液可用来杀蚊虫。实验室研究

雌花

花枝

雄花

仿 李爱莉

穗状狐尾藻

图 3-1-31 狐尾藻

确定对2龄幼虫、4龄幼虫和蛹的半致死浓度分别为21~73μg/cm²、221~351μg/cm²、13~16μg/cm²。施到水上时，浸出液在水面形成一薄层，其毒性与一定水溶积的表面积成反比。毒性持续的时间取决于浓度，并随时间延长而降低。26μg/cm²浓度下，浸出液可作为五带淡色库蚊的产卵抑制物质，与不同科高等植物浸出液比较，只有橡树和爬山虎（*Parthenocissus tricuspidata*）的浸出液有同穗花狐尾藻类似的毒性。

四、大茨藻 *Najas marina* L.

茨藻科，一年生沉水杂草（图3-1-32）。

1. 形态特征

茎圆、具稀疏的锐尖短刺，长70cm，横卧水中，节上分枝生根。叶条形，无柄，对生，长3~6cm，宽3~4mm，顶端锐尖，边缘具6~8个波状锐齿，中肋上

图 3-1-32　大茨藻

有较大疏刺齿；基部具圆形托叶鞘，长约5mm，鞘顶端全绿或偶有数个细刺齿，基部具1~4个粗锯齿。花单生于叶腋，雌雄异株；雄花藏于瓶状苞片内，长3~4mm，花被两裂，具11雄蕊，花药4室；雌花无花被，花约4mm，柱头两裂，有时3裂，短小。果圆柱状椭圆形至狭卵形，长约5mm，种皮粗糙，表面细胞多角形。

2. 生物学特性

（1）繁殖以种子繁殖。

（2）休眠与萌发。种子有休眠，干燥条件下可保持4年生活力。

种子未经处理，发芽率很低，只有11%，但种皮磨破后发芽率提高到62%。最适发芽温度20~25℃。黑暗条件下发芽率提高，但不同光强对发芽无不同影响。另据研究，种子在黑暗、相对低的氧化还原势（-400~-300mV）以及24℃温度下发芽最好。在12℃、16℃、20℃下黑暗中也发芽。在长日照下20℃和24℃发芽；4℃、8℃、12℃或16℃不发芽。

盐分对大茨藻的萌发影响较小。水中NaCl浓度提高到74mmol/L时，发芽百分率只有轻微降低，可见在茨藻种群可恢复其盐生植物的特性。

大茨藻的种子经野鸭（*Anas platyrhynchos*）消化道后近70%被消化掉，但是剩下种子发芽率明显提高，相当于机械处理种子的发芽率。野鸭有很强的飞行能力，故种子可

传播到很远距离。

（3）生长发育。主要生长在新鲜水中。NaCl对大茨藻生长无不良作用，最适浓度为37~55mmol/L。

据以色列研究，生长季早期，即6月和7月初，植株能在225cm深处生长，随着季节进展，生长和生存的深度逐渐变小。整个季节大茨藻垂直生长模式与光的减弱是相符的，生长季节光的减弱主要由于盐分浓度增加造成的。

对大茨藻和尖叶眼子菜混合种群研究表明，除掉尖叶眼子菜，能增加大茨藻的生长。

大茨藻的茎、叶和根均可吸收钾、钠、氯、磷4种离子，茎叶吸收的比根多。

五、小茨藻Najas minor All.

茨藻科茨藻属，一年生沉水杂草（图3-1-33）。

1. 形态特征

植株纤细，易折断，下部匍匐，上部直立，呈黄绿色或深绿色，基部节上生有不定根；株高4~25cm。

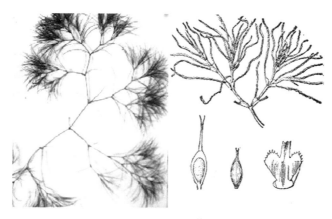

图 3-1-33　小茨藻

茎圆柱形，光滑无齿，茎粗0.5~1mm或更粗，节间长1~10cm，或有更长者；分枝多，呈二叉状；上部叶呈3叶假轮生，下部叶近对生，于枝端较密集，无柄；叶片线形，渐尖，柔软或质硬，长1~3cm，宽0.5~1mm，上部狭而向背面稍弯至强烈弯曲，边缘每侧有6~12枚锯齿，齿长为叶片宽的1/5~1/2，先端有1褐色刺细胞；叶鞘上部呈倒心形，长约2mm，叶耳截圆形至圆形，内侧无齿，上部及外侧具十数枚细齿，齿端均有1褐色刺细胞。

2. 生物学特性

花小，单性，单生于叶腋，罕有2花同生；雄花浅黄绿色，椭圆形，长

0.5~1.5mm，具1个瓶状佛焰苞；花被1，囊状；雄蕊1枚，花药1室；花粉粒椭圆形；雌花无佛焰苞和花被，雌蕊1枚；花柱细长，柱头2枚。

瘦果黄褐色，狭长椭圆形，上部渐狭而稍弯曲，长2~3mm，直径约0.5mm。种皮坚硬，易碎；表皮细胞多少呈纺锤形，细胞横向远长于轴向，排列整齐呈梯状，于两尖端的连接处形成脊状突起。花果期6—10月。染色体2n = 12，24。

3. 分布

产于黑龙江省、吉林省、辽宁省、内蒙古自治区、河北省、新疆维吾尔自治区、山东省、江苏省、浙江省、江西省、福建省、台湾省、河南省、湖北省、湖南省、广东省、海南省、广西壮族自治区和云南省等省区。成小丛生于池塘、湖泊、水沟和稻田中，可生于数米深的水底，海拔可达2 690m（云南省境内泸沽湖）。也分布于亚洲、欧洲、非洲和美洲各地。

4. 识别要点

该种是本属内形态变异显著的种之一，其株高、直径，叶片长短、宽窄，叶齿大小等，因水体环境的不同而变异极为明显。较为稳定的识别标准首推种子外形及外种皮细胞结构。

第五节　泽泻科杂草

一、泽泻 *Alisma orientale*（Sam.）Juzepcz

泽泻科，多年生沼生草本（图3-1-34）。

1. 形态特征

高50~100cm。地下有块茎，球形，直径可达4.5cm，外皮褐色，密生多数须根。叶根生；叶柄长达50cm，基部扩延成中鞘状，宽5~20mm；叶片宽椭圆形至卵形，长5~18cm，宽2~10cm，先端急尖或短尖，基部广楔形、圆形或稍心形，全缘，两面光滑；叶脉5~7条。花茎由叶丛中抽出，长10~100cm，花序通常

花　　球茎

花　　花枝　部分植株

仿　陈月明

图3-1-34　泽泻

有3~5轮分枝，分枝下有披针形或线形苞片，轮生的分枝常再分枝，组成圆锥状复伞形花序，小花梗长短不等；小苞片披针形至线形，尖锐；萼片3，广卵形，绿色或稍带紫色，长2~3mm，宿存；花瓣倒卵形，膜质，较萼片小，白色，脱落；雄蕊6；雌蕊多数，离生；子房倒卵形，侧扁，花柱侧生。瘦果多数，扁平，倒卵形，长1.5~2mm，宽约1mm，背部有两浅沟，褐色，花柱宿存。

花期6—8月，果期7—9月。生于沼泽边缘。喜温暖湿润的气候，幼苗喜荫蔽，成株喜阳光，怕寒冷，在海拔800m以下地区，一般都可栽培。宜选阳光充足，腐殖质丰富，而稍带黏性的土壤，同时有可靠水源的水田栽培，前作为稻或中稻，质地过沙或土温低的冷浸田不宜种植。

2. 地理分布

泽泻产于黑龙江省、吉林省、辽宁省、内蒙古自治区、河北省、山西省、陕西省、新疆维吾尔自治区、云南省等省区。前苏联、日本、欧洲、大洋洲、北美洲等均有分布。

二、慈姑 Sagdittaria sagittifolia L.

泽泻科，多年生挺水杂草（图3-1-35）。

1. 形态特征

植株无茎，只有花葶。地下具匍匐茎，顶端膨大成球茎。叶基生，叶柄长20~40cm，基部扩展成长鞘；叶片箭形，顶裂片条形至卵形，长5~15cm，先端锐尖，两个侧裂片开展，比顶裂片长。花葶高20~80cm，顶生总状花序，分枝或不分枝；花较多，单性，每节3枚，轮生，下部各节为雌花，梗短，长1~2cm，萼片3枚，卵形反曲，花瓣3枚，白色，易脱落，雌蕊多数，密集成球；上部各节为雄花，梗细长，具多数雄蕊，花瓣白色。瘦果斜倒卵形，扁平，长3~3.5mm，背腹面均有薄翅，顶端具有直立向上的喙，黄绿色。

图 3-1-35　慈姑

2. 生物学特性

（1）繁殖。以种子和球茎繁殖。每株可产种子8 500~20 000粒，形成球茎50~150个，其中80%位于5~15cm土层中。

（2）休眠与萌发。球茎有休眠期，时间有长有短，故萌发期很不一致，早春5月初即可出苗，一直延续到盛夏。发芽的适宜土壤水分是饱和至淹水状态，但土壤达到最大持水量80%就可发芽。翻地可促进发芽，出苗深度通常为5~10cm。每个球茎仅顶芽萌发，没有侧芽。种子在6月前大量萌发，一直到9月，此期间在稻田中可见其幼苗。

（3）生长发育。出苗后15~20d长出刀形叶，再经10~15d产生箭形叶。箭形叶大小变化较大，先小后大，可产生10~25枚叶子。在裸地生长势强；与水稻一起生长，因受光照和养分竞争的影响，生长不良；水稻密植可抑制其生长。稻田翻地70d左右，其地上部干重达到最高。慈姑密集簇生时，因竞争养分，可使水稻减产15%左右。

出芽后55~65d，即7—8月，箭形叶发生7~8枚时可抽出花葶3~5枚，开始开花，8—9月果逐渐成熟脱落，球茎从9月上旬开始形成。种子萌发的植株，当年不能开花，而在秋季形成球茎，次年球茎萌发成新株才开花。

3. 治理措施

机械防除效果较好，因其球茎仅有1个芽，如在地表下3~5cm生长点处被切断就不能再生。此外，水稻早期郁闭可降低慈姑的发生。

灭草松在刀形叶转为箭形叶期施用有良好防效。2，4-D和2甲4氯在后期施用可消除第二年繁殖体。

三、矮慈姑 *Sagittaria pygmaea* Miq.

泽泻科，多年生挺水杂草（图3-1-36）。

1. 形态特征

植株矮小，高5~20cm。无地上茎，只有花葶。叶基生，长条形或披针状长条形，无叶片和叶柄之分，质厚，长10~15cm，宽5~8mm，顶端渐尖，基部鞘状，全缘，中脉不甚明显，两侧各

图3-1-36　矮慈姑

有多条平行脉，被横小脉连成方格网。泥中有纤细根状茎，顶端膨大成小球茎；须根白色，每5~8mm有一横格。花葶自叶丛中抽出，直立，顶生花序；雌花1~2枚，位于花序最下端，雄花2~5朵，生于花序上部，雄蕊多数，密集成头状，萼片倒卵状长圆形，长

约4mm，花瓣卵形，白色，略长于萼片，果为瘦果，阔倒卵形，长约3mm，扁平，两侧有薄翅，边缘具鸡冠状齿。

2. 生物学特性

（1）繁殖。种子和球茎均可繁殖，以球茎和根茎的营养繁殖为主。每个球茎顶部有6~10mm的喙状顶芽，基部有2~3个侧芽，通常顶芽发育成新株，新株再产生球茎，有的当年球茎又可萌发成新株，多数则成为第二年的杂草源。根茎顶端在生长季节多次向地面伸出新株，进行旺盛的营养繁殖，严重时，每平方米可达千余株。

（2）休眠和萌发。球茎不休眠，只要有适宜的温度和水分就可萌发，发芽温度最低10℃，最适25~30℃，最高为30~35℃。发芽需要土壤持水量80%以上，60%时不发芽或发芽后不生长。发芽深度，湿润条件下为10cm，淹水条件下为15cm。

（3）生长发育。在温度、水分适宜条件下球茎顶芽萌发。生长速度取决于温度，如达到一叶期平均所需日数，温度20℃时为9d，25℃时为6日，30℃时为3d左右。植株在地表下2~3cm处向四周伸展根状茎，通常是在出芽后10~15d，3~4枚叶时；6~8叶期根状茎顶端产生第一次分株，10~12叶期产生第二次分株，这时正处于水稻最高分蘖期，每株可增殖至20株。分株发生一直持续到稻田落水期，它夺取稻田营养、抑制水稻分蘖、造成减产。

块茎在出芽后50~60d形成。其形成不受光周期影响，为日中性植物。块茎位置70%~80%在地表下5cm处，在水田多年生杂草中是最浅的。出芽时期越早，形成球茎的量越大。

四、野慈姑 *Sagittaria trifolia* L.

泽泻科，多年生沼生草本（图3-1-37）。

具球状根茎。叶全部根生，具长柄；叶片较狭窄，常呈飞燕状箭头形，基部互相抱合。花葶直立，高30~50cm；总状花序，小枝轮生，花生于枝端；花瓣白

图 3-1-37　野慈姑

色，3片。瘦果斜倒卵形，扁平，背腹两面有薄翅；多数瘦果集聚成球状。幼苗子叶针状；下胚轴非常发达，上胚轴不发育，下端与初生根相接处有1膨大球形的颈环；初生叶互生，单叶，带状披针形，叶面具方格状网脉；后生叶与初生叶相似，露出水面的后生叶逐渐变为箭叶形。下渐宽，基部最宽，有横脉。花葶多数，自叶丛中抽出，长短不一；头状花序近球形；总苞片倒卵形或近圆形；花单性，具短柄，雌雄同序。蒴果长约1mm。种子长椭圆形，有茸毛。

五、长瓣慈姑 Sagittaria sagdtdelia L. var. *longiloba* Turcz.

泽泻科，多年生直立水生杂草（图3-1-38）。

有纤细匍匐枝，枝端膨大成球茎。叶具长柄，叶形变化很大，通常叶片狭窄，呈飞燕状的箭头形，基部裂片短。顶生总状花序，花轮生，下部为雌花上部为雄花，具细长梗；花萼3，花瓣3，白色，基部有紫斑；雄蕊多数，密集呈球状。果实倒卵形，扁平，背腹两面具薄翅。生水边湿地，为南北各省稻田常见杂草。

图 3-1-38 长瓣慈姑

第六节 雨久花科杂草

一、鸭舌草 Monochoria vaginalis（Burm. f.）Presl ex Kunth

雨久花科，一年生挺水杂草（图3-1-39）。

1.形态特征

无茎或后期有极短茎，株高10~50cm，地下具极短的根状茎。叶片卵状长圆形至阔卵形，顶端渐尖，基部心形或圆形，有光泽，深绿色，具弧形脉；叶柄柔软，中空，基部叶鞘扭曲状，稍带红色。花序穗状，着生在叶柄状花葶顶端，基部一侧有1无柄小苞片，与之对生的是叶状大苞片，大苞片柄高于花序很多；花3~20朵，同时开放或很快地接续开放；花被6枚，淡紫色

图 3-1-39 鸭舌草

或蓝紫色，雄蕊6枚，其中1枚花丝具1侧齿。蒴果长卵形，内具多数种子。

2. 生物学特性

（1）繁殖。以种子繁殖，每株可产种子近千粒。严重发生地块，每平方米可产种子数万粒。

（2）休眠与萌发。种子有相当长的休眠期，在光照和变温下发芽，晚春几乎全部打破休眠。在淹水条件下发生的多，在饱水土壤上萌发少。但在早期播种的水稻田，饱水上幼苗数比干土和淹水土高35%。在淹水条件下，出苗高峰在15~25d，出苗期短有利于防除。在饱水的土壤和干土上整个季节陆续出苗。干土上的发芽曲线几乎是平的，可见在这种情况下早期1次施药是无益的。除草剂降解后发生的杂草对下茬水稻是严重祸害。种子千粒重约0.15g，仅为稗草的5%，故只能在1.5cm深的土层内萌发。据日本竹内安智研究，鸭舌草仅发生于稻田，不发生于其他水域。

（3）生长发育。5月上旬开始发生，春季平均出苗日数约20d，出苗后每长1叶所需积温为77℃左右，平均气温19℃时4d可长1叶。其鲜重产量很高，可达稗草的2倍，竞争能力不如稗草，竞争临界密度是每平方米60株。在自然密度下（每平方米366株）使水稻减产35%。对光的竞争不严重。这种杂草根系浅，深根的水稻可能对营养有更大的竞争力。

据美国加州大学的研究，为害水稻的二点叶蝉种群的增长与鸭舌草等杂草有关，这种昆虫喜欢在杂草上产卵。

3. 治理措施

可用异丙甲草胺对鸭舌草防除，在播种后至出苗前用72%乳油，15~23ml/100m^{2}对水喷雾土壤表层。

二、雨久花 *Monochoria korsakowii* Reged et Maack

雨久花科，一年生水生草本（图3-1-40）。

茎直立或基部倾斜，较粗壮，全株光滑无毛，高30~80cm，具须根。沉水叶具长柄，挺水叶具短柄，基部扩展成鞘状；叶片阔卵状心形，全缘。总状花序顶生，多数花序具10枚以上的花，花梗斜向上升，蓝紫色小花。蒴果卵状长圆形，绿色，肉质，内含几百粒种

图3-1-40　雨久花

子。种子柱状，褐色，有纵沟。幼苗形态与鸭舌草的幼苗相似，不同点是雨久花的下胚轴尽管很明显，其下端与初生根之间亦有明显界线，但不膨大成颈环。

三、凤眼莲（水葫芦）*Eichhorniacrassipes*（Mart.）Solms.

雨久花科，多年生浮水草本（图3-1-41）。

根生于泥中，根状茎极短，叶丛生其上，呈莲座状，下生须根，有侧生匍匐枝。叶宽卵形或菱形，全绿无毛，光亮，弧形平行脉；叶柄中部膨大成气囊。花茎中部具叶鞘状的苞片；穗状花序，花多数，花被基部相联接，蓝紫色，在蓝色的中心有一鲜黄点；子房无柄，秋季开花。蒴果卵形。

图 3-1-41　水葫芦

生于河水、池塘、稻田。繁殖较快，为害水田，阻塞水道，分布华东、华南一带。华北、东北有些地方为净化水质及作饲料也有引进。

第七节　眼子菜科杂草

一、眼子菜*Potamogeton distinctus* A. Benn.

眼子菜科，多年生浮叶杂草（图3-1-42）。

1. 形态特征

茎细长，略扁，长15~25cm，直径约2mm，于水中横走。基部泥土中具淡黄白色细长根状茎，如主轴，其上每节生1地上茎；根状茎顶端膨大分化为鳞茎（越冬芽），鲜黄色，香蕉状，常2~5群生，长0.5~4cm，有10片左右鳞叶。叶两型：浮水叶略带革质，互生，花序梗基部叶对生，阔披针形或椭圆状卵形，长4~8cm，宽

图 3-1-42　眼子菜为害状

图 3-1-43　眼子菜

2~5cm，钝头具小尖，基部近圆形，全缘，弧形脉多数，绿色或稍带紫色，柄长3~10cm，柄基部具4~6cm长膜质托叶，与叶柄分离，常早落；沉水叶披针形或条状披针形，较浮水叶小，宽约1.3cm，薄纸质，叶柄短。花序穗状，生于浮水叶的叶腋，花序梗长3.5~8cm，顶端加粗，穗状花序柱状，长2~5cm，挺出水面密生多花。小坚果斜阔卵形，黄绿色，粗糙，背面具3脊，中脊具翼（图3-1-43）。

2. 生物学特性

（1）繁殖。以种子、根茎和越冬芽繁殖。种子于8月下旬和9月上旬，即开花后25d成熟脱落，每株种子数量100粒左右。越冬芽也在此时于根状茎顶端产生，常2~5个，聚成鸡爪状，姜黄色。9月下旬越冬芽脱落，分散于5~25cm深的耕层中（80%~90%位于10~20cm土层），每平方米可形成越冬芽200~500个。根茎折断后有极强再生力。

眼子菜越冬芽具有极强的耐干旱性，水分含量即使低至20%~30%，也不会枯死，但不能抵抗土壤干燥。干燥的土壤可使鳞叶逐层发黑干枯直至生长点死亡。据测定，鳞叶重量为整个鸡爪芽的80%，含大量养分。

越冬芽形成的数量和大小与环境条件关系很大。在深水静水、营养生长繁茂时，养分用于开花结实，越冬芽形成晚、分布深、数量少、个体大；在浅水或经常脱水的不良条件下形成早、分布浅、数量多、个体小，因为这时根茎发育不好，节间缩短，养分向节上的膜质鳞叶输送，使鳞叶变大变厚，包围生长点形成越冬芽，第一芽周围可陆续产生数芽而形成鸡爪状。

（2）休眠与萌发。种子经冬季休眠后，下年6月上、中旬萌发。种子萌发起点温度为20℃，25℃出现高峰。萌发深度以土表为宜，每翻动1次土层，均有1次萌发高峰。

越冬芽的休眠期很短，5月初泡田时遇水萌发，其萌发温度最低为10℃，最适为25~30℃，最高约为40℃，发芽深度10cm左右，水层5cm萌发最快，10cm次之，1cm虽能萌发，但生长缓慢，叶片薄而长。

（3）生长发育。越冬芽5月中、下旬出苗，先是伸出红褐色卷筒状叶片，继续长大，接着叶片展开逐渐转绿，质地变厚，迅速生长。水面有3~5枚叶时根茎开始生长，这时越冬芽贮藏的物质耗尽。水层对根茎生长有决定性影响，水层5~10cm生长最好，过深过浅都不利。根茎生长温度20~25℃最适宜，30℃以上受抑制，水温40℃以上开始死亡。6月生长最快，6月下旬进入为害盛期。一个越冬芽在适宜条件下，生长1个半月，植株总长度可达20余m，面积达1~1.5m²，严重时叶片重叠，每平方米达1 350~2 880片。地下茎节节生根，在泥内串茎结网，这时正值水稻分蘖期，竞争激烈，不但夺走土壤中大量营养，还降低土温、水温。水深6cm时，1~2cm土层降温2~4℃，对水稻为害很大。水稻孕穗及幼穗发育期是眼子菜为害的第二高峰，可使水稻株矮穗小，贪青晚熟，产量受到很大影响。

种子萌发的实生苗出现较晚，多在6月中、下旬出苗，生长缓慢，2~3年后才能开花结实。眼子菜适宜生育温度为20℃，比萌发要求的温度低，出苗后60d茎叶最重。在50%遮阳下生长受到抑制，故密植水稻田眼子菜繁殖明显地受到影响。据研究，水稻株行距10cm时，越冬芽萌发1个月后有189片叶，16cm者为327片，23cm者为354片，30cm者为601片，开阔地为736片。

眼子菜对氮、磷的争夺非常激烈，发生密度大时可使水稻减产40%~50%。除竞争养分外，眼子菜覆盖水面，可使水温和地温降低1~4℃，这有利于眼子菜的生育，却不利于水稻生长。

眼子菜5月上、中旬出芽后50d左右出穗，一直延续到生长末期，开花后25d种子成熟脱落。

二、龙须眼子菜（篦齿眼子菜）*Potamogeton pectinatus* L.

眼子菜科，多年生沉水杂草（图3-1-44）。

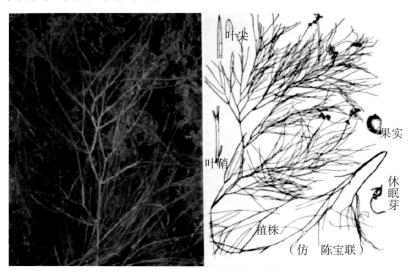

图 3-1-44　篦齿眼子菜

1. 形态特征

植物体多次叉状分枝。茎细弱，直径仅1mm左右。圆形，淡黄色，长可达1~2m，节间长1.5~10cm；茎基部具白色丝状根状茎，秋季产生白色卵状小块茎。叶互生，狭条形，长3~10cm，宽0.5~1mm，全缘，无柄，先端尖，具1~3脉，叶片基部与托叶鞘合生；托叶鞘绿色，管状，抱茎，长1~3cm，顶端与叶片分离，分离部分似叶舌，白色膜质长1cm。花序短穗状，挺出水面，长1.5~3cm，花少而间隔，果花序轴延长，尤显花稀疏；花序梗长3~10cm，与茎等粗；花萼绿色，甚小，花药黄色，雌蕊4裂，各自分离，子房弓形，花柱极短，柱头片状扩展。小坚果斜倒卵形，背脊圆，无肋，腹面平直或微凹。

2. 生物学特征

（1）繁殖。以种子和小块茎繁殖。每株可产种子百余粒，小块茎数百个至数千个。块茎分布在10~26cm泥土中，越冬后与母体分离，萌发出新株。

（2）休眠和萌发。种子和块茎有休眠，在4℃低温下层积以及低盐分含量和光都有利于萌发。

（3）生长发育。叶产生和茎伸长的速度明显受光线和温度制约。将块茎放在温度10~37℃和4~110mE/(m²·s)光照下培养，结果表明：在温度30℃和大于50mE/(m²·s)光强下叶产生的速度最快，每天长2.8~3.1叶；而在16~28mE/(m²·s)低光强和30℃温度下，茎伸长最快，每天伸长0.8cm。光影响鲜重的增加，而温度无作用，17~30℃是增重高峰，每天增19~56mg，这个温度范围之外，增重降低，每天仅增2~10mg。块茎萌发的植株，生物量的增加受到温度的强烈影响，而光影响植株的形态。减少光可降低绝对生物量，但增加块茎的相对生物量。

温度和光对龙须眼子菜生长发育的影响还有如下资料：刚萌发的块茎放在10~37℃和低光强[6~20mE/(m²·s)]下生长，温度对叶绿素A和叶绿素B的色素含量影响大于光强。温度和光强共同影响总的类胡萝卜素含量；在低光强和变温下改变了与叶绿素A有关的副色素的浓度；茎相对生长速度从-0.04~1.23mm/(cm·d)。在23~30℃下，茎相对生长速度与光强成负相关，但这个温度之外光强对茎伸长速度没有影响；相对日生叶率0~0.28片/叶，随温度和光强增加，37℃不产生叶。说明龙须眼子菜早期生长适宜温度接近23~30℃。生长早期，就影响龙须眼子菜生长来说，温度同光强一样重要。

块茎重量对长出的植株影响很大。块茎平均重56.2mg ± 49.7mg。在温室条件下，开始的块茎重量影响植株茎的伸长、叶和无性繁殖体的产生，在深水中，这种影响尤为显著。人工捞除有一定的效果，可控制3~4个月无草。用控制块茎发育的方法防除也是有前途的。

化学防除可用2甲4氯、灭草松等可有效地防除龙须眼子菜。生物防除可用草鱼。

三、马来眼子菜（竹叶眼子菜） *Potamogeton malaianus* Miq.

眼子菜科，多年生沉水草本。通常不生浮水叶（图3-1-45）。

根状茎横走泥中，节上生根分枝；茎细长，不分枝或少分枝，长可达1m。叶互生，有时在花序下呈对生状；叶片条状长圆形或条状披针形，中脉粗壮，横脉明显，边缘具钝齿波，基部楔形或钝圆，具柄。穗状花序生于茎顶的叶腋中；花较密，黄绿色。果卵形至圆卵形，背具锐棱3条。幼苗子叶针状，基部具子叶鞘；上下胚轴均不发达；初生叶互生，单

图 3-1-45　竹叶眼子菜

叶，带状披针形，基部有顶端明显伸长的叶鞘，有1条明显中脉。

四、浮叶眼子菜*Potamogeton natans* L.

眼子菜科，多年生漂浮草本（图3-1-46）。

根状茎白色，横卧泥中。茎少分枝，直径1~2mm。叶互生，花序基部之叶有时近对生；浮水叶较厚，卵状椭圆形或椭圆形，全缘，有光泽，基部浅心形或圆心形，有时下延至叶柄；沉水叶较小而柄较长，常为叶柄状；托叶和叶柄分离，条状披针形，膜质。穗状花序枝梢腋生。花黄绿色，较小。小坚果倒卵形，腹外凸，棕色，背部具1条棱。

果实

植株

图 3-1-46　浮叶眼子菜

五、菹草*Potamogetom crispus* L.

眼子菜科，多年生沉水杂草（图3-1-47）。

1. 形态特征

茎扁平，长20~100cm，有时达200cm，宽0.5~2mm，节部收缩，不分枝或稍分枝，

茎以根固定在泥土中或无根。叶互生，排成两列、鲜绿色至黑绿色，较脆，宽条形，长4~7cm，宽4~8mm，顶端圆钝（早春叶窄顶端尖），基部近圆形略抱茎，叶缘具波状皱折并且有不易发现的锯齿，中肋明显，近两侧边缘各有1条细脉，形如游丝，在叶端与中脉会合；托叶鞘燕尾状两裂，薄膜质，长6~10mm，基部与叶基连合，易破碎而留下纤维状物。夏秋枝端常休眠，形成石芽，即枝端节间不伸长，叶宽短而密集，坚硬，是一种特殊的营养繁殖器官。花序穗状，生于枝端叶腋，具粗壮的花序柄。柄长2~5cm，挺出水面，花序长1~1.5cm，花少而疏；花被4枚，绿褐色，雄蕊4枚，无花丝，心皮4枚，分离。果斜卵形，顶具粗长喙，基部彼此连接合成簇球状。

图 3-1-47　菹草

2. 生物学特性

（1）繁殖。由种子、根茎和石芽繁殖。

种子主要在浅水层产生，每株可产960粒种子，严重发生的水田，每年每亩种子量达74万~94万粒，每平方米1 100~1 400粒。种子成熟后落于水底，由水流、水鸟传播，也可随鱼和鱼卵传播。

根茎纵横泥中，形成错纵的根茎网，扩展迅速，可大量产生新株。

石芽繁殖则比以上两种方式更为普遍，意义更大。每株产生的石芽数超过种子数，严重发生的水面每平方米石芽数可达3 898个，4月1日播种1个石芽，当年6—10月间繁殖出900个石芽，每平方米水底平均有新生石芽1 531个。有根植株在16h长日照下石芽形成最多，8h短日照下不形成，水温高促进石芽发育；无根植株石芽形成与光周期无关，而与营养有关，尤其是磷、钾缺乏时促进石芽形成。其传播主要靠水也可靠水鸟。

（2）休眠与萌发。种子发芽很少。国外试验干贮1年的种子发芽率为0；湿贮1年以上的也是如此。在自然条件下发芽率因种群不同变化很大，南非种群只有0.001%，而南波希米亚种群发芽率达30%~40%。种子的重要性在于传播而不在于繁殖。

石芽成熟后由母体脱落沉于水底，休眠越夏，从而避免了与夏季快速生长的其他水生植物的竞争。这种越夏策略最大效率地使用了春季其他植物最大需求前的营养资源，具有早期竞争的优势。石芽在低温下萌发，存在竞争植物和缺乏光照时萌发受抑制。赤霉素、萘乙酸和苯甲酸腺嘌呤都可提高石芽的发芽率，但只有赤霉素处理的才能正常发育。

（3）生长发育。新植物体主要由石芽繁殖。早春茎上的侧枝顶端开始发育成石芽，花芽也同时发育。石芽内含5~7个休眠芽，其中任何一个都可以发育为新株。萌发是在秋季水温降低时进行，石芽萌发的植株不同于春末和夏季的生长形态，叶窄而尖，柔软，边平直。以这种植株在厚冰层和雪覆盖下越冬。早春4月冰融后，春末夏季的叶开始占优势，代替了越冬叶，花芽开始在打破休眠的茎的叶腋内形成。5—6月花序伸出水面不久便开花，授粉后花序缩入水下，石芽和果实，因水温不同而在6月末、7月末或8月成熟。低温延迟石芽的发育，放春末夏初的叶可继续生长，石芽成熟和脱落时，春型叶死掉，甚至全株于夏季死亡。9月石芽开始萌发，越冬叶发育。到晚秋，植株充分发育，并存在于整个冬季。

第八节　水鳖科杂草

一、水鳖*Hydrocharis dubia*（Bl.）Backer

水鳖科，一年生至多年生杂草（图3-1-48）。

水生漂浮草本。用匍匐茎进行繁殖，具须根。叶圆状心形，浮水面或出水面，全缘，叶面深绿色有光泽，弧形脉，叶背略带紫色并具有宽卵形的泡状气囊；叶柄长2~5cm，互生。花单性，生在一条匍匐枝上的不同植株上；雌、雄花均有花被，萼片3；花瓣3，白色或淡粉色。果实肉质，卵圆球形。种子多数，冬季植株被冻死，果坠入水底，第二年萌

图 3-1-48　水鳖

发。幼苗子叶针状，下胚轴及上胚轴均不发育；初生叶互生，单叶全缘；后生叶具长柄，其基部两侧具膜质叶鞘。质薄，条形或条状短圆形，全缘或具小锯齿；两面均有红褐色小斑点。花极小，单性，雌雄异株。果条形，含1~3颗种子。幼苗子叶针状；下胚轴下端与初生根之间有一明显的颈环，上胚轴亦较发达；初生叶3~4片，轮生，单叶。

二、苦草*Vallisneria spiralis* L.

水鳖科，一年生沉水杂草（图3-1-49）。

苦草幼苗

图 3-1-49　苦草

1. 形态特征

须根系，无直立茎，匍匐枝向四周蔓延，节上生新株和根。叶簇生；叶片带状，通常长70cm（有时达200cm），宽4~10(18)mm，叶片质薄而柔软，暗黄绿色，有时具褐色条纹和斑点；叶缘具微小锯齿或全缘；先端钝；叶脉5~7条。花单性，雌雄异株；雄花多数，极小，无花瓣，仅有3枚萼片，雄蕊1~3个，生于卵形、3裂并具短柄的苞片内，成熟后脱离苞片，浮于水面散粉，这时水面可见一层白色小花；雌花单生，直径约2mm，生于筒状、顶端3裂、具棕色纵条纹的苞片内；子房下位；花被2轮，内轮短于外轮。苞片基部具长梗，将花推向水面授粉。授粉后花梗螺旋状卷曲收缩，将子房拉入水中。果实条形，乌紫色，长10余cm，具多数种子。

2. 生物学特性

（1）繁殖。以种子和营养器官繁殖。果实在水中成熟后脱离母体沉入水底，果皮腐烂后种子释放于泥土中，第二年萌发。营养繁殖能力极强，8月中旬，即第9片叶生出前后，植株基部产生白色纤细匍匐枝，枝端着地产生第一级分枝，其基部再产生第二级分枝，二级分枝基部再产生第三级分枝，还可产生第四级分枝。计算起来每1个实生苗至少可产生288个新株，实际往往比这多得多。这样以几何积数增殖，很快便布满全田。

（2）生长发育。5月中、下旬种子萌发，第一片叶细小，披针形，直立。6月上旬气温达20℃时，每3~4d长出1片叶，随气温升高，6月下旬每2d可长出1片叶，生长到第六片叶时，叶片向四周水平伸展，生第九片叶时，基部产生匍匐枝。通常每株可生15~18枚叶片，雄株叶片稍少。8月上、中旬普遍开花，9月初停止生长，10月左右植株枯萎腐烂，全部生物量归还土壤。

苦草盛花期，也是营养生长最繁茂时期，正值水稻抽穗阶段，此时竞争激烈，对水稻产量影响很大。

图 3-1-50　黑藻

3.药剂治理

二氯喹啉酸亩用50％可湿性粉剂30~50g或25％悬浮剂60~80g或50％水分散粒剂30~40g对水喷雾防治。

三、黑藻*Hydrilla verticillata*（L. f.）Royle.

水鳖科，多年生沉水杂草（图3-1-50）。

1.形态特征

茎细弱，在水中横走，长1~3m，粗约1mm，有分枝。秋季分枝顶生冬芽，芽苞卵状披针形至条形，紧密。叶4~8枚轮生，质薄，条形，无柄，长0.8~2cm，宽2~3mm，边缘有细刺状小齿或全缘。花很小，单性，雌雄异株，也有雌雄同株者；雄花具短柄，单生于叶腋球状具刺的苞片内，开花时苞顶开裂，雄花苞片浮于水面，以便授粉；雌花无柄，单生叶腋，从一个二齿的筒状苞片内伸出；花被片两轮，外轮3枚萼片状，长3mm，椭圆形，内轮3枚花瓣状，与外轮近等长，但比外轮窄；柱头3，子房下位，成熟时顶端伸延成细长的喙，将柱头连同花被推出水面接受花粉和受精，有的子房顶端不能伸长便不能结实。果条形，内有1~3粒条形种子，种子黑褐色。

2.生物学特性

（1）繁殖。种子和营养器官均可繁殖，以营养繁殖为主。除植物体可行断体繁殖外，分枝顶端还可形成冬芽，分枝基部发育出侧枝芽（无性繁殖结构）以及叶腋中大休眠腋芽基部形成的小休眠腋芽。在电镜下侧枝顶芽和腋芽基部均发现有离层，以可脱落形成新植物体。地下匍匐枝上形成的块茎也可繁殖。

（2）休眠与萌发。块茎6月末形成后处于休眠状态，到第二年3月末至4月中旬萌发成新株。冷冻可以打破营养繁殖体的休眠，5℃温度下处理1周可完全打破休眠，在7℃温度下过42d，发芽率92％，而不加冷冻的则不萌发。盐分浓度也影响营养繁殖体的萌发，盐度为0时，发芽率为92%~97%，5~9ng/kg时为4%~20%，9ng/kg时为0。不同营养繁殖体对环境的反应不同，25℃和黑暗条件下块茎的萌发率比侧枝顶芽高。生长调节剂对侧枝顶芽的萌发有不同作用，10mg/kg和100mg/kg的赤霉酸增加了这种芽的萌发和长度而IAA（吲哚乙酸）对其萌发影响小。

（3）生长发育。在10~16h光周期下，异株型生长（伸长）很快，栽后2~3周达到水面；相反地，同株型最初在基质附近生长，产生大量水平茎，根成簇且极密。同株型和异株型对环境条件的反应也不同。短日照下，同株型的生物量降低，但块茎生长量最大，明显高于异株型。同株型4周后产生块茎，而异株型8~10周后产生块茎。

两种类型黑藻生长对温度的反应是一致的，15℃温度下均受阻碍。同株型块茎可在低温下发芽，有耐低温性，更适于生长季节短的北方地区。同株型习性类似一年生，冬末植株全部死亡，每年由块茎重新产生植株。

黑藻的生长速度月份间的差异很大，7月主茎长度增长最大，这时温度也是最高的。温度升高也可明显增加分枝数和分枝长度以及根的长度。1月生长量最小。黑藻是无花环解剖结构的C_4植物。

实验室研究结果，黑藻最大生长量是在0.016mg/kg磷和5mg/kg钙的培养基中得到的，对高浓度的钾（40mg/kg）反应良好。二硝酚能降低黑藻对钾、铜、铁和锰的吸收，但对钙和磷的吸收无影响。说明黑藻对钾、铜、铁、锰的吸收依靠代谢能。

黑藻喜欢中性到碱性水，在pH值为9条件下生长量最大，但有很广的pH值忍耐力。降低硝酸盐和磷酸盐浓度能刺激侧枝顶端繁殖芽和花的形成。

第九节　蓼科杂草

一、水蓼 *Polygonum hydropiper* L.

蓼科，一年生草本（图3-1-51）。

茎直立或基部斜升，常在基部多分枝，着地生根，高50~100cm，无毛。叶互生，有短柄；叶长4~5cm，披针形，全缘，先端渐尖，基部楔形；托叶鞘筒状，被不明显的疏稀细长脉在鞘上延伸成缘毛。穗状花序，顶生或腋生；花浅红或浅绿或白色，有腺点；瘦果卵形，暗褐色，具3棱3面或2棱2面。幼苗子叶阔卵形，长约6cm，先端钝圆，全缘，叶基圆形，具短柄；初生叶互生，单叶，倒卵形，红色，具叶柄，基部有一膜质的托叶鞘。全株有辣味。

二、酸模叶蓼（大马蓼）*Polygonum lapathifolium* L.

蓼科，一年生草本（图3-1-52）。

茎直立，高50~160cm，分枝多，节部膨大，光滑无毛。叶互生，具柄；叶片披针形或卵状披针形，叶面常有黑褐色新月形斑块，无毛，全缘，边缘有粗硬毛；茎有髓不中空，外有赤色斑点；托叶鞘筒状，膜质，无缘毛或疏生短毛。穗形总状花序，顶生或腋生，圆柱状，通常数个排列成圆锥状；花红白混杂。瘦果圆卵形，扁平，长约2cm，黑红色。幼苗子叶卵形，先端急尖，全缘，叶基阔楔形，有短柄，无毛。初生叶互生，单叶，卵形，先端钝，全缘，叶背密生白色绵毛，具叶柄。

图 3-1-51　水蓼

三、两栖蓼 *Polygonum amphibium* L.

蓼科，多年生水生草本（图3-1-53）。

茎直立，不分枝。叶互生，具短柄；叶片长圆形或宽披针形，先端急尖，基部心形或近截形，侧脉近与主脉垂直，全缘，托叶鞘筒状，长1~2cm，先端截形，被短伏毛。穗状花序，长2~4cm，通常顶生或顶端腋生；花白色或微带红色。瘦果卵圆形或近圆形，双凸，黑色。

图 3-1-52　酸模叶蓼

图 3-1-53　两栖蓼

四、本氏蓼（柳叶刺蓼）*Polygonum bungeanum* Turcz.

蓼科，一年生草本（图3-1-54）。

春季出苗。花果期7—9月。种子繁殖。喜生于沙地、田边及路旁荒芜湿地。为常见夏、秋收作物田杂草。

1. 形态特征

幼苗，下胚轴很发达，上胚轴不明显。子叶卵状披针形，长1.2cm，宽4mm，先端锐尖，有短柄。初生叶阔卵形，先端钝圆。后生叶卵形或椭圆形。幼苗全株密被紫红色乳头

图 3-1-54　柳叶刺蓼

状腺毛。成株，茎直立，高30~60cm，疏生倒向钩刺。叶片披针形或长圆状披针形，长3~13cm，宽1~2.5cm，先端短渐尖或稍钝，基部楔形。花和子实，花序由数个花穗组成圆锥状花序，顶生或腋生。苞片漏斗状，上部为紫红色，苞内生有3~4朵花。花排列稀疏，白色或淡红色。花被片5深裂，裂片椭圆形。雄蕊7~8枚，花柱2裂。瘦果圆形而略扁，黑色，无光泽，长约3.5mm。

2. 地理分布

黑龙江省、辽宁省、河北省、山西省和内蒙古自治区等地均有发生。

五、桃叶蓼*Polygonum persicaria* L.

蓼科，一年生草本（图3-1-55）。

1. 形态特征

一年生草本，高40~80cm。茎下部斜卧，上部直立或全株直立，单一或分枝。托叶鞘紧密包着茎，疏生伏毛，上缘有长缘毛；茎上部的叶柄极短或近无，茎下部的叶柄较明显，具硬刺毛；叶片披针形或线状披针形，长4~10cm，宽5~20mm，基部楔形，先端长渐尖，两面平滑或有疏毛，中脉与边缘具硬刺毛。总状花序再构成圆锥花序，顶生或腋生；花序梗微有腺，花穗密花，长1.5~5cm，较粗，直立；苞片漏斗状，红紫色，先端斜形，疏生缘毛，花被粉红色或白色，5深裂，长约3mm，覆瓦状排列，雄蕊5~7，通常6，花粉粒球形，径30μm，具网状纹饰；花柱2(3)。坚果广卵形、两侧扁平或稍

图 3-1-55　桃叶蓼

凸，稀近三棱形，黑褐色，有光泽，染色体2n = 22，44。

2. 地理分布

生于林区水湿地。分布于我国黑龙江省、吉林省等地区，大别山区也有分布。欧洲、亚洲、非洲、美洲各国也有分布。

第十节　常见深水杂草

一、狭叶香蒲（水烛）*Typha angustifolia* L.

香蒲科，多年生挺水杂草（图3-1-56）。

1. 形态特征

植株高大，株高1.5~3m，无分枝，地下具粗大的匍匐根状茎，上具许多须根。叶狭条形直立，根切面月芽形，无明显中脉；叶长约100cm，宽5~8mm，基部具海绵质筒状叶鞘，抱茎。花单性，雌雄同株异穗，雄花小而数目极多，在长20~30cm的茎轴末端形

图 3-1-56　狭叶香蒲

成细柱状雄肉穗花序；雌花则在距离雄花序下端1~9cm以下围绕茎轴组成蜡烛状，长达9~28cm的雌肉穗花序；每个雄花由2~7枚雄蕊组成，雄蕊花丝短，花药大，长2mm条形，基部有多根长于花药的毛，毛顶端膨大；雌花由1枚雌蕊、两枚苞片和多根长柔毛组成，雌蕊子房窄长纺锤形，具长柄，顶端渐细延伸为长花柱，花柱顶端膨大为条状矩圆形柱头，苞片和长柔毛均着生于子房柄基部，苞片毛状，只是顶端膨大为匙形，短于柱头，与柔毛等长，柔毛顶部不膨大。瘦果窄纺锤形，无槽。

2. 生物学特征

（1）繁殖。每个雌花序可产极小的果实（内含1粒种子）2万~70万粒，潮湿时花序密，干燥后花序散开，果实具柔毛，纷纷扬扬借风传播。果实与水接触时，果皮迅速开裂，放出种子，种子下沉水中，有时落在鱼的皮肤上随鱼游动传播。有强大根茎，可进行营养繁殖。

（2）休眠和萌发。香蒲种子散出后即可发芽，但必须有充分的水分、温度、光强

和光量，而不需要氧气，条件不适时种子可长期保持发芽能力。幼苗定植需要适宜的水分、光和温度，对基质和水的化学状况也很敏感。一旦定植便有极广的适应性，但水深及其变动严重影响幼苗生存和生长。

（3）生长发育及生态作用。4月末5月初开始营养生长，6月上旬长出花序，6月末开花，10月中旬种子成熟。开花末期穗停止生长。秋季是营养繁殖器官（根茎）生长的高峰。在根茎进入快速生长阶段前主要是长叶，叶的生物量占全株的60%~70%，这时大量吸收营养。秋季生物量和营养积累变小，叶中的营养和光合产物向根茎转移。在低营养的沙土上，香蒲生长受到氮、磷及其相互关系的强烈影响，钾肥对其几乎无影响。香蒲有积累氮、磷的能力，营养过量时，组织中的氮、磷含量达最大需要量的2~3倍，地下组织中优先积累过量的磷。

香蒲有净化水的作用。在香蒲生长1个月的盆土中浇入不同浓度的硝酸铅、硫酸锌和硫酸镉，使香蒲处在0~500mg/kg铅、0~1 000mg/kg锌和0~10mg/kg镉中。浇后14d和56d收获香蒲测定，发现铅和锌含量随着浓度的增加而增加，镉含量在0.1~1mg/kg范围内随浓度加大只有少量增加，浓度再大则组织中镉减少。叶中铅含量高于茎和根，而锌和镉主要在根内积累。3种元素在盆土中的分布也不同，铅和锌主要分布在盆底土中，而镉主要在表土层。它们对香蒲生长均无抑制现象，说明香蒲可用来吸收废水造成的重金属污染。

3. 治理措施

排水沟中的香蒲可用草甘膦等防除。草甘膦有特别好的效果，在盛花期的7月施用效果大于结果期的夏末，夏末使用有些植株仍可结种子。

二、菱 *Trapa bispinosa* Roxb.

菱科，一年生水生草本（图3-1-57）。

叶互生，浮水叶聚生茎顶，叶片呈菱状三角形，边缘呈牙齿状，具柄，柄长5~10cm，中部膨胀成海绵质气囊。沉水叶退化成羽状细裂如丝的变态托叶。花单生于叶腋，露出水面。花瓣4枚，白色，鲜果粉红色或青绿色，腐去肉质后为黑褐色。

图 3-1-57　菱角

三、沼生水马齿 *Callitriche palustris* L.

水马齿科，1~2年生草本（图3-1-58）。

借水之浮力，立于水中，高10~20cm。叶对生，条形，上部叶片渐变为匙状条形或倒卵状匙形，顶端圆钝，基部渐狭成柄。同一叶腋中各生1朵雌雄花，2花之两侧各有1枚兽角状白色泡松的苞片，向内弯曲，脱落；果扁平，倒心形。

图 3-1-58　沼生水马齿

四、荇菜 *Nymphoides peltatum*（Gmel.）O. Kuntze

龙胆科，多年生水生草本（图3-1-59）。

茎圆柱形，多分枝，流水中有不定根，泥中常有地下茎。叶互生，生花处近对生；叶片圆形，基部心形，漂浮于水面；叶柄盾状着生，基部扩展成短鞘，抱茎。花序簇生于叶腋，花梗

图 3-1-59　荇菜

稍长于叶柄，伸出水面，花杏黄色。蒴果矩椭圆形，扁平，不开裂，果皮干后薄膜质种子多数，长卵形，浅棕色，边缘有纤毛。幼苗子叶矩椭圆形，先端钝尖，全缘，叶基部阔楔形，有柄；下胚轴粗壮；初生叶互生，单叶，心脏形，无明显叶脉，基部有鞘；幼苗全株光滑无毛。

第十一节　挺水杂草

一、合萌（田皂角）*Aeschynomene indica* L.

豆科，一年生挺水和田埂杂草（图3-1-60）。

图 3-1-60　合萌

1. 形态特征

株高40~80cm，茎圆形，中空，通常多分枝。叶为双数羽状复叶，小叶20~30对，条状长圆形，长5~9cm，宽1.5~2cm，基部偏斜，先端圆或微凹，具细利尖，全缘。总叶柄基部具胶质托叶，早落，小叶片在总叶柄上部两列平展，触动时两列叶片对折起来。花序腋生，为短的总状花序，只疏生数花；花萼二唇形，上唇2齿，下唇3齿；花冠蝶形，黄色或稍呈紫色，长7~9mm，旗瓣1枚，近圆形翼瓣2枚，无耳部，龙骨瓣2枚，合成船头形。荚果有节，长3~4cm，表面常有乳头状突起，不开裂，成熟时节节分离，每节有1粒种子。

2. 生物学特征

（1）繁殖。仅用种子繁殖，每株可产种子400~600粒。

（2）休眠和萌发。种子有休眠。用浓硫酸处理30min发芽率最高，用硝酸钾处理的趋向降低发芽率，用6mmol/L赤霉素处理10min可稍提高发芽率。尽管种子成熟时休眠，但在整个季节都可以出苗，直到下霜。饱水土壤有利于出苗。

（3）生长发育及生态作用。合萌是晚春杂草，5月出苗，7月开花，8—9月结实成熟。

合萌再生能力较强，在子叶期和4片真叶期从子叶节下1cm处割掉仍可产生新枝。合萌可作为饲料和绿肥应用。长到20cm高时，在8月和10月割两次，每公顷鲜重产量为62t，干草率35%。固氮能力比大豆高2.8~5.6倍，花期植株顶端总氮量达4.7%。经检查，在淹水条件下生长的合萌植株，根上没有泡状灌木菌根真菌的感染，但在正常水分条件下植株受该菌的感染率很高。地上部干重和菌根百分比由于向土壤中混入氯化钠、氯化钾和葡萄糖而逐渐减少。在2%氯化钠、1%氯化钾和4%葡萄糖浓度下抑制了合萌植株的生长，硝酸钾对植株的毒性更大，每公顷施用P_2O_5 50kg时菌根菌落最大，施用100kg时，植株干重最大。

在逐渐增加光周期的情况下，茎和根干重和菌根菌落渐渐增加。12h光照下生长最好，菌根菌落最大。合萌是棉铃虫的转株寄主。

二、水芹 *Oenanthe javanica*（Blume）DC.

伞形科，多年生挺水杂草（图3-1-61）。

图 3-1-61　水芹

1. 形态特征

株高20~60cm，全株无毛，地下具匍匐根状茎，基部具匍匐枝横走于地面，匍匐枝节节生根。茎圆柱形，中空，具纵棱，下部伏卧，节部膨大，上部直立。叶二回羽状全裂，下部叶具长柄，柄基扩展成鞘抱茎，叶最终裂片披针形，长1.5~5cm，宽0.5~2cm，边缘具不整齐的锯齿；上部叶叶柄渐短，甚至全为鞘状，叶裂片也渐少。花序复伞形，有长梗，多与上部叶对生，花序下具1~3枚小总苞片或无，二级伞形花序梗基都具2~8枚条形小苞片花20余朵，萼齿三角形，花瓣5，白色内曲，雄蕊5。果实椭圆形，具肥厚果棱。

2. 生物学特征

（1）以种子和根状茎、匍匐枝繁殖。每株可结种子近万粒，种子随熟随脱落，漂浮水面向外传播。植株开花结实时，其基部也不断产生匍匐枝，交织成匍匐枝层。匍匐枝节节生根生芽，芽弯曲入土成小根状茎，越冬后脱离母体，独立发育成新株。

（2）休眠与萌发。花后45d的种子可萌发，但贮存期间进入休眠状态。休眠可被低温贮存所打破，但需5~6个月才萌发。光是打破休眠的一个因子，但在变温条件下黑暗中也能发芽。化学物质无助于打破休眠，去掉种皮也不行。其果皮或整个种子的浸出液能抑制莴苣种子萌发和水稻叶鞘的生长。纸层析表明，浸出液为酚类化合物。去掉果皮种子的浸出液无抑制活性。抑制化合物水洗1周可被除掉，水洗有助于水芹种子萌发，在25℃水中洗1个月可打破休眠，水洗开始后20d胚开始发育，30d后开始发芽。水温高或低都无效，向水中吹气有利于萌发。

（3）生长发育。4—5月返青，7—8月开花，8—9月果实成熟。

高光强下高温、低光强下低温光合效率最大。在充足的阳光下生长的植株有2 300lx的光补偿点。暗呼吸速度随温度升高而增加，25℃时光合效率最大。光合效率还取决于土壤水分含量，植株萎蔫时迅速下降。叶绿素含量和每个基粒的片层数目与光强成反比。营养液中氮、钾数量，往往还有镁的数量都影响光合效率。遮荫对叶绿素比例无影响。

三、犬问荆 *Equisetum palustre* L.

蕨类木贼科，多年生挺水杂草（图3-1-62）。

1. 形态特征

株高20~100cm，不育枝和生育枝同型，同时出土；茎不分枝到高度分枝，中空，具小的中心孔，直立或斜生，有时伏卧。根状茎很深。有时达1.5m，既有水平生长又有垂直生长，幼时横切面圆形，老时具7~8齿，连齿长5~18mm，齿三角形，绿色具白色的边缘，顶端延伸出白色刚毛状物。分枝简单，长不超过6cm

图3-1-62 犬问荆

（有时10~25cm），均匀轮生于茎节上，每节1~4枚，斜升，直立或弓形，分枝基部叶鞘褐色或黑色。孢子囊穗出现于仲夏到夏末，通常在分枝顶端，长0.5~2.5cm，孢子球形，很小。

问荆与犬问荆区别：犬问荆的最大特点是一种植物在一年之中有两种茎。问荆也是有两种茎，但是，犬问荆不像问荆那样等到孢子囊茎枯萎了以后，再从同一根茎上长出营养茎，而是孢子囊茎和营养茎同时长出，同时存在。

2. 生物学特征

（1）繁殖。主要以强大的根状茎系统繁殖。孢子散出后只能活几天或几周。孢子萌发的配子体很微弱，在自然条件下很难长成新个体。

人工培养可长出精子器和颈卵器并可以受精。如果不受精，雌配子体后来可产生精子器，自体受精，在颈卵器内发育出胚。胚能在艰难条件下生存，但需要几个月发育时间。这段时间内配子体可能被直射光杀死（虽然要求光）。它们对病害很敏感，在干燥、淹水和结冰条件下不能生存。因此，由孢子繁殖出新个体是不可能的。

多年生的根茎系统特别坚韧。根茎可长达30m，向下伸入土壤5m。一株植物在几年内可扩展100m的距离。当然并非这些根茎都连一起，一株根茎只能生活几年。由根茎节上形成的芽将成为根茎侧枝或地上枝。

（2）生长发育。根茎必须接触或接近地下水才能发育，故生活范围是小溪、沟渠或沼泽，水田正可满足其要求。如果土表松疏通气，而且深层根茎系统接触充足的水分，植株也可在旱田生存。该杂草不抗坚实的土壤。坚硬土壤表土未加疏松之前，根茎可在底土中长距离走行。除掉其他竞争可促使地上枝旺盛生长，这也有利于根茎系统更猛烈的扩展。枝和根茎的片段能长期生存。虽然这些片段可被水和机械移动，但它们很少生根，故这种移动不能构成该杂草传播的主要机制。

国外根据1 000块农田的调查，发现这种草在排水良好，磷、钾充足的地块长得多。

3. 对治理措施的反应

控制地下水的许多农业措施不是可采用的方法，因为这种方法作物受害比杂草大。适当的耕作和用作物遮荫的方法，连续几年是有效的。连续3~4年除掉地上部分可消灭该草。接连春翻3年该草也可被除掉。

第十二节　常见湿生杂草

一、丁香蓼 *Ludwigia prostrata* Roxb.

柳叶菜科，一年生草本（图3-1-63）。

茎直立或下部斜升，高30~100cm，分枝较多，有纵棱，浅绿色或浅红紫色。叶片披针形或长圆状披针形，互生，基部狭，具柄，全缘，无毛。花单生于叶腋，具短柄；花瓣4，黄色；蒴果长柱形，有4圆棱，绿色稍带淡紫色。种子近椭圆形，褐色，细小。幼苗子叶近菱形或阔卵形，全

图 3-1-63　丁香蓼

缘，先端钝尖，有叶柄；上下胚轴发达；初生叶对生，单叶，卵形，全缘。幼苗全株光滑无毛。

二、耳叶水苋 *Ammannia arenaria* H.B.K.

千屈菜科，一年生湿生杂草（图3-1-64）。

别名：耳基水苋、耳叶莞、眼眼红。分布于江苏省、湖北省、河南省和河北省等。生于湿地或浅水中，常与莎草、稗、鳢肠、鸭舌草、丁香蓼等一起为害水稻。

种子繁殖。种子细小，三角形或半圆球形，有棱角，淡棕色，嫩时淡黄色，有极细

的红色条纹。陕西省6—9月屡见幼苗。幼苗上、下胚轴均较发达，绿色或略呈淡红色；子叶2，狭椭圆形，长5~8mm，宽2~3mm，先端钝，基部渐狭至柄，柄极细；初生叶2，对生，狭披针形，先端渐尖，基部渐狭长成短柄。茎高15~40（80）cm，直立，四棱形，有分枝，略带紫红色，无毛。叶对生，条状披针形或狭披针形，长1~6cm，宽4~11mm，全缘，先端渐尖，基部为戟状耳形，无柄。花期8—10月。聚伞花序腋生，花序梗及花梗均极短，花很小；花萼筒状钟形，4齿裂，裂片宽三角形，宿存；花瓣4，淡紫色；雄蕊4~6；子房球形，花

图 3-1-64　耳叶水苋

柱长于子房，稍伸出花萼筒之外。蒴果球形，淡紫褐色，直径约3mm，不规则横裂。

　　种子于9月即渐次成熟落地，随流水传播。水苋菜（*A. baccifera* L.）为害较重，与耳叶水苋菜的主要区别是叶基部渐狭，无花瓣。

　　三、鳢肠*Eclipta prostrata* L.

　　属菊科，一年生杂草（图3-1-65）。

　　别名：旱莲草、墨草。分布于江苏省、湖南省、湖北省、河南省、河北省、四川省、云南省和陕西省等省。生于湿地或浅水中，常与莎草、稗草、牛筋草、马唐等一起为害豆类、瓜类、水稻、小麦、玉米等作物；也是地老虎寄主。

　　种子（瘦果）繁殖。种子扁四棱形或三棱形，长3.5~4mm，宽不足2mm，表面暗褐色，有疣

图 3-1-65　鳢肠

状突起，无冠毛。江苏省5—6月出苗，6月中旬至7月初出现高峰期。上、下胚轴均较发达，淡褐色或淡紫色；子叶2，椭圆形或近圆形，长4~6mm宽约4mm，先端钝圆，基部渐狭至柄，柄短；初生叶2，椭圆形，叶背被白色粗毛。茎直立或平卧，高20~80cm，基部分枝，绿色或红褐色，着土后节易生根，根深茎脆不易拔出，茎叶折断后有墨水状汁液，故名墨草。叶对生，无柄或基部叶有柄；叶片披针形、狭披针形至椭圆状披针形，长2~7cm，宽5~15mm，全缘或有细锯齿。花期6—10月。头状花序单生于叶腋或顶生，总苞片2轮，卵形或狭卵形，宿存；边花舌状，白色，条形，全缘或2裂；心花筒状，边缘4~5裂。种子于8月即渐次成熟落地，经越冬休眠后萌发。

四、鸭跖草 *Commelina communis* Linn.

鸭跖草科，异名：鸡舌草、竹叶菜、鸭食草，全国各地有多种异名。为一年生草本杂草（图3-1-66和图3-1-67）。

1. 形态特征

喜欢在潮湿的草地生长，叶形为披针形至卵状披针形，叶序为互生，茎为匍匐茎，花朵为聚花序，顶生或腋生，雌雄同株，花瓣上面两瓣为蓝色，下面一瓣为白色，花苞呈佛焰苞状，绿色，雄蕊有6枚。茎圆柱形，肉质，长30~60cm，下部茎匍匐状，节常生根，节间较长，表面呈绿色或暗紫色，具纵细纹。叶互生，带肉质；卵状披针形，长4~8cm，宽1.5~2cm，先端短尖，全缘，基部狭圆成膜质鞘，总状花序，花3~4朵，深蓝色，着生于二叉状花序柄上的苞片内；苞片心状卵形，长约2cm，折叠状，端

图3-1-66　鸭跖草

鸭跖草

图3-1-67　鸭跖草全株

渐尖，全缘，基部浑圆，绿色；花被6，2列，绿白色，小形，萼片状，内列3片中的前1片白色，卵状披针形，基部有爪，后2片深蓝色，成花瓣状，卵圆形，基部亦具爪；雄蕊6，后3枚退化，前3枚发育；雌蕊1，柱头头状。鸭跖草的生长蒴果椭圆形，压扁

状，成熟时裂开。种子呈三棱状半圆形，暗褐色，有皱纹而具窝点，长2~3mm。花期夏季。

2. 生物学特征

黑龙江省5月上中旬出苗，6月始花，7月中旬种子成熟，发芽适温15~20℃，土层内出苗深度0~3cm，埋在土壤深层的种子5年后仍能发芽。

3. 药理作用与化学防除

同属植物茎叶的水浸剂或煎剂能兴奋子宫、收缩血管，并能缩短凝血时间。夏秋采收、洗净、拣去杂质鲜用或晒干切段药用。灭草松使之中毒。对扁蓄、鸭跖草、马齿苋、地肤、苘麻、苍耳、播娘蒿、猪殃殃、莎草、香附子、荠菜、反枝苋等高效，对田旋花、铁苋等效果差。防治鸭跖草的除草剂还有硝磺草酮、噻吩磺隆、二氯吡啶酸、麦草畏等。但在水田应用报道很少，应先试验后再推广。

4. 生境

生于路旁、田边、河岸、宅旁、山坡及林缘阴湿处。

5. 分布

朝鲜、俄罗斯远东地区、北美、日本、越南以及中国。

五、黑三棱*Sparganium stoloniferum* Buch.-Ham.（图3-1-68）

黑三棱科，多年生草本。

无毛，有根状茎。茎直立，高60~120cm，上部有短或较长的分枝。叶条形，基生叶和茎下部叶长达95cm，宽达2.5cm，基部稍变宽成鞘，中脉明显，茎上部叶渐变小。雌花序1个生最下部分枝顶端或1~2个生于较上分枝的下部，球形，直径7~10mm；雌花密集；花被片3~4，倒卵形，长2~3mm，膜质，边缘常啮蚀状；雌蕊长约8mm，子房纺锤形，长约4mm，花柱与子房近等长，柱头钻形。雄花序数个或多个生分枝上部和茎顶端，球形，直径达9mm；雄花密集；花被片3~4，长约2mm，膜质，

图3-1-68　黑三棱

有细长柄；雄蕊3。聚花果直径约2cm，果实近陀螺状，长约8mm，顶部金字塔状。

分布于西藏自治区、江西省、江苏省、华北、西北、东北；亚洲西部至日本。生水

塘或沼泽中。

六、小黑三棱 *Sparganium simplex* Huds.（图3-1-69）

黑三棱科，多年生草本。

无毛，通常无根状茎。茎直立，高30~50cm。叶狭条形，长达60cm，宽5~8mm，中脉明显。雌花序2~6个，最下面的1~2个有梗，其他的无梗，球形，直径约8mm；雌花密集，花被片3~4，狭匙形，长2.5~3mm，有不整齐小齿；雌蕊纺缍形，长约5mm，花柱长约2mm，柱头钻形。雄花序5~7个生茎端，球形，直径约1cm；雄花密集；花被片膜质，近狭条形，长约3cm；雄蕊长达5mm。聚花果直径约1.5cm；果实纺缍形，长约7mm，顶部渐狭，有宿存花被片。

图 3-1-69　小黑三棱

分布于我国云南省、内蒙古自治区、吉林省、黑龙江省；亚洲西部和北部、欧洲、北美洲也有分布。生沼泽水草丛中。

七、狭叶黑三棱 *Sparganium stenophyllum* Maxim.（图3-1-70）

黑三棱科，多年生草本。

无毛，有短根状茎。茎直立，细，高25~40cm，不分枝或上部有1条细分枝。叶狭条形，长65cm，宽2.5~4mm，中脉明显。雌花序1~2(3)个，无梗球形，直径约8mm；雌花长1.5~2.5mm；雌蕊长约3.5mm，子房狭长，上部变细成花柱，柱头狭矩圆形。雄花序通常7个左右，生茎或分枝顶部，球形，直径约8mm；雄花密集；花被片3，膜质，狭匙形或匙状条形，长1.5~2mm；雄蕊3，长2~3mm，有长花丝。

分布于我国河北省、吉林省、黑龙江省、辽宁省；朝鲜、日本和俄罗斯等国家也有分布。

矮黑三棱 *S. minimum* wallr.（黑三棱科）

茎高在20cm以下，叶宽在3mm以下，中脉不明

图 3-1-70　狭叶黑三棱

显，柱头狭椭圆形；分布于我国吉林省和黑龙江省。

八、花蔺 *Butomus umbellatus*（图3-1-71）

花蔺科花蔺属。多年生、水生草本。

生于池塘、河边浅水中。分布于东北、华东及华北等地区。叶可作编织及造纸原料；花供观赏。

图 3-1-71　花蔺

1. 形态特征

花蔺在原产地属多年生挺水草本植物。具有质须根，老根黄褐色，新根白色，最长的根15~20cm。叶基部丛生，叶片挺水生长，叶色亮绿，椭圆形，长约13cm，全缘，先端圆形或微凹，基部钝圆，叶面光滑，弧形脉10~12条；叶柄三棱形，长15~20cm，内具海绵组织，基部鞘状。

花序顶生，伞形花序，花丝基部稍扁，上部三棱形，花梗长2~5cm，苞片3枚，绿色，宽椭圆形；花两性，花径3~4cm，花瓣6枚，浅黄色，长1.5~2.5cm，内含种子400~500粒；种子褐色，马蹄形，表面有刺形凸起。花期7月下旬至9月份，果实9~10月成熟。

根茎粗壮横生。叶基生，上部伸出水面，线形，三棱状，基部成鞘状。花：花茎圆柱形，直立，有纵纹。花两性，成顶生伞形花序。外轮花被3，带紫色，宿存；内轮花被3，淡红色。花期5—7月。果：蓇葖果。果期6—9月。

种子采收后经水藏过冬，4—5月播种，生长周期180~200d。花期时，花莛基生直立生长，顶端形成6~7枝小花梗于顶部开花，花后花莛弯伏，果实浸于水中生长发育成熟；地栽植株，花莛紧贴地面，果实发育后期，花莛端部长出幼苗，仍与母株相连，以便从母株上吸取养分、水分，供幼苗长叶、生根。

花莛弯伏入水也有利于种子随水传播，而这种有性繁殖和无性繁殖相伴的繁殖的方法，使果实无论在水中还是在湿润的泥土中成熟，都能根据其生长环境选择相适应的繁殖方法，犹如打了"双保险"，有利于其种群的繁衍。花蔺在气温低于15℃的时候，停止生长，0~2℃就会发生冻害，北方露地栽培，冬季须保护越冬。

2. 主要用途

根茎含淀粉37%~40%，酿造60°酒的出酒率达24%~26%；又可制淀粉用。花、叶美观，可供观赏。

3. 生长习性

生长于沼泽、湿地中，水稻田中也很常见。花蔺喜温暖、湿润，在通风良好的环境中生长最佳。

4. 地理分布

花蔺生于常年积水的池沼、洼地或沿河湿沙地。

第二章 水稻田间杂草防除

第一节 水稻田杂草防除

一、水稻田化学除草

本田的化学除草方法很多，可分为插秧前施药，插秧后前期和中后期施药。插秧前及插秧后前期施药，主要为土壤处理剂，以防除稗草，一年生阔叶杂草与莎草科杂草为主。插秧后中后期施药主要为茎叶处理剂，以防除各种莎草科杂草和眼子菜等阔叶杂草为主。

1. 插秧前施药

禾草敌可防除单、双子叶杂草；如稗草、鸭舌草、雨久花、陌上菜、慈姑、眼子菜、藨草、萤蔺、水莎草、异型莎草和牛毛毡等。

使用方法：插秧后10~15d，用96%禾草敌乳油100ml/亩，配成药土均匀撒施，施药时田间灌3~5cm水层，施药后保持水层5~7d。

2. 插秧田中、后期施药

（1）灭草松。属有机杂环类，为选择性触杀型茎叶处理除草剂。药剂主要通过杂草的叶片吸收，在水田也可通过杂草根部吸收，在体内传导作用很小。主要是抑制光合作用中的希尔反应，对呼吸作用也有明显的影响，造成营养饥饿，生理机能失调，最后导致死亡。对水稻安全。可防除莎草科杂草和鸭舌草、雨久花、慈姑、眼子菜、狼把草等阔叶杂草。对稗草无效。

使用方法：施药时期可视杂草种类确定，阔叶草在2~5叶期，扁秆藨草、藨草等杂草以出穗期对药剂最为敏感，此时为施药适期。用48%水剂150~200ml/亩，或用25%水剂300~400ml/亩，对水喷雾、施药前要排干田水，选高温、阳光充足、无田水时喷药，将药液均匀喷在杂草茎叶上。施药后1~2d覆水，进行正常田间管理。

注意事项：①用过的喷雾器要严格清洗。②对禾本科杂草无防除作用，要与其他除草剂混用。

（2）2甲4氯。属苯氧羧酸类，为选择性内吸传导激素型除草剂。药剂通过杂草根、茎、叶吸收，传导到作用部位后，破坏杂草的生理机能，导致茎、叶扭曲，根变形，丧失吸收水分和养分能力，逐渐死亡。水稻3~4叶期到分蘖末期抗药性最强，到幼穗分化期不敏感。可防除莎草科杂草和鸭舌草、雨久花、泽泻、慈姑、狼把草及其他阔叶杂草。

使用方法：插秧后2~3周，水稻分蘖盛期到末期，用56%原粉50~75g/亩；或用20%水剂150~200ml/亩，对水喷雾。施药前要排干田水，选晴天无露水时施药，施药后1~2d覆水，进行正常管理。

注意事项：①用药后喷雾器一定要彻底清洗。②喷雾时要选择无风天进行，防止雾滴飘移污染敏感作物引起药害。

（3）二氯喹啉酸。属有机杂环类，为选择性除草剂。对4~7叶期稗草特效。药剂被杂草的根、叶吸收后，嫩叶出现失绿现象，叶片出现纵向条纹并弯曲，最终枯死。可防除4叶期以上的稗草。

使用方法：在稗草2~6叶期。用50%可湿性粉剂30~40g/亩，对水25~30kg茎叶喷雾。用药前2d将田水排干，药后2~3d覆水3~5cm，并保持水层5~7d。

注意事项：①二氯喹啉酸只对稗草有特效，如防除其他杂草可与灭草松、2甲4氯等混用。②二氯喹啉酸对伞形花科作物如胡萝卜、芹菜、香菜等相当敏感，喷雾时应注意防止药液飘移到这类作物上。

二、水稻田除草剂的选择与混用

1. 水田除草剂的选择

各类除草剂都有自己的杀草范围，不同的除草剂品种主要防除杂草对象也不一样。例如禾草敌、二氯喹啉酸等对稗草特效、2甲4氯对防除莎草科杂草极为有效。因此，进行稻田化学除草，首先要了解清楚施药田的杂草种类及生育规律，有的放矢地选择适当的除草剂品种，达到除草保苗的目的。

2. 水田除草剂的混用

在自然条件下，各稻区的杂草发生种类有很大差异。甚至相邻水稻田块之间杂草种类、发生密度及生长量也不一样。如果单一使用一种除草剂，不但很难将田间杂草一次除尽，而且还会造成杂草群落的改变。因此，生产上往往选用两种或两种以上的除草剂混合施用，以提高杀草效果。

（1）除草剂混用优点

①扩大杀草谱。②提高杀草效果。③降低药害：两种除草剂减量混合施用，可提高对作物的安全性，如2甲4氯单施对水稻易产生药害，但与灭草松混用，不仅杀草效果明显，而且对水稻也非常安全。④延长施药适期：除草剂的合理混用，有延长施药适期的作用。⑤降低用药成本，由于除草剂混用都是减少一半左右的用药量，降低售价较高的除草剂品种成本。

（2）除草剂混合使用的基本原则

①混合后必须起到加成或增效（混合的效果大于各自作用的总和）作用。②不发生化学变化或产生沉淀、分层现象，不应有拮抗作用，不能降低药效。③速效性与缓效性

除草剂混合。④触杀型与输导型除草剂混合。⑤残效期长与残效期短的除草剂混合。⑥在土壤中扩散性、移动性大的和小的除草剂混合。⑦使用时期和方法相吻合的除草剂混合。⑧一般是杀草谱不同的除草剂混合。但也有杀草谱相同的除草剂混合，如灭草松与2甲4氯混用，防除多年生莎草科杂草效果比单用好。

总之，在选择混合施用除草剂品种时，要掌握田间杂草情况，明确防除对象。了解新混除草剂的理化性质，在植物体内的输导与代谢及在土壤中的行为，防除杂草效果和对作物安全性等。在大面积使用之前，应做好小区试验，筛选出混用的配方及经济用量。一般情况下，两种除草剂混用时的用量应是这两种除草剂单用量的1/3~1/2，但必须注意，混用时每一种除草剂的用量绝对不能超过在同一种作物上的单用量。

第二节　除草剂药害发生与预防

除草剂可有效、快速的防除农田杂草，近年来施用量和施用面积不断扩大，效果显著。但在其使用时，常因应用不当使农作物出现各种药害，造成严重损失。导致稻田除草剂产生药害的主要原因有5个：①农户盲目加大剂量，由于一些主要杂草对常用除草剂的敏感性下降，常规推荐剂量已很难奏效，为保证效果，农户常自行加大剂量和重复施药，从而引起水稻药害。②前茬旱田作物使用了一些长残效的除草剂，如胺苯磺隆，对后茬水稻造成药害。③农户不看具体条件乱用药，如小苗、弱苗、漏水田按照正常稻田用药，造成药害。④除草剂本身质量问题，如有的农户用了丁苄除草剂，稻田产生药害现象。⑤因前茬使用甲磺隆、乙草胺等导致后茬引起积累性药害。另外，除草剂市场混乱，产品质量良莠不齐，假冒伪劣产品坑农事件也时有发生。严重扰乱了市场秩序，给使用者带来了安全隐患。为防止和克服药害，应重视除草剂药害的诊断与科学使用。

1. 药害的症状

除草剂造成的药害症状具有多变性和多样性，与某些病害症状类似，在诊断上往往造成认识错误。一般药害较病害症状表现快，无病原物出现。在生产上应加强对除草剂药害的识别。

（1）苯氧羧酸类。症状为叶、花、穗畸形。叶片厚、浓绿，卷曲，鸡爪状或葱管状；茎脆，易断，茎基肿大；根短粗，无根毛，植株矮小；严重时停止生长，皮层开裂，落花、落果，最后死亡。

（2）芳氧苯氧丙酸类。症状主要为植株畸形，生长点变黄褐色，心叶紫或黄色。

（3）二苯醚类。症状为叶片产生褐色坏死斑，严重时叶畸形，枯焦，无新叶。

（4）酰胺类。症状为轻时叶黄，重时叶出现斑点，卷曲皱缩，最后枯死。

（5）氨基甲酸酯类。症状为叶卷曲，分蘖多，茎基、新根粗短，植株矮小。

（6）取代脲类、三氮苯类。主要为缺绿症，心叶和叶尖开始，发黄似火烧，植株矮，生长慢。

（7）杂环类。症状为叶变色，枯黄，最后植株枯死。

2. 药害的防止

为了防止除草剂使用不当而产生药害，必须严格按照使用技术，规范操作。

（1）注意除草剂与敏感作物。不同的作物对不同的除草剂敏感程度不一致。

防除阔叶类杂草的除草剂对阔叶作物风险大，而禾本科作物对防除禾本科杂草的除草剂敏感，因此在使用时，要看好说明书，认清除草剂的特点与性能，注意敏感作物，谨防误用或药剂漂（飘）移。

（2）注意作物敏感时期。在正常情况下，作物在发芽、三叶前及扬花灌浆期对除草剂特别敏感，容易产生药害。

（3）严格掌握除草剂用量和浓度。为防止除草剂用量和浓度过高造成局部药害，在使用除草剂时，药液要均匀喷洒，行走速度、手动控制喷幅的宽窄、快慢也要均匀，工作时间不易过长。

（4）掌握除草剂使用技术操作要点。

"一平"：地要平。施药田块要精细耕作，保证地面平整，无大土块，无坑坑洼洼。

"二匀"：药在载体上要混均匀，喷雾或撒毒土要均匀。

"三准"：施药时间准、施药量准、施药地块面积准。

"四看"：看苗情、草情、天气、土质。对未扎根或瘦弱苗不宜施药，根据杂草的种类及生长情况用药；气温较低时施药量在用药的上限；黏重土壤用药量高些，沙质土壤用药量少些；土壤干燥不用药。

"五不"：苗弱、苗倒不施药；水田水浅不足3cm或水深淹过心叶不施药；田土太干不施药；大雨时或叶上有露水时不施药；稻田漏水田不施药。

（5）掌握药剂性能。掌握药剂是否易挥发、光解，在土壤中是否易发生物理或化学反应。

（6）明确"主攻部位"。一般土壤处理的除草剂"主攻部位"是杂草刚萌发、幼嫩茎叶等部位，即三叶前。在杂草盛期作茎叶处理，由茎叶吸收后再传导到其他组织。

（7）用药时间合理。杂草在二叶期前，水稻在播前2~3d施药，随杂草叶面积增加而提高效果。

（8）发挥水的作用。施药后保持水层4~6cm，可发挥药效，不产生药害。

（9）禁止乱混乱用。除草剂混用可提高药效，扩大杀草谱，但盲目混用，易造成药害。

（10）清洗喷雾机具。用过除草剂的喷雾机要清洗干净，可先用清水冲洗，再用肥皂水或2%~3%碱水反复洗数次，最后再用清水冲洗。

3. 防止药害的措施

一旦使用除草剂产生药害，应积极采取有效措施进行补救，把可能造成的损失降到最小。

（1）排毒

①当用药最大时，应立即排掉田间灌溉水，数次用新水冲灌，并施入石灰等分解除草剂。②若植株上除草剂多时，可用喷灌机械水淋洗，减少黏在叶上的毒物。③当田块局部发生药害时，先放水冲洗、耕耘，后补苗，再增施速效化肥。④若田块中毒严重，地块应暴晒，淋洗后深翻，栽种少量敏感作物，观察10~15d，无影响后再种植。

（2）加强田间管理

药害轻时，及时打顶或摘除受害部分，增施速效肥，并合理灌溉；严重时，翻耕土地，补种或改种；对禾本科发现筒状叶时，可多施分蘖肥和有机质肥，并喷激素农药，促进生长，缓解药害。

（3）应用植物生长调节剂

第一，赤霉素。喷施4%赤霉酸乳油，促进作物生长。赤霉素最突出的作用是加速细胞的伸长（赤霉素可以提高植物体内生长素的含量，而生长素直接调节细胞的伸长），对细胞的分裂也有促进作用，它可以促进细胞的扩大。

赤霉素主要经叶片、嫩枝、花、种子或果实进入到植株体内，然后传导到生长活跃的部位起作用。促进细胞、茎伸长，叶片扩大，单性结实，果实生长、打破种子休眠，改变雌雄花比例，影响开花时间，减少花、果的脱落。是多效唑、矮壮素等生长抑制剂的拮抗剂。

第二，多效唑。多效唑是20世纪80年代研制成功的三唑类植物生长调节剂，是内源赤霉素合成的抑制剂。也可提高水稻吲哚乙酸氧化酶的活性，降低稻苗内源吲哚乙酸的水平。明显减弱稻苗顶端生长优势，促进侧芽（分蘖）滋生。秧苗外观表现矮壮多蘖，叶色浓绿、根系发达。解剖学研究表明，多效唑可使稻苗根、叶鞘、叶的细胞变小，各器官的细胞层数增加。示踪分析表明，水稻种子、叶、根部都能吸收多效唑。叶片吸收的多效唑大部分滞留在吸收部分，很少向外运输。多效唑低浓度增进稻苗叶片的光合效率；高浓度抑制光合效率。提高根系呼吸强度；降低地上部分呼吸强度，提高叶片气孔抗阻，降低叶面蒸腾作用。

但是，多效唑在土壤中残留时间较长，常温（20℃）储存稳定期在2年以上，如果多效唑使用或处理不当，即使来年在该基地上种植蔬菜也极易造成药物残留超标。施药田块收获后，必须经过耕翻，以防对后茬作物有抑制作用。

一般情况下，使用多效唑不易产生药害，若用量过高，秧苗抑制过度时，可增施氮或赤霉素解救。

不同品种的水稻因其内源赤霉素、吲哚乙酸水平不同，生长势也不相同，生长势较强的品种需多用药，生长势较弱的品种则少用。另外，温度高时多施药，反之少施。

第三，天然芸薹素内酯应用技术。天然芸薹素内酯BR（也称芸薹素内酯）是一类植物生长调节剂，1970年由美国科学家从油菜花粉分离出称芸薹素内酸，但是成本非常高，后来研究了其结晶结构，证实是一种甾体物质，这是一种自然界最新的植物生长调节剂，称为第六类植物激素，1982年，由日本合成复制品。目前只有硕丰481才能称天然芸薹素内酯（BR），云大—120称表高油菜素内酯（HOMO—BR），天丰素称表油菜素内酯（EPI—BR）等先后在国内生产应用。尤其是天然芸薹素内酯对促进作物生长，形态反应方面效果最为突出，而且对人畜无害，对环境无污染，对发展生态农业和优质高产具有特殊作用。硕丰481适用于各种农林作物任何一个生长发育阶段，在种子处理中使用能提高种子活力，增加发芽率；在植物生长阶段使用能增加产量；在结果的作物上使用能提高坐果率，促进果实膨大；能使粮食作物提高结实率，增加千粒重；在茶叶上使用能增加叶片厚度；对改善植物耐旱、耐寒作用明显；增强植物抗病性；使受药害、肥害、冻害作物减轻症状；需要保鲜的产品延长保鲜时间；在实验组织培养上应用，可调节植物组织分化。

使用时要按照说明书加水稀释，不可任意改变用量，以免造成效果受影响和对某些作物造成药害，要用细喷雾器均匀喷在作物叶片表面。遇到喷后下雨，在4h内应重喷。在夏季烈日高温下，为防止过快蒸发，应选择在早、晚进行喷雾。

附录1　水稻病害名录

名称	学名	主要为害状及传播媒介
水稻烂秧病	*Achlya oryzae* *A. prolifera* *A. flagellata* *Saprolegnia monifera*	烂种和秧苗黄萎枯死，病种和病秧周围可见白色半透明水霉
恶苗病（白秆病）	*Gibberella fujikuroi*（*Fusarium moniliforme*）	秧苗徒长后，有些植株后期枯死，成株徒长。成株徒长，基部茎节和叶鞘变褐色，产生不定根，一般在抽穗前死亡而不实，故称白秆。苗期表现为徒长，称为恶苗病
稻瘟病	*Piricularia oryzae*	叶片上出现棱形病斑，红褐至黄褐色，严重时根部腐烂，秧苗成片枯死。叶斑棱形，灰绿色，边缘深褐，严重时全叶焦枯。穗颈和小穗枝梗发生黑灰色长条形病斑，受害早的可引起白穗。谷粒上病斑椭圆形或不规则，褐色或黑褐色
纹枯病	*Pellicularia sasakii*（*Rhizoctonia solani*）	为害叶鞘，尤其是基部叶鞘，产生不规则云纹状病斑，上面可形成褐色小菌核，严重时扩展到叶片和穗部，并引起植株倒伏
胡麻斑病	*Drechlera oryzae*（*Cochliobolus miyabeanus*）	叶和芽鞘上出现圆形或椭圆形褐色病斑，幼苗内部组织可受侵染而形成苗枯，根变黑色。叶斑椭圆形，褐色，边缘黄褐。谷粒病斑较小，灰黑色
霜霉病（黄化萎缩病）	*Sclerophthora macrospora*	植株黄化矮缩，穗部畸形，或被叶鞘包裹，不能抽出
褐条斑病	*Pseudomonas panici*	幼苗叶片和叶鞘的中脉变黑褐色，形成长条斑，病秧可黄萎枯死
狭窄斑病	*Cereospora oryzae*	叶片和叶鞘沿叶脉产生黑色断续条斑，引起叶枯，茎部和颖壳亦受害
叶黑粉病	*Entyloma oryzae*	叶片和叶鞘沿中脉产生黑色断续条斑，稍隆起，严重时叶片碎裂
云形病	*Rhynchosporium oryzae*	初期叶尖或叶缘病斑呈水渍状，后呈波浪形扩大，病斑中部淡灰褐色，边缘灰褐色，最后呈不规则同心轮纹状。叶鞘也可受害
叶尖干枯病	*Metasphaeria albescens*	叶片上形成黑褐色斑点，后为灰白色，上生黑色小点
叶斑病	*Brachysporium senegalense*	叶上形成叶斑。种子上亦可带此病菌
粒黑粉病	*Tilletia horrida*（*Neovossia horrida*）	为害稻穗个别谷粒。在颖壳合缝处长出白色至黑色舌状突起，黑粉散附在颖壳表面
稻曲病	*Ustilaginoidea virens*	为害个别谷粒，形成墨绿色的粉块团
谷枯病	*Phoma glumarum*	为害颖壳，在上端或侧面产生褐色斑点，中央灰白色，散生小黑点，可引起秕谷
稻谷弯孢霉病	*Curvularia lunata*	为害颖壳，使颖壳变色，上生霉层。亦可引起叶斑
谷颖弯孢霉病	*Curvularia geniculata*	为害颖壳及米粒，引起变色
黑点病	*Pyrenochaeta oryzae*	主要为害叶鞘，叶片和颖壳也能受害，病斑长椭圆形，灰褐色，边缘褐色，上有黑色小点
褐鞘病	*Ophiobolus oryainus*	基部叶鞘变褐色，内表面产生菌丝层。多发生在生长后期

续表

名称	学名	主要为害状及传播媒介
小菌核病	*Sclerotium oryzae-sativae*	叶鞘和茎基产生黑褐色不规则形病斑，枯死的叶鞘和茎的空洞组织内生有许多很小的褐黑色菌核
小球菌核病	*Nakataea Sigmoideum*	两种菌核病症状相似，近水面的叶鞘表面形成深褐色至黑色的不规则形至线条状病斑，最后茎秆变黑色，组织腐败，植株萎蔫，引起倒伏，茎秆空腔内形成大量菌核。两种病菌菌核形态不同
小黑菌核病	*N. irregulare*	
叶鞘腐败病	*Acrocylindrium oryzae*	病部深褐色，云纹状斑点，叶鞘内穗部腐败
白叶枯病	*Xanthomonas oryzae*	秧苗期就有发生，一直到分蘖末期到孕穗期都可发生，沿叶缘或叶脉形成长条状枯死，橙褐色或灰褐色，组织枯死后泛白色
条斑病	*Xanthomonas oryzicola*	叶片上形成水渍状带透光的细条斑，严重时叶枯
褐斑病	*Pseudomonas oryzicola*	叶片上初为褐色长条斑，周围有黄色晕纹，病斑中央组织坏死呈灰褐色；叶片任何部位均可受害，略呈水渍状，病斑可愈合成不规则的大斑。叶鞘、茎和穗均可受害，出现褐色病斑
细菌性基腐病	*Erwinia chrysanthemi pv.zeae*（Sabet）Victria	从叶片水孔、伤口及叶鞘和根系伤口侵入，以根部或茎基部伤口侵入为主。侵入后在根基气孔中系统感染，在整个生育期重复侵染。分蘖至拔节期枯心状，茎基部深褐色腐烂，有臭味
干尖线虫病	*Aphelenchoides besseyi*	叶尖灰白扭曲，干尖部分与下面绿色部分界线明显，有一条不规则弯曲的深褐色油渍状界纹
茎线虫病	*Ditylenchus angustus*	线虫刺嫩叶和茎，引起茎、叶变形，病株矮化，叶鞘及叶片上有褐色斑点，表面有皱褶，嫩茎、幼穗扭曲畸形，籽粒多萎缩不实，在田间呈白穗状。幼虫在种子内越冬
根结线虫病	*Melooidogyne* sp.	为害须根，尤以根尖为重，形成根结，严重时地上部矮化，发黄
矮化线虫病	*Tylenchorynchus martini*	根系生长受抑制，植株发黄、矮化，停止生长尚可为害甘蔗、大豆和花卉等
水稻普通矮缩病	*Rice dwarf virus*（RDV）	植株矮化，分蘖增多成丛状，叶色浓绿，叶片上出现与叶脉平行的黄白色小点，排列成行。叶蝉传毒
水稻条纹叶枯病	*Rice stripe virus*（RSV）	心叶枯黄，细长，并卷缩成纸捻状弯曲下垂，上部叶片出现与叶脉平行的褪绿的条纹斑。飞虱传毒
水稻黑条矮缩病	*Rice black streak dwarf virus*（RBSDV）	植株矮缩，叶片深绿僵直，抽穗迟而小，结实不良，多数在叶背叶脉上出现蜡白色或褐色的隆状突起。飞虱传毒
南方水稻黑条矮缩病	*Southern rice black-streaked dwarf virus*（SRBSDV）	分蘖增加，叶片短阔、僵直，叶色深绿，叶背的叶脉和茎秆上现初蜡白色，后变褐色的短条瘤状隆起，不抽穗或穗小，结实不良，不同生育期染病后的症状略有差异。苗期发病，心叶生长缓慢，叶片短宽、僵直、浓绿，叶脉有不规则蜡白色瘤状突起，后变黑褐色
水稻黄矮病	*Rice yellow dwarf virus*（RYSV）	植株矮缩，叶片发黄，叶肉黄色杂绿色斑块，叶脉仍保持绿色，呈条状斑驳花叶。发黄叶片多数有平摆现象，上下两三个叶枕并列。植株的发黄可以恢复。叶蝉传毒
水稻裂叶矮缩病	*Rice ragged stunt virus*（RRSV）	随生育期不同表现其症状特点为：植株矮化、裂叶、叶片扭曲，叶脉肿大、开花延迟、节上产生分枝，穗部抽出不完全，穗上谷粒多不饱满，但是病株有些外观（颜色）与健株无明显区别。稻褐飞虱是目前仅知的传毒介体

名称	学名	主要为害状及传播媒介
水稻暂黄病	*Rice transitory yellowing virus*（RTYV）	移植后二周、三周表现变黄症状。典型病株下部 1~2 叶明显变黄，随症状发展逐渐转浅黄色或褐色，最后病叶凋萎。叶片变色通常是由叶尖向内扩展，并从下向上部叶片扩展，中部叶片在离端部一半处的叶脉间产生斑驳现象，传病介体是叶蝉。
水稻东格鲁病	*Rice tungrobacilliform virus*（RTSV）	病株新叶扭曲，叶脉间生褪绿斑，老叶自叶尖向内褪绿呈黄至橙黄色，后生大小不等的锈斑。传病介体：多种黑尾叶蝉
水稻花叶病	*Rice mosaicvirus*（Philippines）（RMV）	病株在叶片上先发生大小不等的褪绿条斑，后愈合成斑驳花叶，渐渐变成黄褐色至褐色。植株矮缩、分蘖减少。介体昆虫为蚜虫，也可靠汁液接触传毒
水稻白叶病	*Rice hojablanca virus*（RHBV）	先在秧苗叶基发生褪绿小点，接着在第二叶片上生出一条或数条狭长的白色条纹，随后散生白色斑驳甚至全叶变为白色，以后扩展到所有的叶片。感病植株矮缩，茎秆常呈斑驳状。早期感病可致死。靠飞虱传播，具有持久性传播关系的病害，介体为稻飞虱
水稻黄斑驳病	*Rice yellow mettle virus*（RYMV）	水稻感染后引起植物矮缩，分蘖减少、皱缩、斑驳、黄色条纹、籽实不孕、有时致死。生长初期感病时，第一张新长出的叶片呈螺旋状皱缩。叶面沿叶脉生黄色斑驳或条纹。抽穗畸形，不能结实，靠飞虱传播，具有持久性传播关系的病害
水稻坏死花叶病	*Rice necrosis mosaic virus*（RNMV）	症状在播种 70d 后表现，病株呈轻微矮化，分蘖及分蘖基部侧枝生长减少。花叶症状通常在植株下部叶片表现，然后发展到上部叶片。梭条状浅绿条斑初长 0.1~0.2cm，随后发展成 10cm 以上的黄条。这种病毒自然传播介体为土壤中的禾谷多黏菌
水稻条纹坏死病	*Rice stripe necrosis virus*（RSNV）	在水稻播种 3 星期后有些幼苗上开始出现症状，依次表现为叶部退绿或黄条斑，植株矮化，再是沿着分蘖出现坏死条纹，分蘖减少（通常只有一个分蘖），幼叶皱缩扭曲。田间土壤传播，室内试验也证实了这一点
水稻黄萎病	*Mycoplasma-like bodyRice yellow dwarf virusphytopath* Soc（MLO）	一般比健株矮 1/3~2/3，叶形狭小，叶质柔软，少数剑叶变小呈竹叶状，叶片叶鞘均黄化。不抽穗或不能完全抽穗。叶蝉传毒
水稻草丛矮缩病	*Rice grassy stunt virus*（GSV）（Philippines）Anon；Rivera et al.	病株严重矮缩，分蘖过多，呈丛簇状直立着生。叶褪色成浅绿或淡黄色，幼叶上有时出现斑驳或条纹，老叶上生不同大小的锈斑。氮肥充足，叶为绿色，病株仍可活到成熟期。但一般不能抽穗结实。飞虱传播具有持久性传毒关系的病害
水稻橙叶病	*Rice orange yellow leaf disease*（Philippines）．Rivera et al. *Mycoplasma-like organism*（MLO）	自下部叶片的叶尖向基部产生黄色条斑，后变褐色，随病发自叶尖向下、向内纵卷枯死。植物矮缩，分蘖稍减少，结实不良。自然情况下是叶蝉传播的持久性病害。介体为电光叶蝉

269

附录2　水稻害虫名录

名称	学名	分类	生活习性
三化螟	*Tryporyza incertulas*（Walker）	鳞翅目 螟蛾科	南方稻区，北界年平均等温线14℃以南，只为害水稻，造成枯心、白穗和虫伤株
二化螟	*Chilo suppressalis*（Walker）	鳞翅目 螟蛾科	北至黑龙江省，南达海南岛，除为害水稻外，还为害禾本科作物，水稻被害形成枯鞘、枯心、白穗和虫伤株
大螟(紫螟)	*Sesamia inferens*（Walker）	鳞翅目 夜蛾科	主要分布长江以南各省区，除为害水稻外，还为害禾本科作物，为害状同二化螟，但蛀孔大，虫粪多
褐边螟	*Catagela adjurella* Walker	鳞翅目 螟蛾科	主要分布南方各省，除为害水稻，也取食茭白及稗、游草等，为害与三化螟相似，有咬断秧茎负囊转移习性
台湾稻螟	*Chilotraea auricilia*（Dudgeon）	鳞翅目 螟蛾科	分布在南方各省区，最北分布在湖南省江永及四川省眉山，除为害水稻外，还为害禾本科作物，造成枯心、枯鞘、死孕穗和白穗
稻纵卷叶螟	*Cnaphalocrocis medinails* Guenee	鳞翅目 螟蛾科	北至黑龙江省，南达海南岛，西到四川省，长江以南发生密度较大，幼虫纵卷稻叶成苞，啃食叶肉，剩下表皮，造成白叶，夜出活动，有较强的迁飞能力
显纹纵卷叶螟	*Susumia exigua* Butler	鳞翅目 螟蛾科	分布在南方部分省区，幼虫在稻秆中越冬，以第三代幼虫为害最重，幼虫性不活。第一二代除纵卷稻叶外，还有群集钻蛀茎秆的习性
稻筒卷叶螟	*Nymphula vittalis* Bremer	鳞翅目 螟蛾科	北至黑龙江省、内蒙古自治区，西至宁夏回族自治区、陕西省，南至广东省、台湾省。幼虫能背负稻叶做成之筒巢，匍匐于稻田水底泥土上或浮于水面，食害水稻
稻巢螟	*Ancylolomia chrysographella* Kollar	鳞翅目 螟蛾科	在南、北方部分省区均有发生。幼虫为害水稻，取食叶片，并在叶间吐丝缀粪作筒巢。匿居其中。夜出活动，有趋光性
稻切叶螟	*Psara licarsisalis* Walker	鳞翅目 螟蛾科	分布在南方部分省区，幼虫吐丝结苞为害水稻，如刀切状，还能为害甘蔗等。成虫善飞翔，趋光性较强
黏虫	*Leucania separata* Walker	鳞翅目 夜蛾科	除新疆、西藏外，全国均有发生。食性杂，除水稻外，还为害禾本科作物，有季节性南北往返迁飞的为害规律
劳氏黏虫	*Leucania loreyi*（Duponchel）	鳞翅目 夜蛾科	北界为山东省、河南省，西抵甘肃省、四川省，长江以南普遍发生，除为害水稻外，还为害禾本科作物
稻螟蛉	*Naranga aenescens* Moore	鳞翅目 夜蛾科	各省区均有发生，除为害水稻外，还为害禾本科作物，幼虫啃食叶肉，吃成缺刻，严重时秧苗吃成刀割状
条纹螟蛉	*Lithacodia stygia*（Butler）	鳞翅目 夜蛾科	南方部分省均有发生，幼虫为害水稻，常食光叶片，高温多湿发生重
淡剑夜蛾	*Sidemia depravata*（Butler）	鳞翅目 夜蛾科	南北方部分省均有发生，幼虫为害水稻，成虫有较强的趋光性，昼伏夜出
毛趾夜蛾	*Remigia frugalis*（Fab.）	鳞翅目 夜蛾科	南方部分省区发生。在广东省、福建省早晚秧田为害，并取食甘蔗，幼虫取食叶片成缺刻状
稻穗瘤蛾	*Celama taeniata* Snellen	鳞翅目 瘤蛾科	南方部分省有发生。幼虫在谷粒上穿孔，受害谷粒空瘪，形成白色瘪粒。成虫有趋光性
直纹稻苞虫	*Parnara guttata* Bremer et Grey	鳞翅目 弄蝶科	各省区均有发生。主要为害水稻，其次为害禾本科作物，成虫白天活动，夜晚静伏，活动力强
曲纹稻苞虫	*Parnara ganga* Evans	鳞翅目 弄蝶科	南方部分省有发生。主要为害水稻，幼虫结苞较小，有咬断苞叶落水扩散的习性

续表

名称	学名	分类	生活习性
稻眼蝶	*Mycalesis gotama* Moore	鳞翅目 眼蝶科	南方部分省有发生。主要为害水稻外，成虫畏强光，常荫蔽于阴凉处
褐飞虱	*lNilaparvatalugens*（Stal）	同翅目 飞虱科	各省区均有发生。为害水稻，刺吸稻茎，叶色发黄，整株干枯倒伏，稻茎下部变黑发臭
灰飞虱	*Laodelphax striatalla*（Fallen）	同翅目 飞虱科	各省区均有发生，除为害水稻外，还为害禾本科作物。成虫有明显趋嫩绿，茂密习性，有趋光性
白背飞虱	*Sogatella furcifera*（Horvath）	同翅目 飞虱科	各省区均有发生。除为害水稻外，还为害禾本科作物，成虫活动和取食部位比褐飞虱、灰飞虱高，有趋光和趋绿性
黑尾叶蝉	*Nephotettix cincticeps* Uhler	同翅目 叶蝉科	各省区均有发生，除为害水稻外，还为害禾本科作物，以刺吸稻株汁液并刺伤稻茎，成虫趋光性很强
二点黑尾叶蝉	*Nephotettix bipunctatux*（Fabr.）	同翅目 叶蝉科	南方部分省区有发生，寄主及生物学特性与黑尾叶蝉相同
稻斑叶蝉	*Deltocephalus oryzae* Matsumura	同翅目 叶蝉科	各省区均有发生，取食水稻、麦类及其他禾本科植物
小绿叶蝉	*Empoasca flavescens*（Fabricius）	同翅目 叶蝉科	除西藏、新疆、青海、宁夏未见到外，其余各地均有分布，除为害水稻外，还为害禾本科作物，以成虫越冬，越冬成虫早春先在发叶早的寄主上取食，后扩展到其他寄主
二点叶蝉	*Cicadula fasciifrons* Stål	同翅目 叶蝉科	各省区均有发生，除为害水稻外，还为害禾本科作物，以成虫在冬麦上越冬
四点叶蝉	*Cicadula masatonis* Matsumura	同翅目 叶蝉科	各省区均有发生。取食水稻、麦类及禾本科植物
大青叶蝉	*Tettigoniella viridis*（Linne）	同翅目 叶蝉科	各省区均有发生，食性杂。除为害水稻外，还为害禾本科作物
稻（麦）长管蚜	*Macrosiphum granarium*（Kirby）	同翅目 蚜科	各省区均有发生。近几年连作晚稻特别是迟熟晚稻蚜虫为害比较严重，同时因分泌露引致煤烟病
稻绿蝽	Nezara viridula var. smaragduta Fabr.	半翅目 蝽科	南方各省区有发生，除为害水稻外，还为害禾本科作物，水稻受害后造成空壳秕谷和白穗，成虫有趋光性和假死性，以成虫在杂草丛或树木茂密处越冬
细毛蝽	*Dolycoris baccarum* Linneus	半翅目 蝽科	全国各省区均有发生。取食水稻，麦类及其他禾本科作物，卵产于稻叶及穗上，若虫初有群集性，2 龄后分散，以成虫越冬
稻黑蝽	*Scotinophara lurida* Buameister	半翅目 蝽科	南方部分省区有发生，长江以南密度大。除为害水稻外，还为害甘蔗、小麦，水稻分蘖期为害造成枯心苗或整株枯死
大稻缘蝽	*Leptocorisa acuta*（Thunb.）	半翅目 缘蝽科	南方部分省区有发生，除为害水稻外，还为害小麦、玉米和豆类，取食多种禾本科杂草。为害水稻主要在抽穗后未成熟谷粒，造成秕谷或不实，直接影响产量
纯蓝蝽	*Zicrona caerula* Linneus	半翅目 蝽科	除西藏、黑龙江、辽宁未见报道外，其余各省均有发生。为害水稻及其他杂草等植物，有扑食蛾蝶类幼虫的记载，但害大于益。
赤须盲蝽	*Trigonotylus ruficornis* Geoffr	半翅目 盲蝽科	北至黑龙江省、内蒙古自治区，南达江西省赣州、广东省茂名。取食水稻、小麦、粟、甘薯、豆类
负泥虫	*Lema oryzae* Kuwayama	鞘翅目 叶甲科	各省区均有发生。除为害水稻外，尚有茭白、粟、游草等。以成虫、幼虫为害稻叶，吃成纵行条纹和形成透明条纹，习性喜潮湿
稻象甲	*Echinocnemus squameus* Billberg	鞘翅目 象虫科	北至黑龙江省，西到陕西省、四川省、云南省，南至海南省均有发生。取食水稻、瓜类、蔬菜、棉花、稗子、游草。成虫取食稻苗茎叶，幼虫为害稻根，造成叶片折断，叶尖发黄，严重枯死

续表

名称	学名	分类	生活习性
稻水象甲	*Lissorhoptrus oryzophilus*（Kuschl）	鞘翅目象甲科小象甲亚科象甲属	稻水象甲原产于美国，现在日本、多米尼加、加拿大、墨西哥、古巴、哥伦比亚、圭亚那、韩国、朝鲜、中国等均有发生，以禾本科、莎草科等植物为食
稻蓟马	*Thrips oryzae* Williams	缨翅目蓟马科	北至黑龙江省、内蒙古自治区，西至四川省，南达广东省均有发生。除为害水稻外，还为害麦类、高粱等禾本科作物。以成虫、若虫锉伤稻叶，吸取汁液，造成失水，影响结实
稻管蓟马	*Haplothrips aculeatus* Fabricius	缨翅目管蓟马科	北至内蒙古自治区、河北省，西至四川省，南达台湾省、广东省等地区有发生。除为害水稻外，还为害禾本科作物。成、若虫食害稻花，造成空壳，也为害稻叶，引起扭曲纵卷
稻小潜蝇	*Hydrellia griseola* Fallen	双翅目水蝇科	北方稻区发生较重，南方部分省区也有发生。除为害水稻外，还为害禾本科作物，幼虫为害水稻叶片，潜食叶肉残留表皮，受害叶片形成白条斑
稻秆蝇	*Chlorops oryzae* Matsumura	双翅目黄潜蝇科	黑龙江及南方部分省区均有发生。除为害水稻外，还为害禾本科作物，被害株出现叶片纵裂或扭曲短枯心
稻水蝇	*Ephydra macellafia* Egger	双翅目水蝇科	除为害水稻外，寄主还有芦苇草、三棱草、稗草、野生稻、马唐等，另外幼虫化蛹后夹在稻根上严重影响水稻的正常发育。稻水蝇是盐碱地水稻幼苗期重大害虫。在新疆维吾尔自治区、宁夏回族自治区、河北省及辽宁省等省区有不同程度发生
稻摇蚊	*Chironomus oryzae*（Matsumurd）	双翅目摇蚊科	摇蚊（*Chironomus sp.*）稻区常有发生为害，北方稻区有大红摇蚊、小型有巢摇蚊和无巢摇蚊。幼虫在地势低洼、经常积水稻田和新开垦稻田、水育苗田发生严重。成虫常在低矮树木花草下栖息，黄昏和傍晚是其活动高峰期，在低空和水面飞翔。由于其孳生活动在室外，又不吸血传病，故尚未引起重视常见还有偏瘦摇蚊和背摇蚊
偏瘦摇蚊	*Chironomus dystenus* Kieffer	双翅目摇蚊科	
背摇蚊	*Chironomus dorsalis* Meigen	双翅目摇蚊科	
稻瘿蚊	*Pachydiplosis oryzne*（Wood-Mason）	属双翅目瘿蚊科	秧苗受害初期无症状，中期基部膨大成大肚秧，后期愈合的叶鞘成管状伸出，成为"标葱"。稻瘿蚊在20世纪70年代以后逐步蔓延到平原稻区。80年代以来已成为华南、西南稻区中晚稻的重要害虫
中华稻蝗	*Oxya chinensis*（Thunberg）	直翅目蝗科	各省区均有发生。除为害水稻外，还为害禾本科作物。以成、若虫咬食稻叶成缺刻，重者仅留叶脉，水稻抽穗后，咬断小枝梗，水稻成熟期咬食乳熟谷粒或弹落谷粒
东亚飞蝗	*Locusta migratoria manilensis*（Meyen）	直翅目蝗科	除宁夏、青海、新疆、西藏等省区，均有发生。除为害水稻外，是禾本科作物的重大害虫。具有群居型和散居型，能群集迁移，给作物带来毁灭性灾害
短额负蝗	*Atractomorpha sinensis* Bolivar	蝗科	各省区均有发生。除为害水稻外，还为害禾本科作物及豆类、蔬菜类等。各地均以卵块在土中越冬
中华蚱蜢	*Acrida chinensis*（Westw）	直翅目蝗科	北至黑龙江省，西至四川省、云南省，南达广东省和海南省。为害水稻及禾本科作物。以卵块在土中越冬
花胫绿纹蝗	*Aiolopus tamulus*（Fabricius）	直翅目蝗科	北至辽宁省，西至宁夏、四川省、贵州省，南达广东省和海南省。除为害水稻外，还为害禾本科作物，以卵块在土下越冬

名称	学名	分类	生活习性
单刺蝼蛄	*Gryllotalpa unispina* Saussure	直翅目蝼蛄科	单刺蝼蛄（华北蝼蛄）、东方蝼蛄（非洲蝼蛄）、在我国发生普遍，普通蝼蛄在新疆维吾尔自治区有所发生，台湾蝼蛄在台湾省、广东省、广西壮族自治区等省区发生
东方蝼蛄	*Gryllotalpa orientalis* Burmeister	直翅目蝼蛄科	蝼蛄的成虫和若虫均在土中咬食播下的种子，特别是刚发芽的种子，也咬食幼根和幼茎，把茎秆咬断或扒成乱麻状，使幼苗萎蔫而死，造成作物缺苗断垄。蝼蛄在表土层活动时，由于它们来回
普通蝼蛄	*Gryllotalpa gryllotalpa* Linne	直翅目蝼蛄科	串，造成纵横隧道，使幼苗和土壤分离，导致幼苗因失水干枯而死，特别是水稻旱育苗田，谷苗，麦苗最怕蝼蛄串，一串一大片，
台湾蝼蛄	*Gryllotalpa formosana* Shiraki	直翅目蝼蛄科	"不怕蝼蛄咬，就怕蝼蛄跑"。就是这个道理。在稻区，当落水晒田或田边的禾苗常遭蝼蛄咬断，造成枯死苗或白穗
鳃蚯蚓	*Branchiura sowerhyi* Bedd	环节动物门寡毛目颤蚓科	全国性发生，南方稻区为害较重。在秧田或直播本田取食土壤中腐植质，使稻谷不能立针、扎根，引起烂种、烂芽，倒苗和飘秧

273

附录3 水稻田杂草名录

名称	学名	分类	分布及生长环境
稗	*Echinochloa crusgalli*（L.）Beauv.		全国各地，一年生挺水和田埂杂草
无芒稗	*Echinochloa crusgalli*（L.）Beauv. var. *mistis*（Pursh）Peterm		全国各地，一年生草本
稻稗	*Echinochloa crusgalli*（L.）Beauv.var. *hispidula*（Retz.）Hack.		全国各地，一年生草本
杂草稻	*Oryza sativa* L.		广东省、湖南省、江苏省、东北等水稻主产区
长芒野稗	*Echinochloa crusgalli*（L.）Beauv.		全国各地，一年生草本
芦苇	*Phragmites communis* Trin.		全国各地，多年生挺水杂草
荩草	*Arthraxon hispidus*（Thunb.）Makino		全国各地，一年生草本
东北甜茅	*Glyceria triflora*（Korsn.）Komar	禾本科	一年生草本
虉草	*Phalaris arundinacae* L.		北半球，我国各地，一年生草本
葡茎剪股颖	*Agrostis stolonifera* L.		或多年生，草本分布世界各地
华北剪股颖	*Agrostis clavata* Trin.		我国各地，多年生草本
茵草	*Beckmannia syzigachne*（Steud.）Fernald.		世界各地，一年生草本
看麦娘	*Alopecurus aequalis* Sobol		全国各地，一年生草本
囊颖草	*Sacciolepis indica*（L.）Chase		中国、印度、日本，大洋洲也有。生稻田中或水湿处
野稻（鬼稻）	*Oryza meyeriana*（Zoll. et Mor. ex Steud.）Baill. Subsp. *Granulata*（Nees et Arn. ex Watt）Tateoka		分布我国及印度，印度尼西亚也有。生海岸沙滩，多年生
稻李氏禾	*Leersia hexandra* Swartz.	禾本科假稻属	我国及日本北部的水田发生较多，河边、溪旁及林下，很少危及农田。多年生草本
秕壳草	*Leersia sayanuka* Ohwi.（Gramineae Leersia）		分布我国及印度、克什米尔地区、日本。生于林下或溪旁、湖边水湿草地。多年生挺水杂草
蓉草	*Leersia oryzoides*（L.）Swartz.	禾本科	亚洲、欧洲和非洲、美洲温带与亚热带地区。生于河岸沼泽湿地，多年生，具根状茎
双稃草	*Diplachne fusca*（L.）Beauv.		一年生挺水，田埂杂草
花蔺	*Butomus umbellatus* L.	花蔺科	生于常年积水洼地或沿河湿沙地。多年生挺水草本植物
扁秆蔍草	*Scirpus planiculmis* Fr.Schmldt		多年生挺水杂草
蔍草	*Scirpus triqueter* L.	莎草科	根茎多年生挺水杂草
萤蔺	*Scirpus juncoides* Roxb		多年生挺水杂草
针蔺	*Elocharispellucid* Presl		一年生草本

名称	学名	分类	分布及生长环境
日照飘拂草	*Fimbristylis miliacea*（L.）Vahl.		一年生挺水杂草
牛毛毡	*Elocharisyokoscensis*（Franch. et Sav.）Tang etwang		多年生，浸水和湿生杂草
水莎草	*Juncellus serotinus*（Rottb.）		多年生，挺水杂草
异型莎草	*Cyperus difformis* L.		一年生，挺水杂草
碎米莎草	*Cyperus iria* L .		一年生，挺水杂草
聚穗莎草	*Cyperus glomeratus* L.		一年生，草本
水葱	*Scirpus tabernaemontani* Gmel	莎草科	多年生，草本
头穗莎草	*Scirpus michelianus* L.		多生长于水边沙土阴湿的草丛中
华东藨草	*Scirpus karuizawensis* Makino（鸭绿江藨草）		中国东北、河南省、江苏省；朝鲜、日本；生于河边、溪边
荆三棱	*Scirpus yagara* Ohw.i.		全国，多年生挺水杂草
槽秆荸荠	*Elocharis equisetiformis* B.Tedtsch.		全国各地，多年生草本
二岐飘拂草	*Fimbristylis dichotoma*（L.）Vahl.		
烟台飘拂草	*Fimbristylis stauntonii* Debeaux		全国各地，多年生草本
香附子	*Cyperus rotundu*s L.		
褐穗莎草	*Cyperus fuscus* L.		
水莎草	*Juncellus serotinus*（Rottb）C.B.Clarke		
黑三棱	*Sparganium stoloniferum*（Graebn）	黑三棱科	生于湖、河浅水中和水湿地
小黑三棱	*Sparganium emersum* Rehm		多年生沼生或水生草本
紫萍	*Spirodela polyrhiza*（L.）Schleid		一年浮水草本
青萍（浮萍）	*Lemna minor* L.	浮萍科	一年浮水草本
品藻	*Lemna trisulca* L.		多年生，沉水或浮水
四叶萍	*Marsilea quadrifolia* L.	萍科	
满江红	*Azolla imbricate*（Roxb.）Nakai.	满江红科	多年生水生或湿生浮水杂草
槐叶萍	*Salvinia natans*（L.）All.	槐叶萍科	
水绵	*Spirogyra communisl*（Hass.）Kutz.	星接藻科	水生绿藻植物
水网	*Hydrodictyon reticulatum*（L.）Lag.	水网藻科	
金鱼藻	*Ceratophyllum demersum* L.	金鱼藻科	
五针金鱼藻	*Ceratophyllum oryzetorum* Kom.		多年生，沉水杂草
东北金鱼藻	*Ceratophyllum manschuricum*（Miki.）Kitang.		

续表

名称	学名	分类	分布及生长环境
穗状狐尾藻	*Myriophyllum spicatum* L.	小二仙草科	多年水生杂草
轮叶狐尾藻	*Myriophyllum verticillat* L.		
大茨藻	*Najas marina* L.	茨藻科	一年生沉水杂草
小茨藻	*Najas minor* All.		
狸藻	*Utricularia uulgaris* L.	小二仙草科	多年生，沉水食虫草本
泽泻	*Alisma plantagoapuatica* L.	泽泻科	多年生，沼生草本
慈姑	*Sagdtaho sagtadelta* L.		多年生，挺水杂草
矮慈姑	*Saagittaria pygmaea* Miq.		
野慈姑	*Sagittaria trifolia* L.		多年生，沼生草本
长瓣慈姑	*Sagtttaria sagdtdelia* L. var. *longiloba* Turcz.		
草泽泻	*Alisma gramineum* Lej.		多年生，水生草本
三裂慈姑	*Sagittaria sagittifolia* L.		
鸭舌草	*Monochori vaginalis*（Burm. f.）Presl ex Kunth	雨久花科	一年生，挺水杂草
雨久花	*Monochoriaho akowii* Regd et Maack		
凤眼莲	*Eichho.la.ssipes*（Mart.）SoIms		
眼子菜	*Potamogetom distinctus* A.Benn.	眼子菜科	多年生，浮叶杂草
龙须眼子菜	*Potamogeton pectinatus* L.		多年生，沉水杂草
马来眼子菜	*Potamogeton malaianus* Miq.		
浮叶眼子菜	*Potamogeton natans* L.		
菹草	*Potamogetom crispus* L.		
水鳖	*Hyodrocharis dubta*（Bl.）Backer	水鳖科	多年生，漂浮草本
苦草	*Vallisneria spiralis* L.		一年生，沉水杂草
黑藻	*Hydrilla vertndlata*（L. f.）Royle		多年生，沉水杂草
水蓼	*Polygonum hydropiper* L.	蓼科	一年生，草本
酸模叶蓼	*Polygonum lapathifolium* L.		
本氏蓼	*Polygonum bungeanum* Turcz.		
桃叶蓼	*Polygonum parsicaria* L.		
两栖蓼	*Polygonum amphibum* L.		多年生，水生草本
狭叶香蒲	*Typha angustifolia*	香蒲科	多年生，挺水杂草
菖蒲	*Acorus calamus* L.	天南星科	多年生，草本植物有水生和陆生两种
半夏	*Pinellia ternate*（Thunb.）Breit		
菱角	*Trapa bispinosa* Roxb	菱科	一年生，水生草本
短颈东北菱	*Trapa manshurica* f. *komarovi*（Skv.）S.H		
沼生水马齿	*Callitriche palustris* L.	水马齿科	1~2 年生，草本

名称	学名	分类	分布及生长环境
荇菜	*Nymphoides peltatum*（Gmel.）Kunt	龙胆科	多年生，水生草本
合萌 （田皂 角）	*Aeschynomene indca* L.	豆科	一年生，挺水和田埂杂草
盒子草	*Actinostemmat enerum* Grff.	葫芦科	一年生草本，山坡阴湿草丛中、沟边
水芹	*Oenanthe jaranica*（Bl.）DC.	伞形科	多年生，挺水杂草
华水苏	*Stachys chinensis* Bunge	唇形科	多年生草本，沟边，湿地
水苏	*Stachys japonica* Miq.		
陌上菜	*Lindernia procumbens*（Krock.）Philcox		一年生草本。喜生潮湿、积水处、稻田和路边
石龙尾	*Limnophila sessiliflora*（Vah1.）Bl.	玄参科	多年生草本，凡潮湿地区 均有分布
小通草	*Mazus japonicus*（Thunb.）Kuntze		一年生，湿地、路边
犬问荆	*Equisetum pqldstre* L.		多年生，挺水杂草
问荆	*Equisetum arvense* L.	蕨类木贼科	河道沟渠旁、树林、荒野和路边
节节草	*Equisetum ramossisimum* Desf.		
丁香蓼	*Luawigia prostratra* Roxb.	柳叶菜科	一年生，草本
耳叶 水苋	*Ammannia arenaria* H.B.K	千屈菜科	一年生，湿生杂草
鳢肠	*Eclipta prostrata*（U）L.	菊科	一年生，草本
狼把草	*Bidens tripartite* L.		
鸭跖草	*Commelina communis* Linn	鸭跖草科	一年生，草本
疣草	*Murdannia keisak*（Hassk.）Hand.-Mazz.		

参考文献
REFERENCES

车晋滇．1990．农田杂草彩色图谱［M］．北京：中国科学技术出版社．

关广清，等．1993．水田杂草识别与防治［M］．沈阳：辽宁科学技术出版社．

湖北省农业科学院植物保护研究所．1978．水稻害虫及其天敌图册［M］．武汉：湖北人民出版社．

王玉山．2012．北方水稻病虫草害防治技术大全［M］．北京：中国农业出版社．

中国科学院植物研究所．1985．中国高等植物图鉴（第I—V册）［M］．北京：科学出版社．